普通高等教育土建学科专业"十一五"规划教材
高校建筑电气与智能化学科专业指导委员会
规划推荐教材

智能建筑概论

王 娜 沈国民 编著

中国建筑工业出版社

图书在版编目（CIP）数据

智能建筑概论/王娜，沈国民编著. —北京：中国建筑工业出版社，2010.8
普通高等教育土建学科专业"十一五"规划教材
高校建筑电气与智能化学科专业指导委员会规划推荐教材
ISBN 978-7-112-12379-7

Ⅰ.①智… Ⅱ.①王…②沈… Ⅲ.①智能建筑 Ⅳ.①TU243

中国版本图书馆CIP数据核字（2010）第161634号

本书依据我国最新的智能建筑设计标准，系统介绍了智能建筑的概念，建筑智能化系统的组成、工作原理及可实现的功能。全书共分为7章，第1章介绍智能建筑的概念及其技术基础和技术特点；第2章至第5章分别介绍建筑设备管理系统、公共安全系统、信息设施系统和信息化应用系统等智能化系统的组成及工作原理；第6章、第7章介绍有关智能化集成系统及住宅小区智能化的内容。

本书作为普通高等教育土建学科专业"十一五"规划教材，主要用于建筑电气与智能化专业和建筑设施智能技术专业的专业导论教材以及建筑学、土木工程、建筑环境与设备工程、给水排水工程等建筑相关专业的选修教材，并可用于高等职业院校相关专业的专业课教材和建筑智能化从业人员、房地产开发商、物业管理人员的培训教材。

课件网络下载地址：http://www.cabp.com.cn/td/cabp19641.rar

* * *

责任编辑：王　跃　齐庆梅　张　健
责任设计：李志立
责任校对：王　颖　赵　颖

普通高等教育土建学科专业"十一五"规划教材
高校建筑电气与智能化学科专业指导委员会
规划推荐教材

智能建筑概论

王　娜　沈国民　编著

*

中国建筑工业出版社出版、发行（北京西郊百万庄）
各地新华书店、建筑书店经销
北京红光制版公司制版
北京富生印刷厂印刷

*

开本：787×1092毫米　1/16　印张：12¼　字数：306千字
2010年9月第一版　2016年12月第八次印刷
定价：**22.00**元（附网络下载）
ISBN 978-7-112-12379-7
（19641）

版权所有　翻印必究
如有印装质量问题，可寄本社退换
（邮政编码100037）

序

自 20 世纪 80 年代起，中国乃至世界掀起兴建智能建筑的热潮。这是因为智能化建筑是现代高科技硕果的综合反映，是一个国家、地区科学技术和经济水平的综合体现，是现代化大城市建筑发展的大趋势，也是当今世界各国为实现社会经济快速发展和管理科学化最有力的技术手段。进入 21 世纪，随着我国经济社会的快速发展和城镇化、现代化、国际化进程的加快，城乡居民生活水平日趋提高，居住条件日益改善，建筑业在国民经济中的支柱地位得到进一步加强，其中智能与绿色建筑产业已成为中国经济发展中最活跃、最具有生命力的新兴产业之一。

为了促进经济社会的可持续发展，建立资源节约型、环境友好型社会，实现国家确定的节能减排目标，建筑节能将发挥越来越重要的作用。在"推广绿色建筑，促进节能减排"的任务中，建筑电气和智能化领域的专业技术人员发挥着十分重要的作用，人才的数量和素质直接关系到我国建筑节能减排目标的实现，直接影响到智能与绿色建筑产业的发展，大力发展"建筑电气与智能化"专业本科教育是十分重要和迫切的，为此自 2006 年度起教育部批准设置了"建筑电气和智能化"本科专业。

为促进建筑电气与智能化本科专业的建设和发展，高等学校建筑环境与设备工程专业指导委员会智能建筑指导小组组织编写了本套建筑电气与智能化专业的规划教材，以适应和满足建筑电气与智能化专业以及电气信息类相关专业教学和科研的需要，同时也可作为从事建筑电气、建筑智能化工作的技术人员的参考书。

建筑电气与智能化是一个跨专业的新兴学科领域，我们衷心希望各院校积极参与规划教材的编写工作，同时真诚希望使用规划教材的广大读者提出宝贵意见，以便不断完善教材内容。

高等学校建筑环境与设备工程专业指导委员会
智能建筑指导小组
寿大云

前　言

高等学校学科建设的分化和综合交叉是当今学科发展的趋势，智能建筑作为多学科综合交叉的学科，引起高等学校相关专业的广泛关注，许多学校在相关专业开设了有关智能建筑的课程或开设了智能建筑方向，2004~2006年经教育部批准设置的"建筑设施智能技术"本科专业和"建筑电气与智能化"本科专业相继招生。本书作为"智能建筑概论"课程的教材，主要用于"建筑设施智能技术"和"建筑电气与智能化"本科专业的专业导论教材以及建筑学、土木工程、建筑环境与设备工程、给水排水工程等建筑相关专业的选修教材。

本书编写依据我国最新的智能建筑设计标准，力求符合信息时代特点和节能环保时代主题，符合概论课程教材的要求，主要特点如下：一是在智能建筑实现目标和建筑智能化的内容中增加了节能、环保和健康；二是突破了多年来沿袭国外的建筑智能化系统划分方法，按公共安全系统、信息设施系统、信息化应用系统、建筑设备管理系统划分；三是通过建筑设备管理系统和智能化集成系统对智能化系统分层次的管理作用，建立系统之间的有机联系；四是力求内容全面，技术前沿，深入浅出。

本书作为高校建筑环境与设备工程专业指导委员会智能建筑指导小组规划推荐教材之一，编写工作广泛听取了指导小组成员的意见，天津城市建设学院的黄民德教授、沈阳建筑大学的李界家教授、吉林建筑工程学院的王晓丽教授以及北京联合大学的范同顺教授给本书的编写提出了许多建设性意见。在此对以上老师的大力支持表示衷心感谢，并对本书编写过程中参阅的参考文献的作者表示感谢。

本书共7章，第1章、第4章、第5章、第6章由长安大学王娜编写，第2章、第7章由华中科技大学沈国民编写，第3章由王娜和沈国民共同编写，长安大学智能建筑研究所周海云、卢建、陈志刚和汪凯及华中科技大学的肖勇、舒刚、王思思参与了部分章节的绘图及编写工作，全书由王娜统稿并担任主编，沈国民担任副主编。

本书作为高等学校专业教材，敬请使用教材的老师及广大读者提出宝贵意见。

目 录

第1章 概述 ··· 1
1.1 智能建筑的概念 ··· 1
1.2 建筑智能化系统 ··· 2
1.3 智能建筑的建筑环境 ··· 4
1.4 智能建筑的技术基础及技术特点 ··· 5
本章小结 ·· 6
思考题 ··· 7

第2章 建筑设备管理系统 ·· 8
2.1 概述 ·· 8
2.2 供配电设备监测系统 ·· 10
2.3 照明监控系统 ··· 12
2.4 空调监控系统 ··· 16
2.5 给水排水监控系统 ··· 36
2.6 电梯监控系统 ··· 39
本章小结 ·· 41
思考题 ··· 41

第3章 公共安全系统 ·· 42
3.1 概述 ·· 42
3.2 安全技术防范系统 ··· 42
3.3 火灾自动报警系统 ··· 62
3.4 应急联动系统 ··· 76
本章小结 ·· 78
思考题 ··· 78

第4章 信息设施系统 ·· 79
4.1 概述 ·· 79
4.2 电话交换系统 ··· 79
4.3 室内移动通信覆盖系统 ·· 85
4.4 公共广播系统 ··· 87
4.5 综合布线系统 ··· 90
4.6 信息网络系统 ·· 104
4.7 卫星通信系统 ·· 112
4.8 有线电视及卫星电视接收系统 ·· 114
4.9 会议系统 ··· 125

4.10	信息导引及发布系统	136
4.11	时钟系统	139
4.12	通信接入系统	140
本章小结		140
思考题		141

第5章 信息化应用系统 … 142

5.1	概述	142
5.2	通用型信息化应用系统	142
5.3	工作业务信息化应用系统	150
本章小结		156
思考题		157

第6章 智能化集成系统 … 158

6.1	概述	158
6.2	系统集成技术	160
6.3	智能化集成系统实施	162
本章小结		163
思考题		164

第7章 居住小区智能化系统 … 165

7.1	居住小区智能化系统概述	165
7.2	安全防范子系统	167
7.3	管理与监控子系统	178
7.4	信息网络子系统	183
本章小结		187
思考题		187

主要参考文献 … 188

第1章 概　　述

1.1　智能建筑的概念

智能建筑（Intelligent Building，IB）的概念最早出现在美国，1984年1月美国康涅狄格州哈特福德市，建成了世界上第一座智能化大楼－City Place Building。该大楼采用计算机技术对楼内的空调、供水、防火、防盗及供配电系统等进行自动化综合管理，并为大楼的用户提供语音、数据等各类信息服务，为客户创造舒适、方便和安全的环境。随后日本、新加坡及欧洲各国的智能建筑相继发展，我国智能建筑的建设起始于20世纪90年代初。随着国民经济的发展和科学技术的进步，人们对建筑物的功能要求越来越高，尤其是随着国民经济信息化的发展和互联网技术的应用，社会经济的各个环节都受益于信息网络，智能建筑作为信息高速公路上的一个节点，日益受到人们的关注，并在我国快速发展。

我国2007年7月正式实施的《智能建筑设计标准》GB/T 50314—2006，对智能建筑的定义是"以建筑物为平台，兼备信息设施系统、信息化应用系统、建筑设备管理系统、公共安全系统等，集结构、系统、服务、管理及其优化组合为一体，向人们提供安全、高效、便捷、节能、环保、健康的建筑环境。"

为了实现智能建筑安全、高效、便捷、节能、环保、健康的建筑环境，智能建筑需要具有一定的建筑环境并设置相应的智能化系统。其建筑环境一方面要适应21世纪绿色和环保的时代主题，以绿色、环保、健康和节能为目标，实现人与自然和谐可持续发展；另一方面还要满足智能建筑特殊功能的要求，适应智能建筑动态发展的特点。而智能化系统是相对需求设置的，为满足安全性需求，在智能建筑中设置公共安全系统，其内容主要包括火灾自动报警系统、安全技术防范系统和应急联动系统，通过综合运用现代科学技术，以应对危害社会安全的各类突发事件，从而确保大楼内人员生命与财产的安全。为满足舒适、节能、环保、健康、高效的需求，在智能建筑中设置建筑设备管理系统，一方面实现对温度、湿度、照度及空气质量等环境指标的控制，创造舒适的环境，提高楼内工作人员的工作效率与创造力，另一方面通过对建筑物内大量机电设备的全面监控管理，实现多种能量监管，达到节能、高效和延长设备使用寿命的目的。为满足工作上的高效性和便捷性，在智能建筑中设置方便快捷和多样化的信息设施系统和信息化应用系统，以创造一个迅速获取信息、处理信息、应用信息的良好办公环境，达到高效率工作的目的。

以上各智能化系统在智能建筑中并非独立堆砌，而是利用计算机网络技术，在各系统间建立起有机的联系，把原来相对独立的资源、功能等集合到一个相互关联、协调和统一的智能化集成系统之中，对各子系统进行科学高效的综合管理，以实现信息综合、资源共享。

由此可见，智能建筑中的智能化系统主要由智能化集成系统、信息设施系统、信息化应用系统、建筑设备管理系统、公共安全系统等组成。

1.2 建筑智能化系统

1.2.1 建筑设备管理系统

建筑设备管理系统（Building Management System，BMS）是对建筑设备监控系统和公共安全系统等实施综合管理的系统。建筑设备监控系统主要实现对建筑内的供配电、照明、给水排水及空调系统的监测与控制，而建筑设备管理系统的主要功能是对建筑机电设备进行集中监视和统筹科学管理，对相关的公共安全系统进行监视及联动控制，实现以最优控制为中心的设备控制自动化，以可靠、经济为中心的能源管理自动化，以安全状态监视和灾害控制为中心的防灾自动化和以运行状态监视和计算为中心的设备管理自动化的功能。

设备控制自动化是指自动监视并控制各种机电设备的启/停，自动检测、显示、打印各种设备的运行参数及其变化趋势或历史数据，当参数超过正常范围时自动报警；自动调节建筑物内的温度、湿度、照度，使空调、照明及其他环境条件达到较佳和最佳的条件，使工作在智能建筑环境中的人员无论是心理上还是生理上均感到舒适，从而提高工作效率。

能源管理自动化是指在保证建筑物内环境舒适的前提下，提供可靠、经济的最佳能源供应方案，充分利用自然光和自然风来调节室内环境，根据大楼实际负荷开启设备，避免设备长时间不间断地运行，最大限度减少能源消耗，实现节能的目标。

防灾自动化是指通过公共安全系统进行监视及联动控制，提高建筑物及内部人员与设备的整体安全水平和灾害防御能力。

设备管理自动化是指及时提供设备运行情况的有关资料、报表，便于集中分析，及时进行故障处理。按照设备运行累计时间制定维护保养计划，延长设备使用寿命。

1.2.2 信息设施系统

信息设施系统（Information Technology System Infrastructure，ITSI）是楼内语音、数据、图像传输的基础，主要作用是对来自建筑物或建筑群内外的各种信息予以接收、交换、传输、存储、检索和显示，同时与外部通信网络（如公用电话网、综合业务数字网、计算机互联网、数据通信网及卫星通信网等）相连，为建筑物或建筑群的管理者及建筑物内的使用者提供有效的信息服务，支持建筑物内用户所需的各类信息通信业务。

智能建筑中信息设施系统包括实现语音信息传输的电话交换系统、室内移动通信覆盖系统、广播系统，实现数据通信的信息网络系统、综合布线系统、卫星通信系统，实现图像通信的有线电视及卫星电视接收系统，实现多媒体通信的信息导引及发布系统、会议系统等，以及通信接入系统和其他相关的信息通信系统。

1.2.3 信息化应用系统

信息化应用系统（Information Technology Application System，ITAS）是以建筑物信息设施系统和建筑设备管理系统为基础，以满足建筑物各类业务和管理功能需要为目标，由多种类信息设备与应用软件组合的系统，可提供业务运行和业务支持辅助的功能。

信息化应用系统包括工作业务应用系统、物业运营管理系统、公共服务管理系统、公众信息服务系统、智能卡应用系统和信息网络安全管理系统等。其中物业运营管理系统对建筑物内各类设施的资料、数据、运行和维护进行管理；公共服务管理系统对各类公共服务进行计费及人员管理；信息服务子系统具有集合各类共用及业务信息的接入、采集、分类和汇总的功能，建立数据资源库，向建筑物内公众提供信息检索、查询、发布和导引等功能；智能卡应用系统具有识别身份、门钥、信息系统密钥，并具有各类其他服务、消费等计费和票务管理、资料借阅、物品寄存、会议签到和访客管理等功能；信息网络安全管理系统确保信息网络的运行和信息安全。以上信息化应用系统对建筑物的物业管理营运信息及建筑物内的各类公众事务进行管理，属于通用型的信息化应用系统。而工作业务应用系统是根据建筑物类型的不同，按其特定的业务需求，建立的专业领域的信息化应用系统。例如，适用于工厂企业生产及销售管理的工厂企业信息化应用系统、适用于商品信息管理的商业型信息化应用系统等。

1.2.4 公共安全系统

公共安全系统（Public Security System，PSS）是为维护公共安全，综合运用现代科学技术，以应对危害社会安全的各类突发事件而构建的技术防范系统或保障体系。

公共安全系统针对火灾、非法侵入、自然灾害、重大安全事故和公共卫生事故等危害人们生命财产安全的各种突发事件，建立应急及长效的技术防范保障体系，其主要内容包括火灾自动报警系统、安全技术防范系统和应急联动系统。

火灾自动报警系统由火灾探测器、报警控制器以及联动模块等组成。探测器对火灾进行有效探测，控制器进行火灾信息处理和报警控制，联动模块联动消防装置。

安全技术防范系统综合运用安全防范技术、电子信息技术和信息网络技术等构建安全技术防范体系，主要内容包括安全防范综合管理系统、入侵报警系统、视频安防监控系统、出入口控制系统、电子巡查管理系统、访客对讲系统、停车库（场）管理系统及各类建筑物业务功能所需的其他相关安全技术防范系统。

应急联动系统是大型建筑物或其群体以火灾自动报警系统、安全技术防范系统为基础构建的具有应急联动功能的系统。应急联动系统配置有线/无线通信、指挥、调度系统、多路报警系统（110、119、122、120、水和电等城市基础设施抢险部门）、消防—建筑设备联动系统、消防—安防联动系统、应急广播—信息发布—疏散导引联动系统，在实现对火灾、非法入侵等事件进行准确探测和本地实时报警的同时，采取多种通信手段，对自然灾害、重大安全事故、公共卫生事件和社会安全事件实现本地报警和异地报警、指挥调度、紧急疏散与逃生导引、事故现场紧急处置等。

1.2.5 智能化集成系统

智能化集成系统（Intellignted Integration System，IIS）是以满足建筑物的使用功能为目标，将不同功能的建筑智能化系统，通过统一的信息平台实现集成，形成具有信息汇集、资源共享及优化管理等综合功能的系统。智能化集成系统建设主要包括智能化系统信息共享平台建设和信息化应用功能实施。

建筑智能化系统总体结构如图1-1所示。智能建筑是信息技术与建筑技术相结合的产物，随着计算机技术、通信技术和控制技术等信息技术的发展和相互渗透，智能建筑的内涵将会越来越丰富。

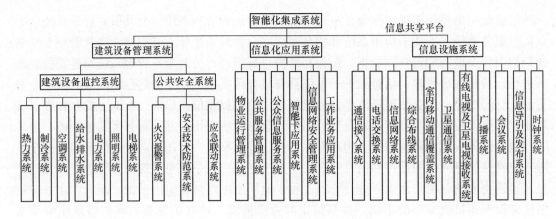

图 1-1 建筑智能化系统总体结构图

1.3 智能建筑的建筑环境

建筑是实施建筑智能化的平台，智能建筑要实现安全、高效、便捷、节能、环保、健康的目标，从建筑环境的角度不仅要考虑建筑物的开间大小、室内布局、预留的容积率等，同时也要考虑适应 21 世纪绿色和环保的时代主题，实现人与自然和谐可持续发展。另外还应满足智能化建筑特殊功能的要求，必须有智能化系统的设置环境，比如配线管道（管井）的设置环境、智能化系统主机房的设置环境等。

1.3.1 绿色、节能与环保

在当今人口增多、资源枯竭、环境污染的条件下，绿色、节能、环保、生态已经成为建筑可持续发展的重要内容，而这些内容的实现与建筑设计直接相关。

比如在建筑构造上，通过中庭、双层幕墙、门窗、屋顶等构件的优化设计，实现良好的自然通风和采光，既有利于改善室内的舒适度，又减少开空调、开灯时间，降低建筑物的使用能耗。中庭利用风压促进建筑的室内空气流通，在中庭顶部设置可以控制的开口，将污浊的热空气从室内排出，而室外新鲜的冷空气则从建筑底部被吸入，如果在中庭种植花草树木，花园内的植物在天顶入射阳光的照射下进行光合作用，释放出大量的氧气，花园中植物的蒸发作用，还可降低室内温度，增加空气湿度，净化空气，改善室内空气质量。而双层幕墙是在两层玻璃之间留有一定宽度的空隙形成空气夹层，冬季双层玻璃夹层形成阳光温室，提高建筑围护结构表面温度，夏季利用热压原理将热空气不断从夹层上部排出，达到降温的目的。

另外在建筑设计中采用高科技环保型建材、采用墙体新技术、设立将污水、雨水处理利用的中水系统、采用太阳能等绿色能源均是实现节能环保的有效措施。环保型建材无毒、无害、不污染环境；外墙、外窗采用保温隔热措施在不消耗不可再生能源情况下改善室内热环境；使污水、雨水处理利用的中水系统节约水资源；采用太阳能热水器与建筑一体化设计、利用太阳能光伏技术（太阳能发电技术）实现太阳能照明（路灯、草坪灯、庭园灯、楼道灯等）和太阳能水泵等，节约不可再生能源。

1.3.2 智能化系统主机房及配线管道

智能化系统主机房是智能化系统设置环境的重要内容。智能化系统的主机房包括信息中心设备机房、数字程控交换机系统设备机房、通信系统总配线设备机房、公共安全系统机房、智能化系统设备总控机房、通信接入系统设备机房等。各智能化系统的主机房可综合设置，比如公共安全系统、建筑设备管理系统、广播系统可集中配置在智能化系统设备总控室内，但各系统设备在总控室中占有独立的工作区，特别是火灾自动报警系统的主机与消防联动控制系统设备应设在相对独立的空间内。通信系统总配线设备机房规划时可与信息中心设备机房及数字程控用户交换机设备机房综合考虑，可设置于其中某个机房内。通信接入系统设备机房一般设在建筑物内底层或地下一层。

智能化系统的设置环境还包括配线管道，各个智能化子系统的配线需要有竖井作为垂直通道，需要有吊顶作为水平通道，需要有架空地板、网络地板、线槽等作为室内布线通道。由于各个系统的配线均集中在配线竖井里，因而竖井在空间上应有足够的富裕度。水平干线通道有多种选择，有线槽配线方式、线管配线方式和托架方式等。线槽配线方式是在金属或塑料线槽中配线，这种配线方式安装简单、配线容量大，但与吊顶通风管、给水排水管道同装在吊顶里，引起净高降低。线管配线方式是将电线管预埋在楼板内，或在吊顶内明敷的配线方式，这种方式施工简单，投资小，但配线容量小，不易扩充。托架方法是用顶棚上的水平支撑架固定电缆，供水平电缆走线。对于大开间开放式办公室的布线通常采用预埋金属管线方式或网络地板方式。前者是在制作水泥地面时，预埋金属管线和预留出线口与过线口，这种布线方式的优点是施工方便、投资小，缺点是不灵活，如果想尽可能满足最终用户的需要，就必须有足够多的管槽设计余量，这样会造成很大的浪费。网络地板是集结构与配线于一体的新型材料，在安装过程中，会自然形成网状的线槽，网状线缆槽提供了线缆组合结构化途径，线缆由安装在单面板或侧盖板的地面接线盒引出，这样可以方便灵活地设计布线系统的路由，使安装线缆变得十分容易，由于地板本身高度仅为 4~5cm，不仅不影响层高，而且有较大的电缆容量。

另外，智能化系统的设置环境要适应智能化建筑动态发展的特点，首先要具有足够的应变能力，能够在用户变换、使用要求变动、技术升级引起的设备系统变更，乃至建筑内部配置的某些变动，都可以以最便捷的方式将系统调整到新的要求上。

1.4 智能建筑的技术基础及技术特点

1.4.1 智能建筑的技术基础

智能建筑是建筑技术和信息技术的产物，建筑是主体，智能化系统是信息技术在建筑中的应用，目的是赋予建筑"智能"。信息技术涉及信息的生产、获取、检测、识别、变换、传递、处理、存储、显示、控制、利用等技术，其主体技术是感测技术、通信技术、计算机技术和控制技术。感测技术获取信息，赋予建筑感觉器官的功能；通信技术传递信息，赋予建筑神经系统的功能；计算机技术处理信息，赋予建筑思维器官的功能；控制技术实施信息，赋予建筑效应器官的功能，使信息产生实际的效用。随着计算机技术的快速发展，计算机技术已渗透到控制技术和通信技术之中，而感测技术是控制系统的前端，因而智能建筑的技术基础是现代建筑技术、计算机控制技术、计算机网络技术和现代通信技术。

现代建筑技术包括现代建筑结构技术、现代建筑设备技术、现代建筑材料技术、现代建筑防护技术、现代建筑施工技术，以及绿色建筑和生态建筑技术等。其中绿色建筑技术和生态建筑技术是现代建筑为满足人类生存与发展要求的产物。绿色建筑技术以人、建筑和自然环境的协调发展为目标，在为人们提供健康、舒适、安全的居住、工作和活动的空间的同时，在建筑的整个生命周期（物料生产、建筑规划、设计、施工、运营维护及拆除、回用过程）中实现高效率地利用资源（能源、土地、水资源、材料）、最低限度地影响环境，实现建筑业的可持续发展。"生态建筑"技术将建筑看成一个生态系统，通过组织（设计）建筑内外空间中的各种物态因素，使物质、能源在建筑生态系统内部有秩序地循环转换，获得一种高效、低耗、无废、无污、生态平衡的建筑环境，实现人、建筑（环境）、自然之间的和谐统一。

计算机控制技术是计算机技术和控制技术相结合的应用技术，计算机强大的运算能力、逻辑判断能力和大容量存贮信息的能力，可灵活地完成各种复杂的控制算法，实现控制与管理相结合，是构成智能建筑中建筑设备管理系统的关键技术，通过对建筑设备进行控制和管理，为人们创造舒适、安全、节能、高效、健康、环保的建筑环境。

计算机网络技术是通信技术与计算机技术相结合的产物，计算机网络系统是智能建筑重要的基础设施。智能建筑中的计算机控制网络使分散在建筑物内部的不同类型的建筑设备和设施实现综合自动化运行管理，为用户创造安全、节能、舒适的生活和工作环境；智能建筑的计算机信息网络使分散在建筑物中众多的事务管理计算机实现资源共享，为用户提供便捷、高效的办公环境，并为智能化系统信息共享提供平台，使建筑物或建筑群中的信息设施系统、信息化应用系统、建筑设备管理系统、公共安全系统有机地结合在一起，形成一个相互关联、协调统一的智能化集成系统。

通信技术是实现信息传递和应用的手段和工具，现代通信技术采用最新的技术不断优化通信的各种方式，让人与人的沟通变得更为便捷、有效。现代通信技术包括电信交换、数据通信、无线通信、移动通信、光传输网、宽带网络通信等，现代通信技术是智能建筑信息设施系统的基础，支持建筑物内的语音、数据、图像及多媒体信息通信。

1.4.2 智能建筑的技术特点

智能建筑以建筑为平台，以建筑设备为对象，以感测技术、控制技术、计算机技术和通信技术为手段，创建安全、高效、便捷、节能、环保、健康的建筑环境。因而智能建筑的技术特点是多学科的交叉和融会，其中包括电气信息学科和土木工程学科的交叉，涉及建筑、结构、建筑设备以及感测、控制、通信、计算机等专业的知识。

另外，智能建筑是一个动态发展的概念，随着建筑技术的发展，随着计算机技术、通信技术和控制技术的发展和相互渗透，智能建筑的内涵和技术内容还将日益丰富并继续发展下去。

本 章 小 结

智能建筑以建筑为平台，以建筑设备、设施为对象，以智能化技术为手段，为人们提供安全、高效、便捷、节能、环保、健康的建筑环境；建筑智能化系统包括建筑设备管理系统、信息设施系统、信息化应用系统、公共安全系统、建筑智能化集成系统。通过本章学习应掌握智能建筑的概念，熟悉建筑智能化系统的组成及功能、了解智能建筑的建筑环境要求和智能建筑的技术基础和技术特点。

思 考 题

1. 试分析《智能建筑设计标准》GB/T 50314—2006 对智能建筑的定义包含了几层意思,并说明相互间的关系。
2. 建筑智能化系统如何划分,各自具有什么样的功能?
3. 试说明感测技术、通信技术、计算机技术和控制技术在赋予建筑"智能"方面各起什么作用?
4. 智能建筑对建筑环境有哪些要求?
5. 智能建筑的技术基础和技术特点都有哪些?针对其技术基础和技术特点学习时应注意什么?

第 2 章 建筑设备管理系统

2.1 概 述

建筑设备管理系统（Building Management System，BMS）采用计算机及网络技术、自动控制技术和通信技术，对建筑设备监控系统（Building Automation System，BAS）和公共安全系统（Public Security System，PSS）实施综合管理，确保建筑物内舒适和安全的办公环境，同时通过对建筑设备实现综合管理有效降低建筑能耗。

2.1.1 建筑设备管理系统的功能

建筑设备管理系统（BMS）具有各子系统之间协调、全局信息管理以及全局事件应急处理的能力，为用户提供高效、节能、舒适、温馨而安全的环境，并降低建筑物的能耗和管理成本，其整体功能可以概括为以下四个方面：

（1）对建筑设备实现以最优控制为中心的过程控制自动化。智能建筑中的建筑设备按预先设置好的控制程序进行控制，根据外界条件、环境因素、负载变化等情况自动调节各种设备，使之始终运行在最佳状态，确保建筑设备能够稳定、可靠、经济地运行。如空调设备可以根据气候变化、室内人员多少自动调节到既节约能源又感觉舒适的最佳状态。

（2）实现以运行状态监视和计算为中心的设备管理自动化。对建筑设备的运行状态进行监视，自动检测、显示、打印各种设备的运行参数及其变化趋势或历史数据，对建筑设备进行统一管理、协调控制。

（3）实现以安全状态监视和灾害控制为中心的防灾自动化。对建筑内的人员和财产的安全进行有效的监视，及时预测、预警各种可能发生的灾害事件，当发生突发事件时，所有建筑设备能够实现一体化的协调运转，以使灾害的损失减到最小。

（4）实现以节能运行为中心的能量管理自动化。自动进行对水、电、气等的计量与收费，自动提供最佳能源控制策略，自动监测、控制设备的用电量以节约电能，实现能源管理自动化。

2.1.2 建筑设备管理系统的体系结构

建筑设备管理系统（BMS）是对建筑设备监控系统（BAS）和公共安全系统（PSS）等实施综合管理的系统。对建筑物内的空调与通风、变配电、照明、给水排水、冷热源与热交换设备、电梯、停车库等建筑设备进行集中监视、控制和管理，并与公共安全系统实施联动管理，以保证建筑物内所有机电设备处于高效、节能、安全、可靠和最佳运行状态。

建筑设备监控系统（BAS）主要包括供配电设备监测系统、照明控制系统、空调控制系统、给水排水控制系统、电梯控制系统等，具有对建筑机电设备测量、监视和控制功能，确保各类设备系统运行稳定、安全和可靠，并达到节能和环保的管理要求。公共安全系统（PSS）包括火灾自动报警系统（Fire Automation System，FAS）、安全技术防范系统（Security Automation System，SAS）和应急联动系统（Integrated Emergency Response System，IERS），是应对火灾、非法侵入、自然灾害、重大安全事故和公共卫生事故等危害人们生命财产安全的各种突发事件而建立起的应急及长效的技术防范保障体系。

建筑设备管理系统的体系结构如图 2-1 所示。

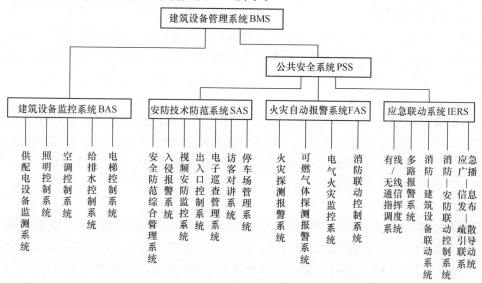

图 2-1　建筑设备管理系统 BMS 的体系结构

1）建筑设备监控系统

（1）供配电设备监测系统。安全、可靠供电是智能建筑正常运行的先决条件。对供配电系统除继电器保护与备用电源自动投入等功能要求外，必须具备对开关和变压器的状态，系统的电流、电压、有功功率和无功功率等参数的自动监测，进而实现全面的能量管理。

（2）照明控制系统。传统的照明控制是以照明配电箱通过手动开关来控制照明灯具的通断，或通过回路中串入接触器，实现远距离控制。而今出现的建筑设备监控系统（BAS），是以电气触点来实现区域控制、定时通断、中央监控等功能。随着微电子技术与数字化技术的发展，智能化水平更高的专业照明控制系统得以迅速发展，智能照明控制系统在节约能源、延长灯具寿命、提高照明质量、改善环境、提高工作效率等方面均具有显著的效果。

（3）空调控制系统。空调控制系统主要包括建筑物内的空调冷热源机组控制、新风机组控制、空气处理末端设备控制、冷却水和冷冻水系统控制等。在建筑设备监控系统的监控和管理下，通过对空调设备运行的合理控制，使建筑物内的温、湿度达到预期的目标，满足舒适度的要求，同时以最低的能源和电力消耗来维持系统和设备的正常工作，以求取得最低的运行成本和最高的经济效益。

（4）给水排水控制系统。给水排水控制系统监视大楼给水排水系统，实现给水、排水自动化；当系统出现异常情况或需要维护时，及时发出信号，通知管理人员处理。给水排水系统监控主要包括水泵的自动启停控制、水泵的故障报警、水泵的运行状态监测、水箱水位监测等，通过程序设计实现自动控制要求，即根据水箱的高低水位信号来控制水泵的启/停，并且进行溢水和枯水预警。当水泵出现故障时，立即发出报警信号，同时备用泵自动投入运行。当发生火灾时，根据火灾信号的性质立即启动消防泵。

（5）电梯控制系统。建筑物和建筑群的电梯，无论是垂直升降电梯还是自动扶梯、电动步道等一般均由电梯生产厂家成套供应，包括电梯控制器、群控器和楼层显示器等。建筑设备监控系统只监测它们的运行情况和故障信息。电梯和自动扶梯系统运行参数的监测可通过第三方设备的通信接口进行监测。

2）火灾自动报警系统

在建筑物内的不同位置设置适宜的火灾探测器，实现火灾的早期发现和及时报警，以便把火灾扑灭在火灾初期，最大限度地降低火灾损失。火灾自动报警系统主要包括火灾探测报警系统、可燃气体探测报警系统、电气火灾监控系统和消防联动控制系统。

3）安全技术防范系统

安全技术防范系统（SAS）依靠现代电子技术和计算机技术建立有效的安全防范系统，实现对重要场所、设备、人员以及敏感信息的安全保护。主要包括：安全防范综合管理系统、入侵报警系统、视频安防监控系统、出入口控制系统、电子巡查管理系统、访客对讲系统、停车库（场）管理系统等。

4）应急联动系统

应急联动系统是应对突发事件的应急保障体系，具有对建筑物内火灾、非法入侵等事件进行准确探测和实时报警，对自然灾害、重大安全事故、公共卫生事件和社会安全事件进行本地/异地报警、指挥调度、紧急疏散与逃生导引、事故现场紧急处置等功能。

本章主要讲述建筑设备监控系统的组成及各系统的功能，安全技术防范系统、火灾自动报警系统和应急联动系统在第3章讲述。

2.2　供配电设备监测系统

电能是智能建筑中的根本能源。智能建筑用电负荷有电力、照明、空调、制冷、供热、给排水、电梯、消防、安防、通信、计算机等。智能建筑用电设备种类多、耗电大、用电负荷集中，因此对供电的可靠性要求高。另外，为防止电压波动、二次谐波和频率变化对楼内的计算机及其网络产生干扰和破坏，对电源的质量要求也很高。

2.2.1　供配电设备监测的意义与内容

供配电系统是建筑物最主要的能源供给系统，其主要功能是对由城市电网供给的电能进行变换处理、分配，向建筑物内的各种用电设备提供电能。供配电设备是现代建筑物最基本的设备之一，它主要包括高压配电和变电设备、低压配电和变电设备、电力变压器、应急电源和直流电源设备、电力参数检测装置等。为了确保建筑内用电设备的正常运行，必须保证供电的可靠性，同时电力供应管理和设备节电运行也离不开供配电设备的监控与管理，因此供配电系统是智能建筑最基本的监测对象之一。

供配电设备监测系统也称为电力供应监测系统，它对供电配电系统、变电配电设备、应急（备用）电源设备、直流电源设备、大容量不停电电源设备进行监视、测量、记录。供配电设备监测系统对供配电系统的各级开关设备的状态、主要回路电流、电压及一些主要部位的电缆温度进行实时、在线监测。由于电力系统的状态变化和事故发生是瞬态的，供配电监测系统在监测时，采样间隔较小，一般为几十毫秒至几百毫秒，并且能够连续地记录各种参数的变化过程,这样才能预测并防止事故的发生,或在事故发生后,及时地判断故障位置和故障原因。在保障安全可靠供电的基础上,供配电设备监测系统还可实现用电计量、用户用电费用分析计算以及用电高峰期对次要回路的控制等。例如,在实行多种电价的地区,通过与冰蓄冷设备、应急发电机等配合,在用电高峰时,选择卸除某些相对不重要的机电设备,减少高峰负荷,或投入应急发电机,以及释放存储的冷量等措施,实现避峰运行。这样,可降低智能建筑的运行费用。

综上所述供配电监测系统应具有下列基本功能:
(1) 供配电系统的中压开关与主要低压开关的状态监视及故障报警;
(2) 中压与低压主母排的电压、电流及功率因数测量;
(3) 电能计量;
(4) 变压器温度监测及超温报警;
(5) 备用及应急电源的手动/自动状态、电压、电流及频率监测;
(6) 主回路及重要回路的谐波监测与记录。

2.2.2 供配电设备监测系统的实施

在建筑设备监控系统(BAS)中,供配电监测系统的主要任务是实现对供配电设备的监测,通常监测信号由装设在系统中或有关设备上的电压互感器、电流互感器、脉冲式电度传感器、温度传感器及开关设备辅助点上获得,经过隔离、变送、A/D转换后,送入现场监控装置。目前在智能建筑中实施较多的是低压配电系统的监测和应急柴油发电机系统监测。

1) 低压配电系统的监测

低压配电系统的监测系统如图2-2所示。

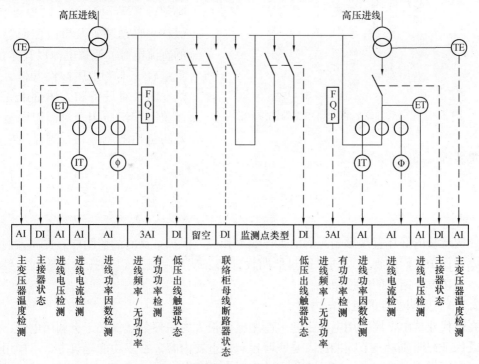

图2-2 低压配电系统监测原理图
IT—电流变送器;ET—电压变送器;TE—温度变送器;φ—功率因数变送器

监测对象：低压配电柜，变压器。

监测内容：电压、电流、功率因数、断路器状态、变压器的温度、累计变压器和低压配电柜的运行时间。

计量：自动计算有功功率、无功功率。

报警：变压器温度超限报警、断路器动作报警。

显示打印：状态、报警、各种参数的动态图形。

2）应急柴油发电机与蓄电池组监测

当建筑发生火灾时，应立即切断照明、空调等平时的正常用电，此时为保证消防泵、消防电梯、紧急疏散照明、防排烟设施、电动防火卷帘门等消防用电，必须设置自备应急柴油发电机组，按一级负荷对消防设施供电。另外当发生非正常停电时也可以利用柴油发电机作为临时电源供电。柴油发电机启动迅速，自启动控制方便，市网停电后能在10～15s内连接带动应急负荷，适合作应急电源。对柴油发电机组的监测包括电压、电流等参数检测、机组运行状态监视、故障报警和日用油箱液位监测等。

智能建筑中的高压配电室对供电保护要求严格，一般的纯交流或整流操作难以满足控制保护要求，必须设置蓄电池组，以提供控制、保护、自动装置及事故照明等所需的直流电源。镉镍电池以其体积小、重量轻、不产生腐蚀性气体、无爆炸危险、对设备和人体健康无影响而获得广泛应用。对镉镍电池组的监测包括电压监视、过流过电压保护及报警等，如图2-3所示。

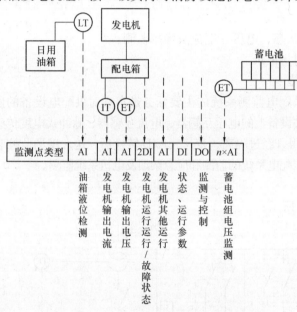

图2-3 应急柴油发电机与蓄电池监测原理图

2.3 照明监控系统

照明质量的好坏直接影响人们的工作效率和视力保护，良好的照明能够提高人们的工作效率和保护人们的视力，同时通过照明设计和照明控制还可以烘托建筑造型、美化环境。本节主要介绍照明监控系统。

2.3.1 照明监控的意义与内容

在现代建筑中，照明用电量占建筑总用电量很大的一部分，仅次于空调用电量。如何做到既保证照明质量又节约能源，是照明控制的重要内容。在多功能建筑中，不同用途的区域对照明有不同的要求，因此应根据使用的性质及特点，对照明设施进行不同的控制。照明系统的监控包括建筑物各层的照明配电箱、应急照明配电箱以及动力配电箱。按照功能，可将照明监控系统划分为几个控制部分：

1) 走廊、楼梯照明监控

以节约电能为原则，防止长明灯，在下班以后及夜间，走廊、楼梯照明除保留部分值班照明外，其余的灯可以及时关掉。对这一部分照明设施，一种方法是按预先设定的时间，编制程序进行开/关控制，并监视开关状态。例如，具有自然采光的走道，白天和夜间下班时间可以断开照明电源，在清晨和傍晚以及夜间上班时间接通照明电源。另一种方法是设置感应传感器，如动静传感器、光照亮度传感器等，此类感应传感器可根据有无人员走动或光照亮度是否合适发出信号，再由照明控制器来控制照明的开/关。

2) 办公室照明监控

办公室的照明质量要求高，需保证足够的照度，减轻人们的视觉疲劳，使人们在舒爽愉悦的环境中工作。办公室照明的一个显著特点是白天工作时间长，因此办公室照明要把自然光和人工照明协调配合起来，在保证照明质量的同时，达到节约电能的目的。当自然光较弱时（傍晚或阴雨天），根据照度监测信号或预先设定的时间调节，增强人工光的强度。当天然光较强时，减少人工光的强度，使自然光线与人工光线始终动态地补偿。调光方法可分为照度平衡型和亮度平衡型两大类，前者可使近窗工作区与房间深部工作区的照度达到平衡，尽可能均匀一致；后者可使室内人工照明亮度与窗的亮度比例达到平衡，消除人与物的黑相，多用于对照明质量要求高的场所。在实际工程中，应根据对照明空间的照明质量要求，实测的室内自然光照度分布曲线选择调光方式和控制方案。根据工作面上的照度标准和自然光传感器检测的自然光亮度变化信号自动控制照明灯具的发光强度。根据白天工作区与夜间工作区的使用特点，分别编制控制程序，如办公室一般在白天工作，其中又分工作、休息、午餐等不同时间区，按程序自动对照明设施进行控制。

3) 障碍照明、建筑物立面照明监控

高空障碍灯的装设应根据该地区航空部门的要求来决定，一般装设在建筑物或构筑物凸起的顶端，采用单独的供电回路，同时还要设置备用电源，利用光电感应器件通过障碍灯控制器进行自动控制障碍灯的开启和关闭，并设置开关状态显示与故障报警。

大型的楼、堂、馆、所等建筑物，常需要设置供夜间观赏的立面照明（景观照明），目前立面照明通常选用投光灯，根据建筑物的功能和特点，通过光线的协调配合，充分表现出建筑物的风格与艺术构思，体现出建筑物的动感和立体感，给人以美的享受。投光灯的开启与关闭由预先编制的时间程序进行自动控制，并监视开关状态，故障时能自动报警。

4) 应急照明的应急启/停控制、状态显示监视

当正常电网停电或发生火灾等事故时，事故照明、疏散指示照明等应能自动投入工作；监控主机可自动切断或接通应急照明，并监视工作状态，故障时能发出报警信号。

2.3.2 照明监控系统的实现

传统的照明监控系统以集散控制方式为主，分别对不同的照明设施或照明区域进行控制，系统管理性较差。在智能建筑中多采用分布智能照明控制方式（智能照明控制系统），其控制功能丰富、灵活，而且能节约能源、延长灯具寿命、提高照明质量。

1) 智能照明控制系统网络结构

智能照明控制系统按网络的拓扑结构，有以下三种形式：总线式、星形结构和以星形结构为主的混合式，如图 2-4 所示。它们各有特色，总线式灵活性较强，易于扩展，控制

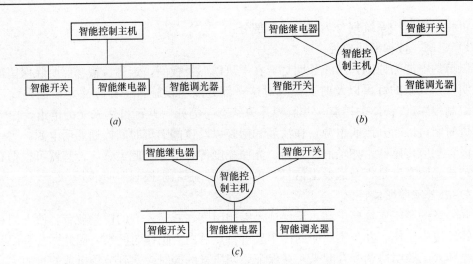

图 2-4 智能照明监控系统网络结构示意图
(a) 总线式;(b) 星形结构;(c) 混合式

相对独立,成本较低。星形结构可靠性较高,故障诊断和排除简单,存取协议简单,传输速度较高。以星形结构为主的混合式具有总线式和星形结构的特点,在建筑照明控制系统较常用。

2)智能照明控制系统组成

智能照明控制系统由系统单元、输入单元和输出单元三部分组成。智能照明控制系统的基本组成如图 2-5 所示。除电源设备外,每一单元设置唯一的单元地址,并用软件设定其功能,通过输出单元来控制各负载回路,各种形式的单元简述如下:

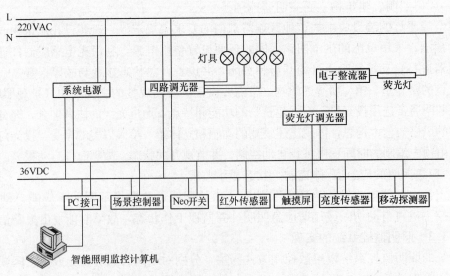

图 2-5 智能照明控制系统的基本组成

系统单元 用于提供工作电源、系统时钟及各种系统的接口。包括系统电源、各种接口(PC、以太网、电话等)、网络桥。

输入单元 用于将外部控制信号变换成网络上传输的信号。如可编程的多功能输入开关（Neo 开关、调光开关、定时开关等）、红外线接收开关及红外线遥控器（实现灯光调光或开/关功能）、多功能控制板（如触摸控制屏等）以及各种功能的传感器（如红外线传感器、亮度传感器等）。红外线传感器可感知人的活动以控制灯具或其他负载的开关；亮度传感器，通过对周围环境亮度的检测，调整光源的亮度，使周围环境保持适宜的照度，以达到有效利用自然光，节约电能。

输出单元 智能控制系统的输出单元是用于接受来自网络传输的信号，控制相应回路的输出以实现实时控制。输出单元有调光器（以负载电流为调节对象，除调光功能外，还可用作灯具的软启动和软关闭）、模拟量输出单元、照明灯具调光接口、红外输出模块及各种形式的继电器等。

系统一般采用集中控制和管理、分散执行的方式，亦即配置中央监控中心和智能控制照明柜，前者有控制计算机、主通信控制器等设备，用于对整个系统进行控制和管理工作，通过网络将控制命令与各智能控制柜的可编程控制器进行通信联络，同时接收来自智能控制柜内可编程控制器的有关自动及手动工作状态、灯具开/关状态等，并在异常情况下采取处理措施。

3) 智能照明控制系统功能

（1）智能系统设有中央监控装置，对整个系统实施中央监控，以便随时调节照明的现场效果，例如系统设置开灯方案模式，并在计算机屏幕上仿真照明灯具的布置情况，显示各灯组的开灯模式和开/关状态。

（2）具有场景预设、亮度调节、定时、时序控制及软启动、软关断的功能。

（3）具有灯具异常启动和自动保护的功能。

（4）具有灯具启动时间、累计记录和灯具使用寿命的统计功能。

（5）在供电故障情况下，具有双路受电柜自动切换并启动应急照明灯组的功能。

（6）系统设有自动/手动转换开关，以便必要时对各灯组的开、关进行手动操作。

（7）系统设置与其他系统连接的接口（如建筑设备监控系统），以提高综合管理水平。

4) 智能照明控制系统的优势

（1）实现照明的人性化。由于不同的区域对照明质量的要求不同，要求调整控制照度，以实现场景控制、定时控制、多点控制等各种控制方案。方案修改与变更的灵活性能进一步保证照明质量。

（2）提高管理水平。将传统的开关控制照明灯具的通断，转变成智能化的管理，将管理意识用于系统，以确保照明的质量。

（3）节约能源。利用智能传感器感应室外亮度自动调节灯光，保持室内恒定照度，既保证室内有最佳照明环境，又达到节能的效果；根据各区域的工作运行情况进行照度设定，并按设定好的时序进行自动开、关照明，使系统能最大限度地节约能源。

（4）延长灯具使用寿命。由于电网过电压越高越会降低灯具寿命，因此防止过电压并适当降低工作电压是延长灯具寿命的有效途径。智能照明系统设置抑制电网冲击电压和浪涌电压装置，并人为地限制电压以提高灯具寿命；另外，采取软启动和软关断技术，避免灯具灯丝的热冲击，以进一步使灯具寿命延长。

2.3.3　照明节能控制

在智能建筑中，照明能耗占建筑总能耗的 10% 以上，如何有效地节约照明能耗，在建筑节能中具有非常重要的地位。照明的节能控制是通过智能照明控制系统，在满足建筑照明照度的前提下，采取以下措施，合理控制照明的亮度和灯具的开启时间：

(1) 天然采光良好的场所，按该场所照度自动开关灯或调光；
(2) 个人使用的办公室，采用人体感应或动静感应等方式自动开关灯；
(3) 门厅、电梯大堂和公共走廊等场所，采用夜间定时降低照度的自动调光装置；
(4) 大中型建筑，按具体条件采用集中或集散的、多功能或单一功能的照明自动控制系统；
(5) 选用亮度高、功耗低、寿命长的节能灯具。

照明的节能控制要根据建筑内情景需要，做到"以人为本，按需调亮"，在保障正常照明的同时，最大限度地节约能源和保护照明灯具，做到实际意义上的照明节能最大化。

2.4 空调监控系统

空调系统设计的目的在于创造一个良好的室内空气环境，即根据季节变化提供合适的空气温度、相对湿度、气流速度和空气洁净度，以满足室内人员的舒适性和提高工作效率。在智能建筑中，由于使用大量的办公设备和电气设备，空调负荷中这些电气设备发热量引起的负荷较大，在设备使用高峰期，设备发热量可达到建筑内部发热量的50%左右。因此，智能建筑内区可能会出现全年供冷的状况，周边区则根据季节的变化进行供热和供冷。夏季智能建筑的空调冷负荷较大，可以达到一般办公大楼的1.3~1.4倍，而冬季热负荷却较小，仅为一般办公大楼的50%。空调系统作为智能建筑的一个重要组成部分，其监控是建筑设备监控系统中极其重要的内容。

2.4.1 空调系统的分类

空调系统一般可按下列两种情况进行分类：

(1) 按空调系统的集中程度分类

集中式空调系统 将所有空气处理设备（包括输送设备风机、水泵等）都集中在一个空调机房内，然后由送风机把处理后的空气，经风道送到各房间。这种空调系统处理空气量较大，需要设集中冷源和热源。

半集中式空调系统 也称为混合式空调系统，对空气既有集中处理又有局部处理装置。如风机盘管加新风系统，新风经过新风机组集中处理后送至各房间，房间内设有风机盘管等末端装置，对空调房间的空气作进一步的补充处理。

人们习惯上把集中式和半集中式系统统称为中央空调系统。

局部空调系统 也称全分散空调系统，是由分散在各空调房间内的空调机组来承担空调任务的，该机组将冷、热源和空气处理、输送设备集中设置在一个箱体内，例如分体式空调器、恒温恒湿机、冷风机组等。

(2) 按室内热湿负荷所用的介质分类

全空气系统 属于集中式空调系统。利用空气作为负担室内负荷的介质，将经过处理的空气送入空调房间内，同时消除室内的余热和余湿。由于空气的比热较小，为消除余热或余湿所需送风量较大，风道尺寸也大，占用较多的建筑空间。

空气—水系统 使用空气和水作为室内负荷的介质，如风机盘管加新风系统，就属于这一类，属半集中式空调系统。由于室内负荷大部分靠设在空调房间内的风机盘管机组来负担，向室内送入新风只是为了满足房间的卫生要求，因此风量不大，风道尺寸较小，新风仅负担小部分负荷。风机盘管所需冷、热水由集中冷、热源供给。

全水系统　空调房间的热湿负荷全靠水作为冷热介质来负担。水的比热比空气大得多，所以在相同条件下只需较小的水量，从而管道所占的空间减小许多。但是，仅靠水来消除余热余湿，并不能解决房间的通风换气问题，因此通常不单独采用这种方法。

冷剂系统　这种系统是将制冷系统的蒸发器直接放在室内来吸收余热余湿。这种方式属于局部空调系统，通常用于分散安装的局部空调机组，如分体式空调器。近年来，VRV多联分体机组（变制冷剂流量）系统也应用到集中空调系统上。

此外根据空调系统不同的调节方式、送风方式以及空气处理方式还可分为：

定风量、变风量系统　定风量系统是保持空调系统送风量不变，通过调节空调系统的冷（热）水量或温度来满足室内负荷的变化；变风量系统是通过调节空调系统的送风量来满足室内负荷的变化。

低速送风、高速送风空调系统　用来满足空调系统不同场合的使用需求，低速送风空调系统舒适性较好，不会有吹冷风感；高速送风空调系统适用于大型场馆，舒适性较差。

工艺性、舒适性空调系统　工艺性空调主要用来满足不同的生产工艺要求，对空气的温度和湿度都要进行处理，同时温度和湿度需严格控制在生产工艺所要求的范围内；舒适性空调主要为了满足舒适性要求，温度和湿度不需要太严格的控制。

智能建筑中的空调方式多采用半集中式空调系统，根据使用功能不同，将集中式与分散式灵活地结合起来，对于营业厅、多功能厅等公共场所采用集中式系统（全空气系统），对于办公室、客房等则采用风机盘管加新风系统（空气—水系统），这使设备及风井风道布置灵活，并可与建筑物设计密切结合，也为自控及节能提供了方便。

随着建筑业的发展，空调系统的形式也日新月异。对于主要业务空间采用大开间形式布置成不封闭的单独工作单元，每个单元内只有一人工作，其中空调、照明、通信线路、办公网络接口一应俱全。此时可采用送风到地板下布线空间的方式，通过地板送风口或地面送风柱将空调空气送入室内，再经过顶棚空间回风，形成"背景空调"；另外，在每一单元的工作桌下还可设送、回风混合的循环风机，送风至桌面风口，形成"桌面空调"。背景空调保证整个空间有均匀的温、湿度环境，桌面空调能满足个人对环境条件的不同需求，可以根据个人习惯和爱好进行调节。在国外的智能化办公大楼中，还出现了"森林浴空调"方式，即在办公楼中专辟一间休息室，周围墙壁绘上森林风光的巨幅壁画，空调系统加入植物香剂和负离子，立体声音响放送轻柔的背景音乐和鸟鸣声，进入休息室宛如置身大森林，使人心旷神怡、彻底放松。高度紧张的办公室职员每天进入该室20~30分钟，消除疲劳、松弛神经，然后精神抖擞地回到工作岗位上，大大提高了工作效率。

2.4.2　空调制冷方式

空调系统需要冷源，制冷系统是不可缺少的，夏季供给表冷器的冷水就是由制冷系统提供的。空调制冷方式有压缩式制冷和吸收式制冷。压缩式制冷以消耗电能作为补偿，通常以氟利昂或氨为制冷剂；吸收式制冷有溴化锂吸收式制冷和氨吸收式制冷，因为氨具有一定的毒性和可爆性，对人体和安全有危险，所以在空调系统中一般采用溴化锂吸收式制冷。溴化锂吸收式制冷以消耗热能作为补偿，以水为制冷剂，溴化锂溶液为吸收剂，可以利用低位热能作为溴化锂吸收式制冷的驱动热源（如电厂余热、太阳能热水等）。另外，冰蓄冷作为空调的供冷方式也得到了广泛的应用。冰蓄冷是让制冷设备在电网低负荷时工作，将冷量贮存在蓄冷器中，供电网系统高峰负荷时使用，而且通过"削峰填谷"调节电网负荷，缓和供电紧张状况。

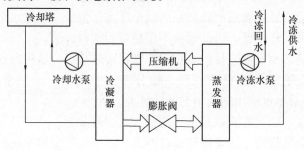

图 2-6 压缩式制冷示意图

1）压缩式制冷机

压缩式制冷机是利用制冷剂（氨、氟利昂或其替代物）在相变过程中吸、放热而制冷，主要由压缩机、冷凝器、蒸发器、膨胀阀等装置组成，如图 2-6 所示。压缩机将制冷剂（气体）压缩后送入冷凝器中，制冷剂在冷凝器中被冷却水冷却后变成液体，释放的热量被冷却水带走，在冷却塔中由冷却风机将热量散发出去。液体制冷剂由冷凝器通过膨胀阀，而后进入蒸发器，在蒸发器中吸热蒸发，使蒸发器中的冷冻水降温，为空调系统提供冷源，而蒸发为气体的制冷剂再经压缩机压缩，重复以上过程，从而保证源源不断地向空调系统提供冷冻水。

2）溴化锂吸收式制冷机

溴化锂吸收式制冷机也是利用制冷剂在相变过程中吸热制冷的原理，但它与压缩式制冷不同的是利用溴化锂溶液中的水作为制冷剂，溴化锂溶液中的水在低压下吸热蒸发，所产生的水蒸气。在冷凝器中冷凝成水，而后通过膨胀阀进入蒸发器吸热蒸发，使蒸发器内的冷冻水降温，从而提供空调供冷。

溴化锂吸收式制冷机主要由发生器、吸收器、蒸发器、冷凝器、节流阀、输送泵等组成，如图 2-7 所示。

在全部密闭近似真空的蒸发器 1 中，使制冷剂汽化，汽化时吸收了空调回水中的热量，从而使空调回水得到冷却。汽化的制冷剂水蒸气进入吸收器 2 后，被溴化锂溶液所吸收，吸收器内吸收水蒸气后的稀溴化锂溶液，由溶液泵 3 输送至发生器 4。在发生器中稀溴化锂溶液被外部输入蒸气加热而沸腾，产生制冷剂水蒸气，溴化锂溶液被浓缩。制冷剂水蒸气流经冷凝器 5，被冷却水冷却变成冷剂水，冷凝器中的冷剂水经节流阀 6 减压后进入蒸发器 1，再进行蒸发吸热制冷，完成一个制冷循环。制冷循环不断地进行，蒸发器就能不断地输送出低温冷冻水，以供空调使用。

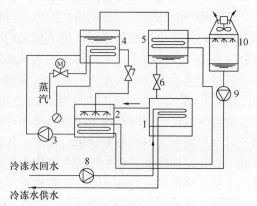

图 2-7 溴化锂吸收式制冷机工作原理

1—蒸发器；2—吸收器；3—溶液泵；
4—发生器；5—冷凝器；6—节流阀；
7—节流阀；8—冷冻水泵；9—冷却水泵；10—冷却塔

溴化锂吸收式制冷机的控制，一般是通过测量冷冻水供水温度，由控制器控制发生器加热蒸汽阀门的开度，控制加热蒸汽的流量，改变发生器产生的制冷剂水蒸气量，从而改变经过冷凝器后产生的冷凝水量，也就改变了蒸发器内的水量，从而来维持冷冻水温度恒定，同时对水泵、风机等动力设备实现启停控制。在监测方面有水泵、风机运行状态及故障监测；冷冻水进出水温、进水压力、出水流量监测；冷却水出水温度、流量及压力测量；蒸发器真空度、发生器压力测量等。

3) 冰蓄冷机组

蓄冰空调系统可转移多少高峰负荷、需储存多少冷量才具有最佳的经济性，首先取决于采用何种蓄冷模式。根据建筑物空调负荷分布图、电费计价方式、初投资及机房空间等因素的考虑，有全量蓄冷、分量（部分）蓄冷和分时蓄冷三种模式可供选择。

(1) 全量蓄冷模式：全量蓄冷是指制冷机蓄冰所储存的冷量为空调运行时所需的全部冷量，也就是说，制冷机组只在夜间用电力低谷期运行蓄冰工况进行蓄冰，而不参与白天空调工况的供冷，空调系统所需的冷量全部由蓄冷系统融冰来提供。该模式的优点在于最大限度地转移了电力高峰期的用电量，使运行成本降低，并且系统控制简单，易于系统调试及运行管理。其缺点是系统蓄冰容量、制冷机组及配套设备的容量大，使得初投资偏高。

(2) 分量（部分）蓄冷模式：分量（部分）蓄冷是指制冷主机在夜间非用电高峰期制冰蓄冷，储备白天空调运行所需冷量的一部分，白天空调运行时，一部分空调主机负荷由蓄冰装置融冰来承担，另一部分则由双工况制冷机组制冷来承担，制冷机组与蓄冰装置承担的负荷比例根据负荷特征和系统整体的经济性来考虑。该模式适用于高峰冷负荷时间长且高峰冷负荷大大高于平均负荷的场所，其优势在于系统灵活，蓄冰容量、制冷机组及配套设备的容量小，初投资小，回收周期短。其不足在于系统运行费用较全量蓄冷模式和分时蓄冷模式要高，运行控制比较复杂。

(3) 分时蓄冷模式：分时蓄冷实质上也是分量蓄冷，严格地说是指分时融冰释冷，指日间在电力峰值时的负荷仅由融冰来提供冷量，电力平时可以采用主机单供或主机与蓄冰装置联合供冷，夜间电力低谷段时蓄冰。其优点是根据日间电力的峰谷时段，避开电力峰值段运行主机，仅靠融冰供冷来满足供冷要求，最大限度地发挥了对电网负荷的削峰填谷作用，并且制冷机组容量较小，初期投资小，运行费用也低，但其运行控制较为复杂。

全量蓄冷系统比较简单，本文不再详述，主要介绍分量蓄冷。在分量蓄冷模式中，往往需要制冷机组与融冰同时供冷。此时，制冷机组与蓄冰装置的配合方式直接影响到整个系统的控制与效率。在制冷机组与融冰同时供冷状态下，系统的流程安排可分为制冷机组与蓄冰装置串联运行及并联运行两种。其中，串联方式中又可分为制冷机组上游和蓄冰装置上游两种方式。

(1) 并联系统

并联连接方式如图 2-8 所示，制冷机组与蓄冰装置并联连接，两者分别处于相对独立的环路中，系统连接管路简单，单工况运行时操作控制简单灵活。在并联方式下，制冷机组与蓄冰装置载冷剂的回液温度相同，若设定两者出口温度均为 5.5℃，则必须准确控制蓄冰装置融冰量，否则蓄冰装置融冰过快或过慢，都将有两股温度不同的载冷剂混合，冷热抵消将造成一部分冷量的浪费。

(2) 串联系统

制冷机组与蓄冰装置串联连接，根据制冷机组与蓄冰装置串联流程中的位置不同，可

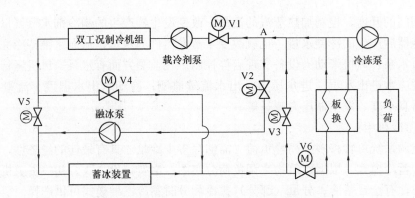

图 2-8 制冷机组与蓄冰装置并联流程原理图

分为制冷机组上游和蓄冰装置上游两种方式。

① 制冷机组上游

制冷机组位于蓄冰装置的上游，如图 2-9 所示。这种形式下主机在正常的蒸发温度下运行效率较高，而蓄冰装置的释冷速率较慢，效率较低，但其融冰速率得到控制，提高了系统的可靠性，若在每日空调供冷即将结束时仍有部分冰量未融完，此时可停止主机，利用蓄冰装置余下冷量单独供冷，进一步节约能耗。

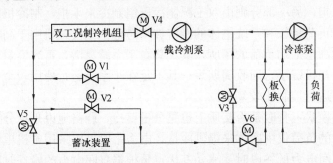

图 2-9 制冷机组与蓄冰装置串联制冷机组上游流程原理图

② 蓄冰装置上游

蓄冰装置位于制冷机组的上游，如图 2-10 所示。此时融冰速率较快，需要对蓄冰装置的融冰速率进行控制，但实际运行中较难实现，通常会出现融冰提前完成，后续冷量供应不足现象。同时经蓄冰装置释冷冷却后的载冷剂温度较低，再经制冷机组冷却至空调负荷要求的供冷温度时，主机的效率就较低。

冰蓄冷系统的自动控制系统需要保证制冷机组、各种泵、冷却塔、蓄冷设备、热交换

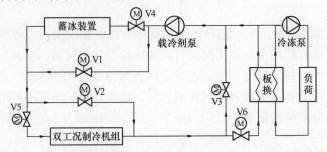

图 2-10 制冷机组与蓄冰装置串联蓄冰装置上游流程原理图

器等在设计要求的参数下安全可靠运行，才能达到预期的目的。目前的空调冰蓄冷系统的自动控制系统一般采用以计算机及其软件组成的上位机与现场控制的下位机及相关传感器和执行机构相结合的集散控制系统，体现现代控制"集中管理、控制分散、危险分散"的思想，当上位机故障或脱机时，下位机仍能实现自动控制，很多项目还和楼宇控制系统相结合进行监控，执行机构一般采用电动型。

空调冰蓄冷系统的自动控制系统一般要求有以下功能：

(1) 控制功能

①负荷预测功能（可选项，对蓄冰量相对较小的部分融冰系统意义不大）；

②常用五种运行方式（即充冷、制冷机组单独供冷、融冰单独供冷、制冷机组和融冰联合供冷、停机待用）的启、停和时间控制；

③溶液（或冷水）供出温度控制或溶液（或冷水）回入温度控制；

④蓄冰设备充冷充足时控制停机；

⑤制冷机组运行台数控制；

⑥各种水泵运行台数控制和运行频率控制；

⑦冷却水系统的控制；

⑧冷凝器热回收及自然冷却制冷等（可选项）。

(2) 计量分析及通信功能

①计量和采集各种运行参数和状态信息进行显示、记录及打印；

②分析计量数据进行报表及历史和动态点的趋势分析；

③通过局域网络传输数据和异常报警、输入和重设来自外部的控制参数，应能与楼宇控制系统（BAS）及制冷机组控制器兼容。

(3) 其他功能

①机组轮流运行、自动故障复位和参数重设等；

②各个运转设备的顺序启动及连锁；

③时间及故障报警、冷冻保护等。

2.4.3 冷冻/冷却水系统监控

空调系统一般经常性处于部分负荷状态下运行，相应系统末端设备所需的冷冻水量也经常小于设计流量。整个空调制冷系统的能量大约有15%~20%消耗于冷冻水的循环和输配。

一级泵系统和二级泵系统是目前两种常用的空调水系统，一级泵系统比较简单，控制元件少，运行管理方便，使用于中小型系统。一级泵系统利用旁通管解决了空调末端设备要求变流量与冷水机组蒸发器要求定流量的矛盾，但不能节省冷冻水泵的耗电量。二级泵系统能显著地节省空调冷冻水循环和输配电耗，在高层建筑空调系统中得到越来越广泛地运用。

1) 一级泵系统

图2-11为一级泵冷水系统流程图。系统内所有设备均按以下次序连锁：当冷水机组接到运行指令时，首先开启冷冻水泵和该机组冷冻水进水管上的电动蝶阀；当冷冻水水流开关得到确认的流量信号后，就开启冷却水泵和该机组冷却水管上进水电动蝶阀；当冷却水水流开关得到确认的流量信号后，则开启冷水机组的油泵和加热器；等冷水机组上所有

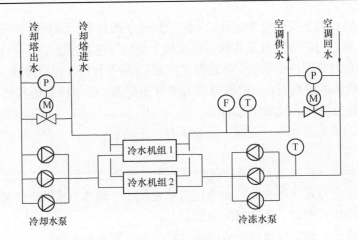

图 2-11 一级泵冷水系统示意图

的安全控制信号都得到确认后,再开启压缩机。

(1) 冷却水温度控制 根据冷却水供水主管上温度感应器上的水温信号来进行控制。当冷却水供水温度高于设定温度时,则由控制器发出信号增加低速运转的冷却塔的台数;当两台冷却塔均开启时,而水温仍高于设定水温度时,则逐台提高冷却塔的风机转速,直到水温达到设定温度为止。

在冷却水供、回水干管上的旁通电动水阀仍由该温度信号控制。在天气较冷的季节,当冷却水供水温度低于 15.6℃ 时,则按上述反向步骤关闭冷却塔的风机。当风机全部关闭,水温仍低于这个温度时,则开启旁通电动水阀,以达到这个温度为止。

(2) 能量控制 冷冻水供、回水干管上均设有温度传感器,在主供水干管上装有流量传感器,根据供、回水温差和水流量则可计算得到总的冷量。控制器根据该冷量信号以最佳能量控制方法来开启或关闭冷水机组,以求得节能效果,使冷水机组在较高的效率工况工作。单台冷水机组则根据其供水温度设定,利用机组自身的能量调节机构,对负荷的变换进行制冷量的微调。

(3) 冷冻水供回水压差控制 冷冻水供水是一个变水量系统,在供回水主干管之间设有旁通管,旁通管上设有电动旁通水阀,DDC 控制器通过供回水主干管之间的压差信号控制电动旁通水阀的开启,保持供回水主干管之间的压差恒定,其作用为保持用户侧的管路系统的水力工况的稳定,保证冷水机组的冷冻水量,保护机组。

目前先进的冷水机组已带有微电脑控制设备,把设备连锁控制、冷却水温度控制、能量控制、冷冻水供回水压差控制、机组切换都集成到微电脑控制设备之中。通过冷水机的微电脑控制设备控制整个冷冻机房系统。

2) 变水量二级泵系统

图 2-12 为变水量二级泵系统,它可分为冷冻水的制备和冷冻水的输送两大部分。这两个部分用一根旁通管加以划分。冷冻水的制备往往采用一泵对一机的配置,保证通过冷水机组的水量恒定。与冷水机组对应的泵称为一次泵,末端装置、管路系统和旁通管组成了二级环路,二级环路的水量是根据实际负荷而变化的。二级泵的控制方法有:

(1) 压差控制 所谓压差控制是利用水泵并联后的总特性曲线来设定上、下限压力。通过上、下限压力来控制水泵的增减。DP1 为压差变送器,采集的压差信号送至控制器,

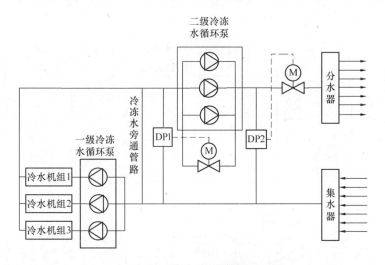

图 2-12 变水量二级泵管路控制原理图

由控制器控制水泵的运行台数。压差变送器 DP2 的信号用来控制调节阀的开度,以改变系统的阻力,稳定系统的压力。

(2) 流量控制 对于并联运行的平坦特性曲线的水泵,应采用流量控制,流量检测器安装在次级泵的总供水管上,用以测得实际流量,该检测器通过变送器将流量信号送到控制器,控制器按各台水泵预设定的流量范围和实际流量进行比较,当实际水量小于一台水泵的流量时,则停止一台水泵,反之则加泵。

(3) 负荷控制 可在一级泵的总供水干管上安装一个流量检测器,在总供水、回水干管上各安装一个温度检测器,通过测得一级泵环路的供、回水温差和水量计算所需冷量。

为保证每台冷水机组有足够的冷冻水水量,实际工程中往往采用一台水泵对一台冷水机组的方法,这时可根据冷量情况来控制一次泵和冷水机组的启停。

2.4.4 空调主机房监控

空调主机房集中了制冷(制热)系统、冷却水系统及冷冻水系统的主要动力和热力设备,包括制冷机、冷冻水泵、冷却水泵等动力设备和锅炉、热交换器等热力设备。空调主机房的监控就是对这些动力和热力设备进行监控。监控的主要内容如图 2-13 所示。

制冷(制热)系统提供空调用的冷(热)水;冷冻水系统通过冷冻水泵和管道将冷冻水输送出去,供空调用户使用。使用后的空调回水,又返回蒸发器,降温后循环使用;冷却水系统主要指冷却水泵、冷却塔组成的系统,冷却水经过冷却塔冷却后再循环使用。

大、中型空调主机房一般多用 DDC 控制器进行控制,并通过集散控制系统中的中央空调控制系统进行监测、管理。其所监测和控制的内容不但包括了采用模拟仪表时的所有内容,还具有集散控制系统在监控方面的独到功能。

应说明,现在国内外厂商所提供的制冷机组大多都带微电脑控制装置,具有系统启停功能、参数显示功能、单机容量控制功能和系统安全保护功能。这种情况下,空调主机房监控系统应与制冷机组控制装置进行联网通信(硬件接口和软件通信协议),获取有关参数。

空调主机房监控系统的主要功能如下:

(1) 中央站按预先确定的时间程序来控制制冷机组的启停,并监测各设备的工作状

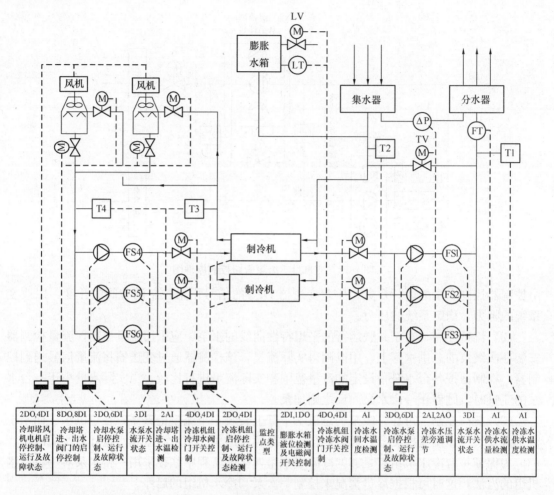

图 2-13　空调主机房监控系统原理图

态，显示各设备的运行参数。

①制冷机、冷冻水泵、冷却塔水泵、冷却塔风机的运行状态和故障的监测。水泵的运行状态通过水路系统设置水流开关来反映水泵处在运行或停止状态（水流开关闭合为运行状态，水流开关打开为停止状态）；风机运行状态由风机前后的压差测量来反映，存在压差为运行状态，无压差为停止状态。

②冷冻水供回水温度（T1、T2）、冷却水供回水温度（T3、T4）的监测。

③冷冻水供、回水流量（FT）的监测。

④冷冻水供、回水压力及压差的监测。

以上工作状态及参数可显示在中央站显示屏上，亦可打印出来作为记录备份。

（2）分站中的 DDC 控制器按预先确定的程序对中央站内设备启停、运行台数、供回水干管压差及备用设备自动投入等进行控制。

①主机房各设备启动顺序：冷却塔风机→冷却水电动蝶阀→冷却水泵→冷冻水电动蝶阀→冷冻水泵→冷冻机。停止顺序为：冷冻机→冷冻水泵→冷冻水电动蝶阀→冷却水泵→冷却水电动蝶阀→冷却塔风机。

②测量供、回水温度及回水流量，从而计算实际冷负荷，根据实际冷负荷，决定冷机

开启的台数，达到节能运行状态。当进行台数控制时，需在管中设置电动蝶阀，进行开、关控制。

③测量供、回水干管的压力差 ΔP，并根据监测结果对电动旁通阀 TV 开度进行控制，改变旁通量，以保持所要求的供、回水干管的压差，保证水力工况稳定，减少干扰；同时，可保证制冷系统中流过蒸发器的冷冻水流量不变，确保制冷系统运行的稳定性。

④冷却水供水温度（T3）用来控制自身风机的启停，这样不但可以维持供水温度恒定，还可以节能。

(3) 安全保护及事故报警

当系统出现故障时，中央站将立即发出声光报警，记录备案，并自动显示故障的情况。

①蒸气压缩式制冷机的安全保护控制

A. 压力保护：吸气压力过低、排气压力过高、油压差过低的保护；

B. 温度保护：油温过高，防结冰、电机温度过高等的保护；

C. 断水保护：冷却水断水保护；

D. 电动机过载、过流、掉电保护。

②吸收式制冷机的安全保护控制

A. 防溴化锂溶液结晶保护；

B. 冷水防冻保护；

C. 蒸发器进口冷水断水保护；

D. 蒸发器压力过低报警；

E. 冷却水断水或水温过低报警；

F. 高、低压发生器溶液液位过高报警；

G. 动力设备保护等。

2.4.5 热力系统监控

在空调系统中热力系统主要用来采暖供热，常用的热源有蒸汽、热水和电热。蒸汽是常用的空调热源之一，热水是热源中应用最广泛的一种形式，而电热是热源中最方便的一种形式。

热力系统主要包括锅炉房、换热站及供热网。热力系统中应用最广泛的是锅炉供热系统，分为热水锅炉和蒸汽锅炉。热交换系统是以热交换器为主要设备，其热媒通常是由自备锅炉或市热力网提供的。

1) 热力锅炉系统的监控

供热锅炉房的监控对象可分为燃烧系统及水系统两部分，采用直接数字控制器 DDC 进行监控，并把数据实时地送入中央监控站，根据供热的实际状况控制锅炉及循环泵的开启台数，设定供水温度及循环流量。热水锅炉通常监控的内容有：

①自动检测锅炉水温、蒸汽压力、炉膛负压、蒸汽流量、给水流量、排烟温度等；

②自动控制锅炉配套电动机的启动、停止；

③自动保护与自动调节监控环节。

(1) 锅炉燃烧系统的监控原理

锅炉采用的燃料通常分为燃油、燃气和燃煤几种类型，而燃油、燃气和燃煤锅炉的燃烧过程不同，所以监控过程也不同。燃油与燃气锅炉称室燃烧——燃料随空气流喷入炉室中混合后燃烧；而燃煤锅炉为层燃烧——燃料被层铺在炉排上进行燃烧。由于室燃烧炉污染小，效率高，且易于实现燃烧调节机械化与自动化，因此目前民用建筑逐步开始采用燃气、燃油锅炉。

①燃气、燃油锅炉燃烧系统监控原理

为保证燃气、燃油锅炉的安全运行，必须设置油压、气压上下限控制及越限自动报警装置。还应设置熄火保护装置，用于检测火焰是否持续存在。当火焰持续存在时，则熄火保护装置允许燃料连续供应；当火焰熄灭时，熄火保护装置及时报警并自动切断燃料；为保证燃烧的经济、可靠，还要设置空气、燃料比的控制，并实时监测加热温度、炉膛压力等参数。

②燃煤锅炉燃烧系统监控原理

燃煤锅炉燃烧系统监控的主要任务是控制风煤比和监测烟气的含氧量，以保证产热与外界负荷相匹配，具体需要监控的内容有如下几种：

A. 监测温度信号。包括排烟温度、炉膛出口、省煤器及空气预热器出口温度、供水温度等。

B. 监测压力信号。包括炉膛、省煤器、空气预热器、除尘器出口烟气压力，一次风、二次风压力，空气预热器前后压差等。

C. 监测排烟含氧量信号。通过监测烟气中含氧量，反映空气过剩情况，提高燃烧的效率。

D. 控制送煤调节机构的速度或位置以达到控制送煤量。

E. 控制送风量达到控制风煤比，使燃烧系统保持最佳状态，使燃料充分燃烧，节约能源。

F. 自动保护与报警装置，如蒸汽超压保护与报警装置。

(2) 锅炉水系统的监控原理

锅炉水系统监控的主要任务有以下几个方面：

①系统的安全性：主要保证主循环泵的正常工作及补水泵的及时补水，使锅炉中循环水不致中断，也不会由于欠压缺水而放空。

②计量和统计：测定供回水温度、循环水量和补水流量，从而获得实际供热量和累计补水量等统计信息。

③运行工况调整：根据要求改变循环泵运行台数或改变循环水泵转速，调整循环流量，以适应供暖负荷的变化，节省电能。

图 2-14 为 2 台热水锅炉和 3 台循环泵组成的锅炉房水系统监控原理图。图中温度传感器 T1、T2 用来测量热水出口温度，P3、P4 是安装于锅炉入口调节阀后的压力传感器，它们与锅炉出口压力传感器 P1 测量值的差，间接反映了两台锅炉间的流量比例，流量通过调节阀 V1、V2 进行调节；温度传感器 T3、T4 和流量传感器 F1 构成对热量的测量系统；压力传感器 P1、P2 则用于测量网络的供回水压力；补水泵与压力传感器 P2、流量传感器 F2 及旁通调节阀 V1 构成补水定压调节系统。水流状态检测器 FS 用来检测水泵的水流状态。

2) 热交换系统监控

热交换系统是以热交换器为主要设备。其作用是供给生活、空调及供暖系统用热水，

第2章 建筑设备管理系统

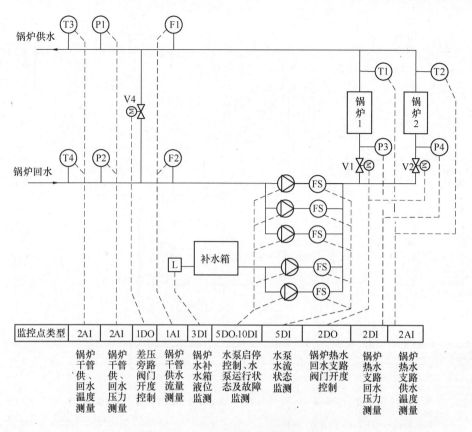

图 2-14 锅炉房水系统监控原理图

对这一系统进行监控的主要目的是监测水力工况以保证热水系统的正常循环,控制热交换过程以保证要求的供热水参数。

图 2-15 为热交换系统的监控原理图。采用直接数字控制器(DDC)进行控制。

(1) 热量计量

图中流量传感器 F 与温度传感器 T1、T2 用于热量计量,DDC 装置通过测量这三个参数的瞬时值,可以得到每个时刻从供热网输入的热量,再通过软件的累加计算,即可得到每日的总热量及每季度总耗热量。

(2) 压力监侧

压力传感器 P1、P2 用来监测外网压力状况,及时把信号送入到 DDC 中。

(3) 热交换器二次侧热水出口温度控制

由温度传感器 T3、T4 监测二次热水进、出口温度,送入 DDC 与设定值比较得到偏差,运用比例积分(PI控制)规律进行调节,DDC 再输出相应信号,去控制热交换器一次热水/蒸汽电动调节阀的阀门开度,调节一次热水/蒸汽流量,使二次热水出口温度控制在设定范围内,从而保证空调采暖温度。

(4) 热水泵控制及连锁

热水泵的启/停由 DDC 发出信号进行控制,并随时监测其运行状态及故障情况,监测信号实时地送入 DDC 中,当热水泵停止运行时,一次侧热水/蒸汽电动调节阀自动完全关闭。

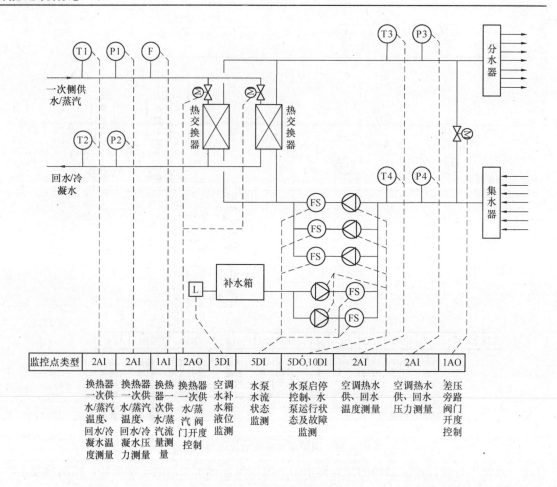

图 2-15 热交换系统监控原理图

(5) 工作状态显示与打印

包括热水泵启/停状态、故障显示，一次侧热水/蒸汽进出口温度、压力、流量，二次侧热水供、回水温度等，并且累计机组运行时间及用电量。

2.4.6 新风机组监控

在空调系统中，为了保证室内的空气品质，需要向空调房间输送新风，这就需要设新风机组。新风量过大会使空调负荷加大，能源消耗也就大，不利于空调系统的节能；新风量过小，在室内人员比较多时，人体所呼出的 CO_2 的浓度会增加，室内的空气品质就达不到舒适度的要求。因此，对新风机组的监控很重要。

新风机组主要包括加热器、表冷器、过滤器、加湿器、送风机及各种传感器和执行机构。在夏季通过表冷器使新风降温、除湿，冬季通过加热器、加湿器使空气加热、加湿。我国南方热带地区，仅需要提供冷气、除湿服务，则该系统可不设加热器、加湿器。图2-16 为典型的新风机组监控原理图。

对新风机组实现的监控主要有：

(1) 送风温度监控

由送风通道的温度传感器 T1 实测送风温度，信号送入 DDC 中，与送风温度设定值

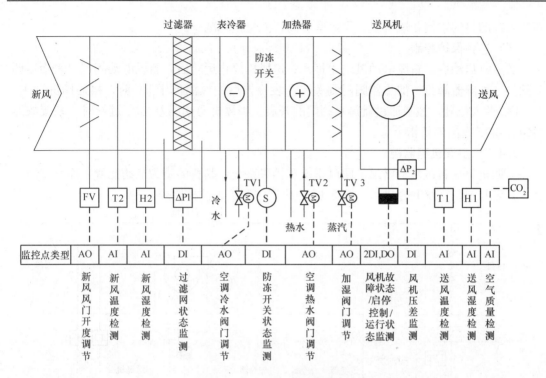

图 2-16 新风机组监控原理图

进行比较，采取 PID 控制，由 DDC 发出指令控制表冷器（或加热器）上的电动调节阀 TV1（或 TV2）的阀门开度，调节冷水流量（或热水流量），使送风的温度控制在设定的范围内，保持室内的温度相对恒定。

(2) 送风湿度监控

由送风通道的湿度传感器 H1 实测送风通道的湿度信号，送入 DDC 中与湿度设定值进行比较，由 DDC 输出信号，控制冷水阀 TV1（或蒸汽阀 TV3）的开度。比如，夏季环境温度高、湿度大，可以通过开大表冷器的冷水阀门进行去湿冷却；如果在冬季，环境比较干燥，则可通过调节加湿器的阀门 TV3，控制蒸汽流量，使室内的湿度控制在设定范围。值得注意的是送风湿度改变后，送风温度也会改变，在进行恒温恒湿控制时温度和湿度要配合调节。

(3) 新风量调节

新风机组在设计选型时是根据新风的温湿度、房间的温湿度及焓值计算机组最大的新风量。为保证空调房间的空气品质，在房间装有空气质量传感器（如 CO_2 传感器），当房间中 CO_2 浓度升高时，传感器输出信号到 DDC 控制器，由 DDC 控制器来控制新风风门的开度，增加新风量。在满足室内空气品质要求的前提下，要使新风机组在最佳的新风风量状态下运行，以便达到节能的目的。

(4) 过滤器堵塞监控与报警

由过滤器两端空气压差开关 $\triangle P_1$ 监视过滤网的清洁度，当两端压差超过设定值时，系统会报警，说明过滤网堵塞，需要及时清洁或更换。

(5) 机组定时启停控制

按实际需要预先编制程序，控制风机启停时间，并累计机组工作时间，达到自动调整新风系统的目的,使新风机组工作效率提高,能量损耗减少。

(6) 连锁保护控制

送风机启动后,新风电动风门才打开;送风机停止运转后,新风电动阀门、表冷器调节阀门、加湿器阀门、加热器阀门则关闭。表冷器后的风温低于5℃时,接通防冻开关,向DDC送入信号,控制加热器热水阀门的开启。当风机两端压差$\triangle P_2$过低时,系统故障报警,DDC发出停机指令。

2.4.7 空调机组监控

空调机组比新风机组增加了回风系统和排风系统,其目的是为节约能源,净化室内空气,并可与消防系统联合排烟。图2-17为典型空调机组监控原理。

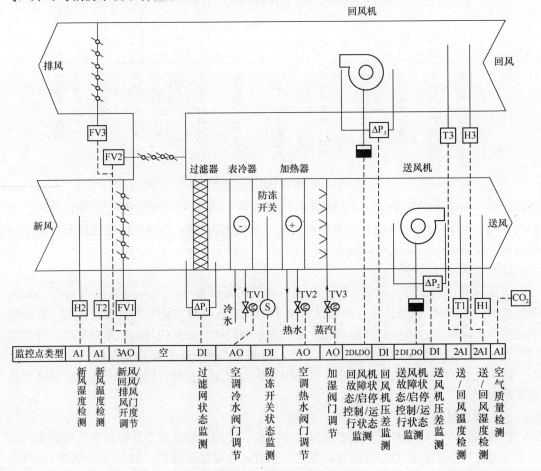

图2-17 空调机组监控原理图

为了节约能源,空调机组需增加回风系统,在回风管道就要增加回风的温度、湿度检测点,由于新风与回风混合处空气温度、湿度不均匀,因此在空气混合处可不加温度、湿度测试点。为了与消防系统配合,在火灾情况下能够自动排烟,正常情况下能够促使空气流通以净化空气,还需要增加排风系统,其监控功能如下:

(1) 回风温度监控

回风通道的温度传感器T3实测回风温度,信号送入DDC中与回风温度设定值进行比较，采取PID控制，由DDC输出信号控制表冷器（或加热器）上的调节阀TV1（或TV2）的开度，用以调节冷水（或热水）流量，使回风温度控制在设定的范围内，温度设定值也可随室外的温度变化而调整，使室内外温差不致过大，避免人们有不适的感觉。

在过渡季节或不需空调的天气，室外温度在空调温度设定值允许的范围内时，空调机组可采用全新风工作方式。关闭回风风门，新风风门和排风风门开到最大，向空调区域提供大量新鲜空气，同时停止对空气温度的调节以节约能源。

(2) 回风湿度监控

由回风通道的湿度传感器H3实测回风通道的湿度信号，送入DDC中，与湿度设定值进行比较，采取PID控制，由DDC输出信号控制冷水阀TV1（或蒸汽阀TV3）的开度，控制表冷器冷水流量（或控制蒸汽流量），使回风湿度保持一定。

(3) 新风/回风比例监控

由新风通道中的温度、湿度传感器T2、H2和回风通道中的温度、湿度传感器T3、H3，实测新风、回风温度和湿度，根据实测的温湿度以及空气质量（CO_2浓度）的检测，来控制新风电动风门FV1和回风电动风门FV2的开度，从而确保新风/回风的比例。

(4) 排烟系统监控

当发生火灾时，新风、回风系统立即停止工作，启动排烟系统，打开排烟阀。

(5) 运行数据保存

机组运行参数及用电量自动累计。

其余部分输入、输出通道的监控原理同新风机组监控原理，这里不再重复。

2.4.8 风机盘管监控

风机盘管是半集中式空调系统中的空气局部处理装置，由冷、热盘管和风机组成。通过温控器控制冷、热盘管的两通阀或三通阀，从而控制冷、热盘管水路的通/断。风机盘管一般为独立控制，多采用电气式温度控制器，其传感器与控制器组成一个整体，主要应用在客房、写字楼、公寓等场合。风机盘管控制系统，一般不进入集散控制系统，近年来也有的产品具有通信功能，可与集散系统的中央站通信。

1) 独立盘管控制

独立运行的风机盘管及其控制原理如图2-18所示（控制器没有网络通信接口）。它的控制由带三速开关的独立室内恒温器（也称温控器）来完成，温控器安装在空调房间内。温控器的设定温度一般在5～30℃范围内可调。

拨动温控器上的"高、中、低"三挡开关在不同的位置，可以控制风机盘管内的风机按"高、中、低"三种风速运行。

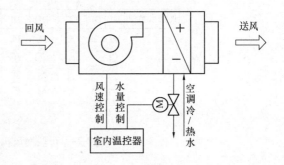

图2-18 独立运行风机盘管控制原理图

空调系统工作在夏季模式时，空调水管供应冷冻水，温控器选择开关应拨在"冷"挡。当室温升高并超过设定点温度时，恒温器的触点接通，电动阀被打开、风机运行，风机盘管对室内空气制冷；当室温在冷气的作用下降低并低于设定温度时，恒温器的触点断开、电动阀被关闭、风机停止运行，风机盘管停止对室内空气制冷。这样往复循环，使室温保持在一定范围之内。

冬季运作时，空调水管供应热水，温控器选择开关应拨在"热"挡。当室温下降并超过设定点温度时，恒温器触点接通，电动阀被打开、风机运行，风机盘管对室内空气加热；当室温在热风的作用下升高并超过设定点温度时，恒温器的触点断开，电动阀被关闭、风机停止运行，风机盘管停止对室内空气加热。这样往复循环，使室温保持在一定范围之内。

当温控器选择开关拨在"FAN"挡时，风机盘管只开启风机（电动阀门不打开），使室内空气循环。

2）可联网盘管控制

这类风机盘管可以纳入 BAS 系统进行控制与管理，其控制原理如图 2-19 所示。风机盘管的启停、冷/热或冬/夏模式设定、风机转速的高、中、低设定、房间温度设定可通过与控制器配套的壁挂模块、配套装置或其他外置的专用开关进行，也可以由监控中心远程设定；壁挂模块内置温度传感器，对房间实时检测，控制器根据设定温度与检测温度的偏差控制风机盘管的运行或停止。其控制原理和运行方式与独立运行的风机盘管系统相似，主要区别是这种系统的控制器具有联网通信功能。通过通信接口将风机盘管的控制纳入建筑设备监控系统，实现对风机盘管系统的统一管理。除了通过室内壁挂模块对风机盘管进行控制和参数设定之外，通过建筑设备监控系统也可以实现对分布在各个房间的风机盘管进行预设时间表的定时启停控制和远程控制等。

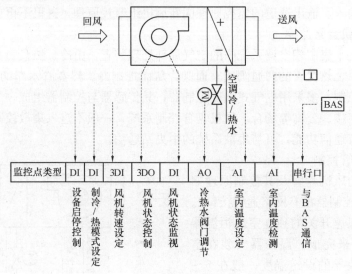

图 2-19 可联网风机盘管控制原理图

2.4.9 变风量空调系统监控

变风量空调系统 VAV（Variable Air Volume System）是通过空调送风量的调节实现空调区域温湿环境的控制。在变风量空调系统中，当室内空调负荷改变或室内空气参数设定值变化时，空调系统自动调节送入房间的风量，将空调环境的温湿参数调整到设定值，以满足室内人员的舒适要求或工艺生产的要求。送风量的自动调节可以最大限度地减少风机的动力消耗，节约空调系统运行能耗。

1) 变风量空调系统的特点

变风量空调系统属于全空气送风方式，系统的特点是送风温度不变，通过改变送风量来满足房间对冷热负荷的需要，用改变送风机的转速来改变送风量。通常采用变频调速来调节送风机电机转速从而实现送风量的控制。

变风量空调系统相对于定风量系统，具有如下特点：

(1) 变风量空调系统能实现局部区域（房间）的灵活控制，可根据负荷的变化或个人的舒适度要求调节个性化的工作环境，能适应多种室内舒适性的要求。

(2) 变风量空调系统能自动调节送入各房间的冷热量，系统内各房间可以按实际需要调配冷热量，考虑各房间同时使用系数和负荷的时间分布，空调系统冷热源的总冷热量配置可以减少 20%～30%，设备投资相应有较大的削减。

(3) 室内无过冷过热现象，系统运行时可降低空调负荷 15%～30%。

变风量监控系统与前所述的空调机组（定风量）监控基本一致，只是末端装置有所不同。

2) 变风量空调系统末端装置

(1) 末端装置的功能

在变风量空调系统中，风量的调节是通过变风量末端装置来实现的，用以补偿室内负荷的变动。末端装置主要有气阻节流型和旁通型两种。气阻节流型通过调节末端装置中的风阀的开度来调节风量；旁通型利用旁通风阀来改变送风量，特点是投资较低，但并不能减小风机能耗，所以目前使用较少。末端装置有如下功能：

①接受控制器的指令，根据室温与给定值的偏差，自动调节风量。

②应有"上限风量"与"下限风量"控制功能，即当送风量达到给定的最大值时，风量不再增加，送风量达到最小值时，不再进一步减小，以维持室内最小的换气量。

③应有良好的分布特性，噪声要小。

(2) 末端装置控制分类

在变风量空调系统中，房间温度控制是通过变风量末端装置对风量的控制来实现的，这是变风量系统的基本控制环节。末端装置的控制主要为两类：随压力变化型（又称压力相关型）、不随压力变化型（又称压力无关型）。

①压力相关型　由于变风量系统中各末端装置都在不断地调节各自的送风量，因而整个系统的静压是在不断变化着的，这类装置又没有为补偿管道中的静压变化而设置的控制措施，因此，它的送风量会直接受到其上游风管内静压变化的影响，从而出现送风量的所谓"超调"或"欠调"，引起房间内产生较大的温度波动。此种末端装置如图 2-20 (a) 所示，在送风温度一定时，室温由室内温度控制器控制变风量末端装置中风阀的开度来维持。

②压力无关型　这类末端装置在任何条件下，都只根据房间负荷的需要输送相应的空气量，与风管系统中的静压变化无关，它可以在从最大到最小的送风量范围内进行控制，消除了送风量的"超调"和"欠调"现象，系统的运行

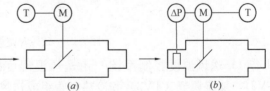

图 2-20　气阻型变风量末端装置
(a) 压力相关型；(b) 压力无关型

也最稳定,室内温度波动小。此种末端装置如图 2-20（b）所示,在结构上与压力相关型的不同之处,是在空气入口处设置一个压差（或风量）检测装置,当系统静压发生变化造成末端装置入口的静压（或风量）变化时,控制器适量调节风阀开度以维持原来（系统静压变化前）的风量不变。这种装置有自动补偿系统压力变化的功能,但增加了投资,可用于系统风量变化剧烈的场合。

3）变风量空调系统监控

图 2-21 是变风量空调系统控制原理。主要包括送风温度控制系统、末端变风量控制系统、系统静压控制系统和送回风机风量平衡控制系统。

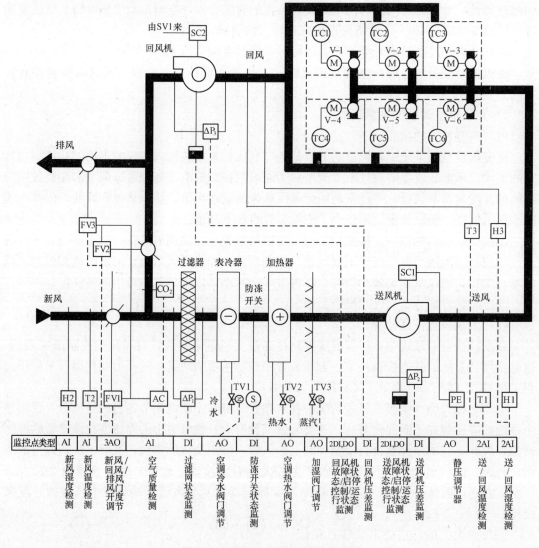

图 2-21 变风量空调系统控制原理

(1) 送风温度控制系统　由送风温湿度检测（T1 和 H1）、冷热水调节（TV1 和 TV2）、加湿调节（TV3）和冷热盘管组成送风温度控制系统。根据送风温度与设定温度之差,按一定控制规律控制冷热水调节阀的开度,以设定的送风温度向各个空调房间送风。

(2) **末端变风量控制系统** 由设在每个房间内的温控器（包括传感器在内的控制器，TC1～TC6），根据房间检测温度与设定值之差，控制末端变风量装置的调节阀（V—1～V—6），调节送往室内的风量，保持房间内的温度恒定。

(3) **系统静压控制系统** 使用节流型变风量末端装置后，系统管道压力特性将产生变化，风量减少时整个送风道内静压会增加，但风机动力没有明显减小，同时过量的节流会引起噪声的增加。为了克服这一缺点，必须在风管内设静压调节系统。图 2-21 中静压调节阀 PE 和送风机风量调节装置（风机变频调节 SC1）就是为保持系统静压恒定而设置的，可通过改变系统的风量来调节风管内的静压。

(4) **送、回风机风量平衡控制系统** 在变风量空调系统中，送、回风量的平衡是非常重要的。送、回风量不平衡，会引起室内静压的波动，造成室外新风侵入（静压降低时）或室内空气向外渗透（静压升高时），增加室内的空调负荷。因此需要通过调节风机风量调节装置（风机变频调节 SC1 和 SC2）以及新风、回风、排风调节阀（FV1、FV2、FV3）来保持送、回风量的平衡。

2.4.10 空调系统节能控制

随着近年来我国建筑规模的不断扩大，建筑能耗也逐年上升，建筑能耗所占社会能耗总量已从上世纪 70 年代末的 10% 上升到近年的 28%。我国采暖和空调的能耗占建筑总能耗的 55%。因此，如何有效降低建筑能耗，建设节能型"绿色建筑"、"低碳建筑"已成为当前的热门话题。

空调系统节能控制就是通过对空调系统的制冷机组、热源设备、冷冻水泵、冷却水泵、冷却塔、空气处理末端装置等进行控制，使这些设备始终处于最佳的节能状态下运行。据美国国家标准局统计资料表明，如果在夏季将设定值温度下调 1℃，将增加 9% 的能耗，如果在冬季将设定值温度上调 1℃，将增加 12% 的能耗。所以，设置适当的室内目标温度值，既可满足舒适性的要求，又可以达到节能的目的。同时，提高室内温度控制精度也可以节省不必要的能耗。

空调系统的节能控制方法主要有：

(1) 制冷机组的节能控制：根据室内负荷的变动来调节制冷机组冷冻水的进出口温度，一方面满足室内负荷的需要，另一方面使制冷机组始终保持较高的效率。

(2) 热源设备节能控制：空调系统中的热源设备主要为锅炉。锅炉的节能控制可采用回水温度法，依据回水温度来调节锅炉的启、停和热水泵运行台数，达到节能的目的；也可以根据热负荷来控制，根据房间所需热负荷，按实际热负荷自动启、停锅炉及热水给水泵的台数。

(3) 空调机组节能控制：根据室内冷（热）负荷情况，对空调机组冷（热）水量、风量进行控制，在满足室内舒适度的情况下尽量减小冷（热）水量和风量。

(4) 冷冻水泵和冷却水泵节能控制：可采用变频控制技术，控制冷冻水泵和冷却水泵的流量，从而降低水泵的功耗。

(5) 冷却塔节能控制：根据制冷机组冷却水的进水温度要求，来控制冷却塔风机的启/停，在保证冷却水温度要求的前提下，尽量少开冷却塔风机。

值得注意的是，空调系统的节能控制要从系统的角度来考虑，要从整体上给出节能控制策略。因为空调系统的制冷机、水泵、冷却塔等设备之间是相互关联的，如果仅从某个设备去考虑节能调控，其他设备不一定会有最高效率，系统总的功耗也就不一定最低。

2.5 给水排水监控系统

给水排水系统是任何建筑都必不可少的重要组成部分。本章节主要介绍其监控的意义、内容及其不同的控制方式。

2.5.1 给水排水系统监控的意义及内容

智能建筑中给水排水自动化系统的任务是为保证供水质量，节约能源，实现供需水量与进排水量的平衡，实现给水排水管网的科学管理，给人们提供安全舒适的生活与工作环境。

建筑给水排水系统一般包括生活给水系统、生活排水系统和消防水系统，这几个系统都是智能建筑中重要的监控对象。由于消防水系统与火灾自动报警系统、消防自动灭火系统关系密切，消防技术规范规定消防水系统应由消防联动控制系统统一控制和管理。因此，这里主要讨论生活给水排水系统的监控。

2.5.2 给水系统监控

智能建筑中的生活给水系统按照给水方式可分成三种：设水泵和水箱给水方式、气压给水方式和设水泵给水方式。

1）设水泵和水箱给水系统监控

图 2-22 表示设水泵和水箱给水方式监控原理。此方式可以采用恒压供水，也可以采用高位（屋顶）水箱、生活给水泵和低位（或地下）蓄水池等。对于超高层建筑，由于水泵扬程限制，则需采用接力泵及中途水箱。

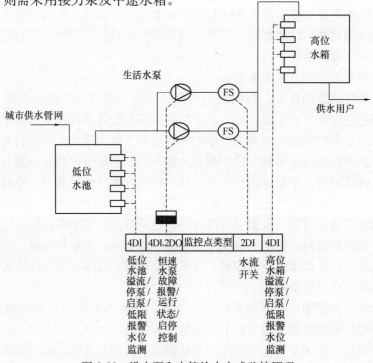

图 2-22 设水泵和水箱给水方式监控原理

生活水箱设有 4 个水位，即溢流水位、最低报警水位、生活泵停泵水位和生活泵启泵水位。DDC 控制器根据水位传感器输出的信号来控制生活水泵的启/停，当高位水箱液面低于启泵水位时，DDC 控制器发出信号启动生活泵；当高位水箱液面高于停泵水位时，DDC 控制器发出信号停止生活泵。当工作泵发生故障时，备用泵自动投入运行，系统能自动显示水泵启/停状态。

当高位水箱（或蓄水池）液面高于溢流水位或低于最低报警水位时，将自动报警。蓄水池的最低报警水位并不意味着蓄水池无水，为了保障消防用水，蓄水池必须留有一定的消防用水量。当发生火灾时，消火栓泵启动，如果蓄水池液面达到消火栓停泵水位，也将发出报警。

2）气压给水系统监控

气压给水系统的监控原理如图 2-23 所示。

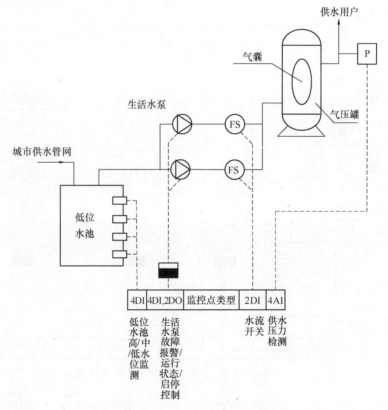

图 2-23 气压给水方式监控原理

通过水管式压力传感器检测给水管网输入口压力，DDC 控制器将检测压力值与设定值比较，根据比较偏差的大小来控制给水泵的启/停，以保证供水压力在要求的范围内。在给水泵停止运行时，随着给水管网用户用水量增多，气压罐内气囊体积增大，压出罐内的水供用户使用，囊内气体压力减小，管网压力也逐渐减小。如用户继续用水，气囊体积越发增大，囊内气体压力继续减小，管网压力也进一步减小。当囊内气体压力减少到工作压力下限时，给水管网压力也同时下降到设定值的下限，此时控制器将自动启动给水泵，向气压罐内注水，同时给用户供水，罐内水压增大，气囊被压缩，囊内气体压力增大，当管网压力增加到设定值上限时,给水泵停止运行。这样往复循环,维持供水压力在设定值要求的范围内,保证给水系统正常给水。

在多台水泵的气压式给水系统中,多台水泵互为备用,当一台水泵损坏时,备用水泵自动投入使用,以确保水系统正常工作。为了延长各水泵的使用寿命,通常要求水泵累计运行时间数尽可能相同。因此,每次启动系统时,都应优先启动累计运行小时数最少的水泵,控制系统应有自动记录设备运行时间的功能。

3) 设水泵给水系统监控

图 2-24 表示设水泵给水方式监控原理,该系统为变频恒压全自动供水系统,采用先进的变频调速及 PLC 逻辑控制技术,根据终端用户的用水量调整恒速泵的台数或变频调速泵的转速来满足用户用水量的需要,取代了屋顶水箱供水方案,是一种新型、可靠的供水系统。

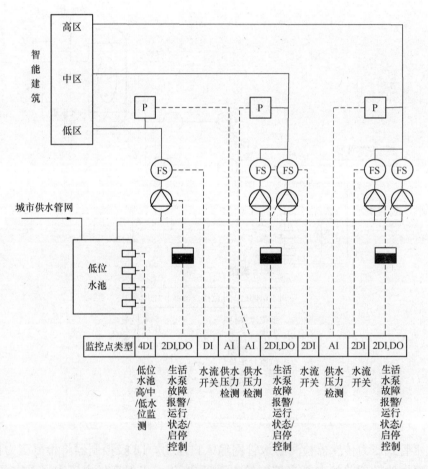

图 2-24 设水泵给水方式监控原理

水泵的启停过程均是一个逐步变频过程,因此,它可避免水泵在开启时的过大电流,减小水泵启动对电网的冲击,同时在停泵过程中,也可避免水系统产生水锤现象,减小由于水锤现象所导致对水泵及其他水系统构件的损害。水锤现象是指水泵在启动和停止时,水流冲击管道和管道系统中的阀门、水泵等水系统构件所产生的一种严重水击现象。

安装在水泵出口的管道式压力传感器检测管网压力，DDC 控制器根据这一检测值与设定值比较的偏差来控制变频器的输出频率，实现水泵调速的控制，使供水压力保持在设计范围内。当给水管网用户用水量增多、管网压力减小时，控制器控制变频器输出频率增加，水泵转速随着增加，供水量增加，以满足用户的需求；当给水管网用户用水量减少、管网压力增加时，控制器控制变频器输出频率降低，水泵转速随着减少，供水量减少，以达到节能的目的。系统运行时，调速泵首先工作，当调速泵不能满足用水量要求时，自动启动恒速泵；反之，压力过高时，亦是先调低调速泵的转速，然后再减少恒速泵的运行台数。

2.5.3 排水系统监控

地上建筑的排水系统比较简单，可以靠污水的重力沿排水管道自行排入污水井进入城市排水管网。而建筑物地下的污水排放则有所不同，通常把污水集中于集水池，然后用泵排放到地面的排水系统。排水系统监控原理图如图 2-25 所示。

建筑物排水系统的监控对象为集

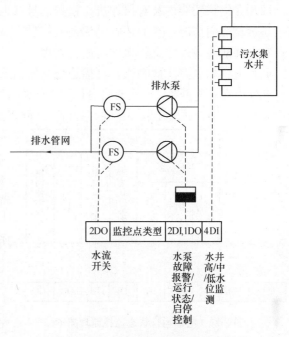

图 2-25　建筑物排水监控系统

水池和排水泵，其主要监控功能为：排水泵启/停控制、污水（或废水）集水池水位监测以及超限报警。当集水池的水位达到高限时，传感器将信号送给 DDC 控制器，DDC 控制器控制启动相应的排水泵；当水位高于报警水位时，启动相应的备用泵，直到水位降至极限时停泵。

2.6　电梯监控系统

随着高层建筑的日益增多和建筑功能要求的提高，人们对电梯的要求也越来越高，不仅限于要求电梯搭乘快速、舒适，制造坚固，装潢考究，人们对电梯的安全可靠性及多功能性也提出了越来越高的要求，电梯正朝着控制智能化的方向发展。

电梯可分为直升电梯和手扶电梯，在本书中我们通称直升电梯为电梯，手扶电梯为自动扶梯。电梯及自动扶梯是现代建筑中非常重要的交通工具之一，它的好坏不仅取决于其本身的性能，更重要的是取决于其控制系统的性能。

2.6.1 电梯运行状态监视

近年来具有先进控制技术的电梯已日趋普及，尤其在许多新建的智能建筑中更是选用了各种高档电梯，但由于传统的管理理念以及电梯制造商和建筑智能化设备供应商各自产品体系的相对独立性，使得我国的电梯监控和建筑智能化系统之间技术和应用的相互渗透进展缓慢，在大多数的高层建筑中电梯监控基本上都是电梯供应商提供一个封闭的系统，在建筑设备管理中心设有电梯供应商提供的电梯监控系统,用于简单地显示电梯运行状态以及与电梯轿厢的内部通话。

1) 电梯与建筑设备管理系统（BMS）的联系

（1）电梯接收来自消防中心的有关信号,电梯在火灾时返基站,消防梯投入使用。

（2）在电梯轿厢内装有摄像机,视频信号（也有带音频信号）送至监控中心,在监视器上显示轿厢内情况,有的还将电梯楼层信号字符发生器同时显示在监视器上,便于管理人员在电梯故障或发生意外事件时进行处理。

（3）电梯内装有广播喇叭,可播送公共广播系统的内容或切入紧急广播。

此外,在一些重要场所也有将电梯纳入门禁区域控制的一部分,通常在电梯厅门口或电梯内装有读卡器,通过读卡确定乘客身份,以此来决定电梯是否运行或电梯停靠的楼面。

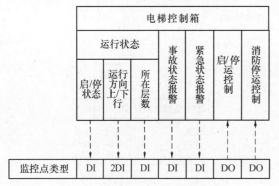

图 2-26 电梯运行状态监控原理图

2) 电梯监控方式

按照用途电梯可划分为客梯、货梯、客货梯、消防梯等。电梯系统是建筑设备监控系统（BAS）基本的监控对象之一,其运行状态监控原理如图 2-26 所示。

电梯监控通常具有以下三种方式:

（1）简易自动方式

简易自动方式是较简单的自控方式。厅站只设一只控制按钮,轿厢内也设有控制按钮。轿厢在行驶中不再应答其他信号。常用于货梯和病床梯。

（2）集选控制方式

集选控制方式是常用的控制方式。"集选"的含义是,将各楼层候梯厅内的上、下召唤、轿箱指令、井道信息等外部信号综合在一起进行集中处理,从而使电梯自动地选择合理的运行方向和目的层站,自动完成启动、运行、减速、平层、开关门及显示、保护等一系列功能。集选控制方式的电梯常用于百货商店。

（3）群控运行方式

群控运行方式是比较先进的自控方式,适用于大型建筑物（如大型办公楼、旅店、宾馆等）。它可以不断地对各厅站的召唤信号和轿厢内选层信号进行循环扫描,根据轿厢所在位置、上下方向停站数、轿内人数等因素来实时分析客流变化情况,自动选择最合适于客流情况的输送方式,并能对运行区域进行自动分配,自动分配电梯至运行区域的各个不同服务区段。服务区域可以随时变化,它的位置与范围均由各台电梯通报的实际工作情况确定,并随时监视,以便随时满足大楼各处的不同厅站的召唤。

无论何种控制方式的电梯,发生火灾时应与消防系统协同工作,普通电梯直驶首层,放客并切断电梯电源。消防电梯由应急电源供电,在首层待命。另外电梯还需配合安全防范系统协调工作,按照保安级别自动行驶至规定的停靠楼层,并对轿厢门进行监控。

2.6.2 自动扶梯运行状态监视

自动扶梯广泛地应用于百货商场、办公楼、银行、机场、火车站、地铁车站、医院、饭店、学校、影剧院等。与电梯相比,自动扶梯能输送更多的乘客。自动扶梯多设置在室

第 2 章 建筑设备管理系统

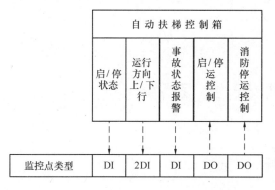

图 2-27 自动扶梯运行状态监控原理图

内,也有露天设置的。

自动扶梯主要由机械部分、电气部分和安全装置等三大部分组成。其运行状态监控原理如图 2-27 所示。

自动扶梯的控制主要有启停控制和运行状态控制。启停控制就是根据自动扶梯的运行时间和运行要求来控制自动扶梯的启停,当发生火灾或夹人时能及时停止自动扶梯的运行;运行状态控制可以根据自动扶梯上有无人员来控制扶梯的运行,当扶梯上没有人员时扶梯处于慢速运行或停止状态,可以节约自动扶梯的耗电量,从而节约自动扶梯的运行费用。

本 章 小 结

建筑设备管理系统是以保证建筑物内舒适和安全的办公环境和对建筑设备实现综合管理有效降低建筑能耗为目标,采用计算机及网络技术、自动控制技术和通信技术,对建筑设备监控系统和公共安全系统实施综合管理的系统。建筑设备监控制系统是应用自动化仪表技术、计算机过程控制技术和网络通信技术,对建筑物内部的环境参数和建筑物内机电设备运行状况进行自动化检测、监视、控制、数据统计管理和事故报警记录的综合性控制系统,是现代化智能建筑必不可少的组成部分。本章介绍了建筑设备管理系统的功能和组成,并重点介绍了建筑设备监控系统的组成及工作原理。通过本章学习,应了解建筑设备管理系统的功能,掌握建筑设备监控系统对建筑供配电、照明、空调、给水排水、电梯等设备监控的原理和内容,并对其在建筑节能方面的作用有一定的认识。此外,在空调系统监控中并未提及高精度工艺空调以及工农业生产和科研工作中的低压、低温等特种空调的监控,对此有兴趣的同学可参看相关资料。

思 考 题

1. 试说明建筑设备管理系统和建筑设备监控系统的区别,两者有什么关系?
2. 简述建筑设备监控系统的组成及各自功能。
3. 简述照明监控系统中传统 BA 与智能照明的不同及各自优缺点。
4. 简述空调系统中不同空调主机的工作原理,并探讨各自的使用范围及其合理性。
5. 一次泵与二次泵的区别在哪?请从工作原理上进行说明。
6. 请问在冷冻站监控中,冰蓄冷空调是否需要做主机安全保护控制?如果需要,要做哪些控制?
7. 热力系统的监控分为哪几类?并简述热交换站的监控原理。
8. 新风机组的监控内容有哪些?请画出其监控原理图。
9. 空调机组的监控与新风机组有何不同?试从监控内容与其功能进行说明。
10. 独立风机盘管与可联网风机盘管有哪些相同与不同之处?
11. 简述单室变风量系统的工作原理及其监控内容。
12. 简述三种给水方式的不同及各自的优缺点。

第3章 公共安全系统

3.1 概述

公共安全系统是为维护公共安全，综合运用现代科学技术，以应对危害社会安全的各类突发事件而构建的技术防范系统或保障体系。内容包括火灾自动报警系统、安全技术防范系统和应急联动系统等。

火灾自动报警系统采用现代检测技术、自动控制技术和计算机技术对火灾进行早期探测和自动报警，确保人身安全，最大限度地减少财产的损失。主要包括火灾探测报警系统、可燃气体探测报警系统、电气火灾监控系统和消防联动控制系统等。

安全技术防范系统以建筑物被防护对象的防护等级、建设投资及安全防范管理工作的要求为依据，综合运用安全防范技术、电子信息技术和信息网络技术等，构成先进、可靠、经济、适用和配套的安全技术防范体系。主要内容包括安全防范综合管理系统、入侵报警系统、视频安防监控系统、出入口控制系统、电子巡查管理系统、访客对讲系统、停车库（场）管理系统及各类建筑物业务功能所需的其他相关安全技术防范系统。

应急联动系统是大型建筑物或其群体构建于火灾自动报警系统、安全技术防范系统基础之上应对突发事件的应急保障体系。应急联动系统具有对火灾、非法入侵等事件进行准确探测和本地实时报警，对自然灾害、重大安全事故、公共卫生事件和社会安全事件实现本地报警和异地报警，指挥调度、紧急疏散与逃生导引、事故现场紧急处置等功能。应急联动系统一般包括有线/无线通信、指挥、调度系统、多路报警系统、消防－建筑设备联动系统、消防－安防联动系统和应急广播－信息发布－疏散导引联动系统等。

公共安全系统的基本组成如图 3-1 所示。

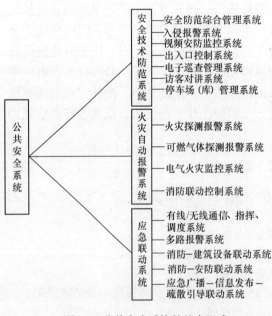

图 3-1 公共安全系统的基本组成

3.2 安全技术防范系统

安全技术防范系统是公共安全系统中最重要的组成部分之一，主要功能是保障建筑物内的人员生命财产安全以及重要的文件、资料、设备的安全。

3.2.1 安全防范综合管理系统

《智能建筑设计标准》GB 50314—2006 中规定，建筑物安全防范系统应以结构化、模块化和集成化的方式实现组合。安全防范综合管理系统是智能建筑系统集成的主要组成部分，其本身也是一个高度集成化的综合管理平台，通过这个集成化的综合管理平台对所属的入侵报警系统、视频安防监控系统、出入口控制系统、电子巡查管理系统、访客对讲系统、停车场（库）管理系统等子系统实现有效的管理。

安全防范综合管理系统主要功能是对各种安全防范装置和人员进行统一的指挥和协调，对事故做出应急响应，并记录安全防范系统的日常运作情况。

智能建筑安全防范综合管理系统主要的功能有：

1) 设置安全防范系统中央监控室。通过统一的通信平台和管理软件将中央监控室设备与各子系统设备联网，实现由中央控制室对全系统进行信息集成的自动化管理。通过智能建筑安全防范综合管理系统可以方便地实现各个子系统之间的通信和联动。

2) 对各子系统的运行状态进行监测和控制，对系统运行状况和报警信息数据等进行记录和显示，设置必要的数据库。数据库的设置可以方便用户对系统的运行历史情况进行相应的调阅和查询。

3) 建立以有线传输为主、无线传输为辅的信息传输系统。中央监控室对信息传输系统进行检测，并与所有重要部位进行无线通信联络，设置紧急报警装置。有线通信和无线通信各有优劣，对重要的监控系统，应设置无线通信，防止通信线路遭到人为破坏而导致安全防范系统失灵。

4) 留有多个数据输入、输出接口。连接各安全防范子系统管理计算机，留有向外部报警中心联网的通信接口，可连接上位管理计算机，以实现大规模的系统集成。安全防范综合管理系统应该具备可扩充性，当监控对象的规模扩大时，能够方便地进行系统的扩充，系统的外部接口能够保证系统与其他的系统进行系统间通信，通过更高级别的控制中心实现更加复杂的系统功能。

3.2.2 视频安防监控系统

视频安防监控系统的主要作用是通过在公共场所（比如大厅、停车场、楼道走廊等）和主要设备间（配电室、设备主机房等）以及重要的部门（财务室、金库、重要实验室等）设置监控设备进行实时的摄像监控，通过显示器实时、准确、形象地反映建筑内各个监控点设备的运行和人员的出入活动情况，便于安防人员随时了解建筑内的主要地点和设备是否处于安全状态，一旦监测到某一个或者多个监控点出现非法入侵或设备严重故障等危险情况，可以及时产生相应的预警信号，便于管理人员做出处理决策，保证建筑物安全。视频安防监控系统又称闭路电视监控系统（Closed Circuit TeleVision，CCTV）。

视频安防监控系统由摄像机等前端设备、传输系统以及控制显示系统组成，其系统示意图如图 3-2 所示。

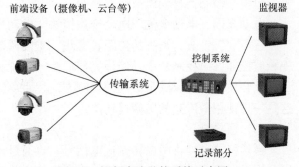

图 3-2 视频安防监控系统示意图

1) 前端设备

安装在监视区域现场的设备称为前端设备。在视频监控系统中较常用的前端设备包含黑白或彩色摄像机、摄像机云台、摄像机镜头、摄像机防尘罩、摄像机安装架、系统解码器、报警器等。摄像机用来摄制和传输监控区域的实时图像信息；镜头是安装在摄像机前端的成像装置，其作用是把观察目标的光像呈现在摄像机的靶面上；摄像机云台是支撑和固定摄像机的装置，也可用来控制摄像机的旋转，包括水平方向的旋转和垂直方向的旋转；摄像机防尘罩起隐蔽防护作用，主要功能是保护摄像机不受到尘埃和雨水等的损害。目前一体化摄像机代表了摄像机向数字化、一体化方向的发展，使用越来越广泛。一体化摄像机集防护罩、全方位高速预置云台、多倍变焦镜头和解码器于一体，使用安装都十分方便。

（1）摄像机镜头

在视频监控系统中，摄像机和摄像头是分别选配的。摄像机镜头要综合考虑监控场所的灯光环境、监控距离和图像效果的要求，根据所选择的摄像机的型号选取合适的镜头。摄像机镜头按照配合摄像机靶面规格分为 2.54cm（1英寸）镜头、1.69cm（2/3英寸）镜头、1.27cm（1/2英寸）镜头、0.874cm（1/3英寸）镜头和 0.635cm（1/4英寸）镜头。按照性能分为固定焦距镜头，自动光圈、电动变焦镜头，电动光圈、电动聚焦、电动变焦镜头等。

固定焦距镜头　摄像机在拍摄过程中，为了使成像清晰，需要有准确地拍摄焦距，在有些拍摄场合，所需拍摄的物体比较固定，在拍摄过程中不需要改变焦距，这时就可以选择定焦距定光圈镜头，摄像机由人工调节好角度后固定。定焦距的镜头应该根据现场的要求和视场角的大小来选择，需要观测的视场角较大时，选择焦距较小的摄像机镜头，当需要观测的视场角较小时，可以选择焦距较大的镜头。光圈大小决定监视图像的亮度，光圈大，进入摄像机的光通量大，图像亮；光圈小，进入摄像机的光通量小，图像暗。光圈的调节有手动和自动两种。如果监视区域的照度变化不大（处于室内或有连续稳定光照的场所）并且监视范围固定，则可以选用手动调节光圈镜头；在一些照度变化较大的监控区域（比如室外区域和无连续光照的室内区域）常采用自动调节光圈镜头，光圈大小由监控室根据监控需要调节或者自动调节光圈大小。

自动光圈、电动变焦镜头　自动光圈、电动变焦镜头通常称为"二可变"镜头，其光圈可以根据监控图像的明亮程度由摄像机的驱动输出（直流驱动或者视频驱动）自动调节大小，其焦距可以根据不同监测视场角的需求，由视频监控主机发出命令，经过译码器后由云台镜头控制器自动调节镜头焦距。

电动光圈、电动聚焦、电动变焦镜头　电动光圈、电动聚焦、电动变焦镜头通常又称为"三可变"镜头。镜头的焦距、聚焦、光圈调节都可以由操作人员根据使用需求，通过视频监控器发出控制命令，经译码器后由云台镜头控制器电动调节。这种镜头通常与电动云台配合使用，可以满足不同的观测方向、距离的变化，使监视图像效果保持最佳，因此这是一种使用最广泛的摄像机镜头。

（2）摄像机

摄像机是一种将图像转换成电信号，再通过监视器进行显示的装备。根据成像色彩可以分为黑白摄像机和彩色摄像机。黑白摄像机传输的监视画面是黑白色的，图像的分辨率高，清晰度较高，价格相对便宜；彩色摄像机传输的是彩色图像，图像信息量大，再现情况逼真度很高，但是价格相对较贵。

目前常用的摄像机采用 CCD（Charge Coupled Device）电荷耦合器件作为光电转化器，因此又称为 CCD 摄像机。CCD 摄像机具有灵敏度高、寿命长、体积小等优点。

CCD 基本阵元是金属—氧化物—半导体（Metal—Oxide—Semiconductor）电容，或称为 MOS 结构，密排的 MOS 电容器能够存储由入射光在 CCD 像敏单元激发出的光信息电荷，并能在适当相序的时钟脉冲驱动下，把存储的电荷以电荷包的形式定向传输转移，实现自扫描，完成从光信号到电信号的转换。这种电信号通常是符合电视标准的视频信号，可在电视屏幕上复原成物体的可见光像，也可以将信号存储在磁带机内或输入计算机，进行图像增强、识别、存储等处理，因此 CCD 器件是一种理想的摄像器件。

摄像机的主要技术指标有：

分辨率　分辨率是评价摄像机获取图像清晰度的一个指标，分辨率越高，画面显示的细节越清楚，图像质量就越好。目前电视监控系统使用的摄像机中，彩色摄像机的分辨率一般在 330—500 线，主要有 330 线、380 线、420 线、460 线、500 线等不同档次，黑白摄像机一般在 570 线以上。选取摄像机时应该注意，摄像机的分辨率要与显示设备的分辨率相匹配，高分辨率的摄像机应该配备高分辨率的显示器，否则也无法得到清晰的监控图像。

照度　照度又称为灵敏度，是指摄像区域的光照要求。摄像机的最低照度是指摄像机能够获取图像的最低照度要求。一般来讲，彩色摄像机的最低照度是 1lx（照度单位，勒克斯），低照度彩色摄像机的最低照度是 0.1lx，黑白摄像机的最低照度一般是 0.1lx，低照度黑白摄像机的最低照度可以达到 0.01lx。在视频监控系统的实际设计中，应该按照低于环境最低照度的十倍来选择。

信噪比　摄像机的信噪比是指摄像机的图像信号与干扰信号的比值，用 S/N 表示，一般视频监控系统中，信噪比要求不低于 40dB，信噪比越高，图像信号在传输信号中占有的比例越高，图像受到干扰越小，图像效果越好。目前视频监控系统常用的 CCD 摄像机给定的信噪比均大于 46dB。

视频信号输出幅度　视频信号输出幅度是影响视频信号质量的关键参数，符合视频输出信号幅度的国际标准是 $1.0V_{P-P}/75\Omega$（75Ω 同轴电缆传输视频信号的峰值为 1V），负极性输出。

摄像机的供电电压　摄像机的供电电压为直流 12V、交流 24V、交流 220V，常用的摄像机的使用功率大概是 2~5W。

（3）云台

云台用来承载和固定摄像机、镜头、防护罩等，并可沿垂直或者水平方向运动以满足不同距离和角度监控的需求。

云台分为固定云台和电动云台。电动云台又可以分为只能水平运动的水平云台和能够同时水平和垂直运动的全方位云台。

固定云台用于监控对象固定不变的场合，使用时将摄像机和镜头、防护罩固定在云台上，调整好监控的方向和角度，然后固定调节装置即可，调整方向时可松开方向调节螺栓进行调节。

电动云台适用于监控对象区域较大的场合，摄像机能够跟随云台水平或者垂直移动，可以扩大摄像机的监控范围。水平云台内含有一台伺服电机，由电机经过传动机构带动摄像机和镜头、防护罩等做水平方向的运动，摄像机水平运动的角度一般为 0°~350°；全方位云台内含有 2 台伺服电机，除了做水平运动外，云台还可以做垂直方向的运动，垂直运动角度通常有±45°、10°~60°、0°~90°等，应该根据监控对象垂直方向角度的变化选择合适的全方位云台。

(4) 防护罩

防护罩的主要作用是保护和隐蔽摄像机，同时保护摄像机和镜头不受室内外灰尘的影响，保证摄像机的正常工作，延长摄像机的使用寿命。

防护罩可以分为室内防护罩和室外防护罩。室内防护罩除了具有保护的功能外一般还具有隐蔽的功能；室外防护罩为避免雨水、灰尘、凝霜对摄取图像造成的影响，一般带有电动雨刷、电热膜防霜玻璃等。防护罩一般为密封罩，除了具有防雨、防尘的功能外，还带有自动温控装置，温控装置由温控电路板、散热板和风扇等组成。在夏季温度较高时，自动打开风扇，避免摄像机温度过高，冬季温度较低时，自动打开散热板，维持摄像机正常的温度。

(5) 译码器

在闭路电视监控系统中，控制信号一般先由主机通过总线方式送到译码器，再由译码器对总线信号进行译码，即确定对相应的摄像单元执行何种控制动作，驱动指定云台和镜头做相应动作。

译码器属于前端设备，一般安装在配有云台及电动镜头的摄像机附近，监控主机将对云台与镜头的控制信号经通信线（一般为双绞线）送至译码器，译码器将解码后的信号经多芯控制电缆送至云台及电动镜头，实现以下功能：前端摄像机的电源开关控制；云台左右、上下旋转运动控制；云台快速定位；镜头光圈变焦变倍、焦距调整；摄像机防护装置（雨刷、除霜、加热、通风）控制；自动检测；数据回传等。

(6) 其他附属设备

视频监控系统前端设备还包括用于支撑云台和摄像机的支架，为了保证监控区域充足照度而设立的照明灯（包含可见光照明灯和用于夜间特殊监控的红外线灯）等。

2) 传输系统

视频监控系统的前端设备与控制中心的信号的传输包括两方面：一方面，摄像机将视频信号通过视频信号线传输到控制中心，另一方面，控制中心将控制云台、摄像机镜头等的控制信号传输到前端译码器。因此，传输系统包含视频信号传输系统和控制信号传输系统。

(1) 视频信号传输系统

视频信号的传输可以采用同轴电缆、光纤和双绞线。

同轴电缆传输 当摄像机与控制中心距离较近时（几百米范围内），一般采用同轴电缆基带传输方式。基带传输方式的优点是传输系统简单、可靠、失真小、信噪比高，不必增加调制解调器等附加设备。缺点是传输距离不能太远，一根视频同轴电缆只能传送一路视频信号。通常智能建筑中的电视监控系统摄像机与监控中心距离不是太远，所以智能建筑中的电视监控系统采用基带传输方式是常见的，如图 3-3 所示。

当摄像机与控制中心距离较远时，可以采用同轴电缆调制传输。调制传输方式就是将视频基带信号用调制器调制到某一高频载波上通过电缆传输，在监视终端解调成视频信号后再显示。这种方式一般适用于传送多路图像信号，可以达到频分复用的目的，实现用一条电缆传送多路视频信号的功能。一般闭路电视信号传输距离在500m内可以不考虑衰减的影响，大于500m时通常加装电缆补偿器进行放大。电缆补偿器起着均衡器和放大器作用，对信号中的高低频成分进行均衡，同时将其放大。它的补偿量可根据电缆长度的不

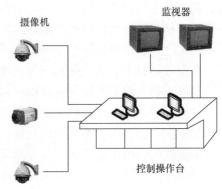

图3-3 基带传输系统示意图

同而调整，通常在传输线路中加入一级电缆补偿器可使传输距离增加500m，一般线路中所加电缆补偿器最好不要超过3级。

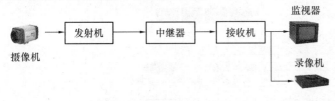

图3-4 视频平衡传输方式

双绞线传输 双绞线传输（又称为视频平衡传输方式）是解决远距离传输的一种方式，如图3-4所示。其工作原理是摄像机输出的全视频信号经发送机转换成一正一负的差分信号，该信号经双绞线传至监控中心接收机，由接收机重新合成为标准的全视频信号再送入监控中心的视频切换或其他设备。中继器是为了更远距离传输使用的一种传输设备，当不加中继器时黑白信号可传输2000m，彩色信号可传输1500m。加中继最远可达20km。

光纤传输 光纤传输采用光信号代替电信号进行视频传输。用光缆传输视频信号，不仅传输距离远而且传输过程保密性好，传输图像效果好，传输信息量非常大，适用于在传输距离特别远或者保密要求比较高的干线系统上使用。

光纤传输系统原理如图3-5所示，摄像机采集的图像信息经过调制器调制处理后转换为光信号，利用混合器将多路光信号混合后由光发射端设备发射光信号，经过光纤传输后由光端接收机接收多路光信号，最后由多路解调器将光信号转换成图像信号，发送到各个末端进行图像显示或者存储处理。

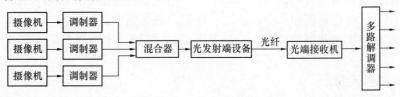

图3-5 光纤传输系统原理

（2）控制信号传输系统

控制信号的传输分为直接传输、多线编码的间接传输、通信编码的间接传输、同轴视控传输等。

直接传输方式是指控制中心直接把对末端设备的控制信号，如控制云台运动的驱动信

号、控制镜头的控制信号等直接传输到被控设备,控制设备直接根据控制信号执行相应的操作。直接传输方式优点是系统结构简单、直观,容易实现和扩充,在前端设备很少的情况下非常适用。缺点是一个前端设备就需要一根控制线缆,在前端设备数量很多的情况下,控制线路过多,系统复杂不利于维护和管理。

多线编码的间接传输方式是指控制中心将控制命令通过一定的编码方式转换成二进制或者其他编码,由多线传输到现场的前端设备,再通过解码转换成控制信号来控制前端的摄像机镜头、云台等。多线编码间接传输方式的优点是控制线数量少,便于维护和管理,同一根线缆的传输信息量大,缺点是需要增加编码解码器,系统的结构较直接传输复杂。

通信编码间接传输方式是在微处理器和大规模集成电路普及的基础上发展起来的,目前较大规模的视频监控系统都采用的是通信编码的间接传输方式,如图 3-6 所示。这种方式采用单根控制线路传输多路控制信号,信号传输到前端设备以后,通过终端译码器将串行信号还原为控制信号,实现对摄像机镜头、云台等的控制。

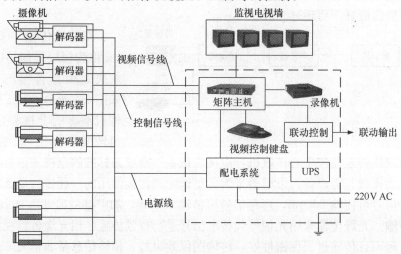

图 3-6 通信编码间接传输系统示意图

同轴视控传输方式是指控制信号和视频信号复用一条线缆,不需要单独地设置控制信号线。具体的实现方法主要有频分复用法和时分复用法。频分复用法是将视频信号和控制信号调制到不同的频率同时进行传输,到达前端设备后通过信号分离器将两种信号分离出来;时分复用主要是利用视频信号传输的消隐时间传输控制信号。同轴视控传输方式只需要一条线路即可同时传输视频和控制信号,在短距离传输中比较方便,但是这种方式需要较多的外部设备(比如调制解调器、时分复用器),投资成本高从而限制了这种传输方式的使用。

3) 控制和显示系统

视频监控系统的控制部分是整个系统的核心组成部分,负责对系统内各个设备(包括摄像机、云台、摄像机镜头)进行控制,主要包括视频矩阵切换器、控制键盘、时间地址发生器、云台遥控器、监视器等设备。控制器与前端设备通过传输系统传输视频信号和控制信号,前端摄像机将检测到的视频图像信号通过视频信号线传输到控制中心,通过图像显示设备将图像呈现出来。值班人员可根据实际监控的需要,通过控制中心发出控制信号,调整摄像机镜头的焦距和光圈大小、控制云台沿水平或者垂直方向移动(自动巡视的云台可以自动调整云台的旋转,无需控制命令)来获取合适的监控图像。

视频监控系统的显示记录部分的主要作用是将摄像机传输的视频信号转换成图像在监视设备上显示,并根据需要将监视录像记录下来。

(1) 图像监视器

图像监视器主要用于显示摄像机拍摄的图像,在屏幕上提供高分辨率、亮度和对比度合适的图像。图像监视器比普通电视的清晰度高,一般图像监视器的信号带宽在 7~8MHz,而一般电视机的信号带宽约为 4MHz。同时为了避免各个监视器之间信号互相干扰,通常监控器外壳为金属外壳。选取图像监视器时要注意与前端设备相匹配,一方面显示设备要与摄像机镜头的靶面规格相适应,避免出现屏幕四周黑框和图像不能完全显示的情况;另一方面,图像监视器的分辨率要与摄像机的分辨率相匹配,高分辨率的摄像机应该配置高分辨率的图像监视器,低分辨率的摄像机应该配置分辨率较低的图像监视器,否则二者的性能都不能够得到完全的发挥,影响监控的效果。

(2) 记录设备

记录设备根据实际的使用需求,将特定时间或者区域的视频监控图像记录下来,便于事后调阅和分析。早期的记录设备主要是卡带录像机,视频监控系统的录像机与家用录像机相比,具有录像时间长、可遥控操作、可编程模式的间歇录像和实时录像功能等特点。一盘 180min 的录像带最多可以记录 96h 的监控图像。另外,录像机可以通过编码设定,对一天或者一个星期的录像模式进行控制,当没有报警信号时,隔一段时间间歇录制监控图像,一旦出现报警信号,立刻转为连续摄像状态,对监控区域的图像进行连续记录。

随着计算机技术的发展,目前视频监控系统中常采用硬盘录像机(采用计算机硬盘作为存储介质的录像机)。这种录像机将音频和视频信号数字化,并通过一定的技术手段进行压缩和解压缩,这样不仅降低了图像信号传输的带宽,而且减少了图像记录和存储需要的空间,利用计算机硬盘进行长时间的监控录像,并可根据需要录像时间的长短增减硬盘的容量和数量。如果需要还可以把监控录像资料刻写到光盘上,作永久保存。另外,由于视频信号的数字存储介质为硬盘或者光盘,一方面可以改变图像的对比度和亮度等来获取更加清晰的局部信息,另外,也可以通过各种方便的查询手段来提取需要的监控图像。

(3) 视频切换器和视频矩阵切换器

视频切换器是选择显示图像的设备。如果有几个摄像机的图像信号要通过一台图像监视器来显示,那么就要将几路视频信号同时输入视频切换器,通过对视频切换器的操作,可显示其中任何一个摄像机的画面,而其余的摄像画面不能同时在监视器上显示出来。

常用的控制方法是依照一定的时序,把所有的摄像机分为若干组,把几个摄像机的信号作为一组分配给特定监视器,通过视频切换器轮流显示各个摄像机的监控图像,如果某一点出现异常情况发生报警信号时,监视器只显示特定的监视画面,在事故排除后重新进入轮流显示状态。切换的控制一般和摄像机镜头、云台的控制同步进行,即当监视器只显示某个摄像机镜头的画面时,控制中心也只控制那一台摄像机而不控制同组的摄像机。

视频矩阵切换器用于将多个摄像机的监控图像传输给多台监视器。视频矩阵切换器采用模块化机箱结构,内含视频输入模块、视频输出模块、报警模块、扩展模块、电源模块、中央处理模块等等。它通过一定的控制手段,有序地将多个摄像机的图像传输到多个监视器上显示。按照输入路数 n 和输出路数 m 的多少,可以分为小型($n \leqslant 16, m = 2, 4 \cdots$)、中型($16 < n \leqslant 64, m = 4, 8 \cdots$)和大型($n > 64$)。图 3-7 为视频切换器及矩阵切换器的应用示意图。

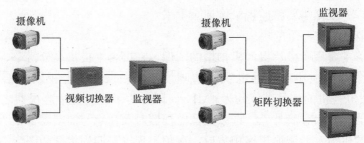

图 3-7　视频切换器及矩阵切换器的应用

（4）多画面分割器

多画面分割器采用分割屏的方式，将各摄像机的信号经过处理，同时输入到一台监视器中，可以在一个监视器屏幕上同时显示多个摄像机的画面。利用多画面分割器不仅可以减少监视器的数量，还可以对监控现场进行全方位的全景显示，避免视频切换器在信号切换的过程中可能出现的重要画面脱离监视的情况。多画面分割器还具有单路回放功能，即在记录的信号中，根据需要选择某一个摄像机的图像进行满屏播放。常用的多画面分割器有 4 画面、9 画面、16 画面。图 3-8 为多画面分割器的应用示意图。

（5）视频分配器

视频分配器是将一台摄像机的监控图像同时分配给多个监视器或其他图像存储设备，如图 3-9 所示，利用视频分配器，可以将重要场所的监控图像同时传送给多个监视点，便于系统在遇到事故时能够做到步调一致。

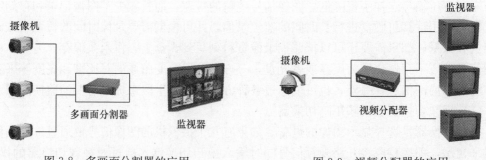

图 3-8　多画面分割器的应用　　　　　图 3-9　视频分配器的应用

4）数字视频安防监控系统

随着计算机技术、多媒体技术的发展，闭路电视监控技术也从传统的模拟视频监控系统向数字化网络监控系统发展，数字化网络监控是将计算机技术、图像压缩、存储、解压、传输技术、监控技术、远程通信技术、多媒体技术的优势优化组合产生的新一代监控系统，通过 LAN/WAN，将监控从安全防范提高到管理的高度。

数字视频监控系统的一种应用是数字硬盘录像，在这种应用中，核心是数字录像硬盘设备（Digtal Video Recoder，DVR），DVR 解决了视频的数字化压缩和存储，实现了大容量硬盘自动循环存储，而且检索快速、重播图像清晰。DVR 不仅可实现录像机作用，而且还具有画面分割、云台镜头控制、报警控制、网络传输等多种功能，由于采用数字记录技术，在图像处理、图像储存、检索、备份、网络传递、远程控制等方面远远优于传统监控设备。

数字视频监控系统的另一种应用是以计算机技术为平台的多媒体监控系统，该系统的视频监控终端是多媒体计算机，或是专用的工业机箱组成的多媒体监控终端，通过通信线路，远端监控现场的摄像机、各种检测、报警探头与数据设备汇集于此，该终端具有监视、录像、报警、控制等多项功能。其中监视功能是多媒体监控终端最主要的功能之一，必要时还可以监听实时的声音，显示形式有 1、4、7、9、10、16 等多种画面分割方式，画面也可满屏显示，每一路的亮度、对比度、色彩、饱和度等参数连续可调。多媒体监控终端的报警功能是指探测器的输入报警和图像视频侦测报警，图像视频侦测报警具有动态捕捉功能，可以方便地设定视频触发区域和灵敏度，可以起到探测器的作用。多媒体监控终端的控制功能主要指通过主机对于全方位摄像机云台、镜头进行控制。

数字视频监控系统的第三种应用是网络化远程视频监控，即基于嵌入式服务器技术的网络视频监控，其主要原理是在视频服务器内置一个嵌入式 Web 服务器，采用嵌入式实时操作系统，摄像机传来的视频信号数字化后由高效压缩芯片压缩，通过内部总线传送到内置的 Web 服务器。网络上的用户可以直接用浏览器观看 Web 服务器上的摄像机图像，授权用户还可以控制摄像机云台镜头的动作或对系统配置进行操作。全数字式的视频监控系统前端采用可直接与网络相连的网络摄像机，该摄像机内置专用的网络视频服务器，无需计算机的协助独立进行工作，局域网上的用户以及 Internet 上的用户使用标准的网络浏览器就可以根据 IP 地址对网络摄像机进行访问，观看通过网络传输的实时图像，还可通过对云台的控制，对目标进行全方位的监控。

3.2.3 出入口控制系统

出入口控制系统（又称为门禁系统）利用现代控制技术、计算机网络技术和智能识别技术，为智能建筑出入口通道提供安全的管理，对出入建筑物、出入建筑物内特定的通道或者场所的人员进行识别和控制，保证大楼内的人员在各自允许的范围内活动，避免人员非法进入。

出入口控制系统可以为建筑物内的每一个用户设定一定的权限，规定其允许出入的区域，系统可以通过管理软件修改和取消用户权限，或者按照要求增加新的用户，用户在进出出入口控制系统的门禁控制点时，系统记录相应的人员进出信息。

1）系统控制的方法

出入口控制系统常用的控制方法有三种：

（1）出入口监视　在通行的出入口（比如办公室门、通道门等）处设置门磁开关（一种磁吸式开关），当出入口门开启/关闭时，安装在出入口门上的门磁开关会向控制中心发出该出入口的开启/关闭状态的信号，系统控制中心即可将该出入口的编号、开启/关闭的时间、通过人员数量等信息记录到计算机中。另外还可以利用时间诱发程序命令，对某一特定时间段（比如上班时间段）进行设置，在这个时间段内，出入口的门磁开关不必向系统控制中心发送信号，而在非设定时间段（例如下班后）门磁开关再向控制中心发送开启/关闭等信号。如果通道超出允许的开启时间而未正常关闭时，门磁开关也应该发出相应的信号，由控制中心做相应的记录和处理。

（2）直接控制　在监视和控制的通道内（楼梯通道、电梯通道等）除了安装门磁开关之外还安装相应的电控门锁。控制中心除了对出入口控制点的状态进行监控外，还可以通过电控门锁直接控制通道的开启和关闭，也可以通过时间诱发程序命令，根据通行时间来控制这些出入口通道的开启或关闭；利用事件诱发程序，在发生突发事件时（比如火灾、地震等），由控制中心开启防火门以及所有安全通道。

（3）监视、控制、身份识别一体化　在一些安全级别比较高的区域（如金库门、计算机房、资料室、配电房等），除了安装门磁开关、电控门锁外，还同时安装有身份识别装置和密码键盘等出入口控制设备，通过计算机对出入这些通道的人员进行实时身份识别、记录和监控，为管理人员提供所有的出入口进出人员的详细信息。

目前，智能建筑出入口管理系统常采用第三种控制方法，其系统原理如图3-10。

2）出入口控制系统组成

出入口控制系统通常采用三层的集散型控制系统，第一层为中央管理计算机，计算机上装有出入口管理软件，主要功能是实现对整个出入口控制系统的控制

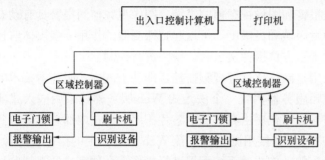

图3-10　出入口控制系统原理图

和管理，同时与其他的系统进行联网控制。第二层是分散在各个控制点的出入口控制器，主要功能是分散控制各个出入口，一方面识别进出人员的身份信息，并根据人员身份是否合法，接受中央控制计算机的控制命令对现场各个控制设备进行控制，另一方面将现场的各种出入信息及时传到中央控制计算机。第三层是各种通道开关控制设备，如门磁开关、电子门锁和智能识别设备（读卡器、智能卡、指纹机、掌纹机、视网膜识别机、面部识别机等）以及报警器、出门按钮等。

出入口控制的一般工作过程为：读卡机、出入按钮接受出入信息，将其转换成电信号传送给出入口控制器，出入口控制器核查接受到的信息是否合法，如果合法则向电子门锁发出开锁命令，如果检测到非法或者遇到强行闯入的情况，则向报警器发出报警信号，同时向中央控制计算机发送相应的信号，由中央控制室采取进一步的解决措施。

（1）中央管理级

中央管理级由中央管理计算机（一般采用性能较好的计算机）、通信控制器、写卡器、UPS电源等组成。中央管理计算机可以根据需要确定授权的形式和权限的大小，同时担负着发卡和写卡的任务，中央管理级的各种功能由管理软件来实现的，管理软件通常包括系统管理、事件记录、报表生成、网间通信等，用户也可以根据控制器提供的通信协议自行编写有特殊需要的管理软件。

系统管理的主要功能设备注册（增减控制器、智能卡发放和注销等）、设定权限（设定智能卡的权限，规定其进出通道，也可以将不同的区域划分为不同的安全等级，通过设定智能卡相应的权限来规定执卡人能够活动的区域）、时间管理（通过时间管理，控制执卡人在一定的时间范围内的通行权限，比如在下班后取消所有低级别执卡人对所有通道的通行功能）、考勤时间设定（根据要求设定员工的考勤时间，编排不同员工的节假日、休息日等考勤信息）。

事件记录的主要功能是在系统正常运行时，对出入口监控系统的出入信息、异常情况、异常处理措施等信息进行记录，可以根据需要查看某个执卡人在某一时间段内进出的所有通行信息，也可以查看某一通道在一个时间段内出入的所有执卡人的身份信息，同时事件记录还可以记录员工上下班的情况，提供相应的考勤记录。

报表生成能够根据实际的需要生成各种报表，通过打印机打印出来，也可以定期自动生成各种报表，比如每月生成一次考勤报表等。

网间通信使出入口控制系统可以与其他系统相互通信，实现控制联动，当系统检测到"非法进入"信号时，控制器将信号传输到控制中心，控制中心传输相关命令给其他部门，提示其他人员提前做好相应的准备措施，同时与电视监控系统交换信息，使摄像头对事发地点进行连续监视。如果发生火灾，消防报警系统将火灾信息传输到出入口控制系统，中央控制计算机立刻向所有的出入口控制器发出指令，将所有的通道开启，便于人员的紧急疏散。

（2）出入口控制器

出入口控制器的主要功能是根据读卡器传输的信息，向末端设备发出开启/关闭控制命令，并将相应的事件信息传递给中央计算机。出入口控制器具备 DDC 控制器的所有特点，能够接受各种传感器和识别设备的信息，并具备对末端装置（电动门锁等）的控制和驱动能力。另外，控制器还可以直接与消防报警器、防盗报警器联网，当有火警或者盗窃事件发生时，可以立即采取相应的联动措施。

（3）末端设备

出入口控制系统的末端设备主要包括各种识别装置、传感器以及执行器。传感器和识别装置用来接受进出人员的信息，并将其转换成电信号传送到控制器中，控制器经过核查后，向执行器发出控制命令和驱动信号，执行器完成相应的开锁动作。

① 识别装置

识别装置直接接受出入人员的信号，是末端装置中的关键设备，常用的有读卡机、指纹机、掌纹机、视网膜识别仪、声音识别仪等。

根据采用的识别装置不同，常用的身份识别形式有识别卡、密码识别、人体生物特性识别等。

识别卡　随着卡片材料、读卡技术的进步，读卡机也由原来的光学卡、磁卡逐步发展到智能型识别卡。磁卡读卡的原理是利用读卡机对磁卡上存储的个人信息进行读取与识别，磁卡具有价格低廉，改写方便的优点，但是磁卡保密性能不强，容易被伪造，并且使用寿命较短。IC 卡（Integrated Circuit Card）是集成电路卡，按照卡片内部结构的不同可以分为存储卡与智能卡。存储卡卡内为集成存储器，没有微处理器 CPU；智能卡内置有微处理器 CPU、随机存储器（RAM）、只读存储器（ROM）和电可擦写存储器（EEP-ROM），可以通过卡内 CPU 及存储器、操作系统等进行不同的安全设定，实现一卡多用的功能。

IC 卡根据读写的方式不同又可以分为接触式的和非接触式（又称为感应卡）。接触式的 IC 卡通过读卡机与卡片的接触点相接触使电路接通而进行信息读取，非接触式的感应卡是利用电子回路及感应线圈，读卡机本身产生一种特殊的振荡频率，当卡片进入读卡机共振范围内时产生共振，感应电流使卡片上的芯片开始工作，线圈向读卡机发送信息，读卡机将接收到的信号转变成电信号传输给控制器进行操作。非接触式 IC 卡使用寿命较长，并且不易被伪造,是目前采用较多的 IC 卡。

密码识别 利用事先设定好权限的密码来控制通道的开启/关闭,一般用于电子密码锁。密码识别需要与密码键盘配合使用,通过识别键盘输入代码的正确与否来判别是否开门。密码键盘有固定式键盘和乱序键盘两种类型。固定键盘上 0～9 数字在键盘上的位置是固定不变的,在输入密码时,易于被人窥视。乱序列键盘上 10 个数字在显示键盘上的排列方式不是固定的而是随机的,每次使用时在每个显示位置的数字都不同,这样就避免了被人窥视而泄露密码的可能。

人体生物特性识别 人体的一些生物特征(比如指纹、掌纹、视网膜等)都是独一无二的,利用人体生物特征进行识别,可以避免 IC 卡的伪造以及密码的破译和盗用,并不需要携带任何识别物品,安全性很高。识别时,人体特性识别装置(指纹机、掌纹机、视网膜扫描仪等)读取人体的特征信息,与预先存储在识别仪中所对应的人体信息进行详细的比对,再向控制器发送"吻合/不吻合"的控制信号。

目前比较先进的智能卡读卡机可以采用多种方式控制出入口,如影像、指纹识别、多组密码控制、保安人员批准等。智能读卡机具有多种报警状态,可以通过不同的图标识别各种非法行为,如非法使用读卡机、电动门锁故障、控制门未在规定时间正常关闭、破坏读卡机、通信中断等。

②执行器

执行器主要包括报警器和电控锁。电控锁是门禁系统中开/关门的执行部件,电控锁动作的正确与否是反映门禁系统是否正常的主要指标。

电控锁按其工作原理分为电磁锁、阳极锁和阴极锁三种。一般来说电磁锁是断电后开门,这类锁适用于单向的木门、玻璃门、防火门、电动门,它符合断电后开门的消防要求;阳极锁也是断电开门型,适用于双向的木门、玻璃门、防火门,而且本身带有门磁开关,可随时检测门的状态,也符合消防要求;阴极锁为通电开门型,适用单向门,由于停电时阴极锁是锁住的,阴极锁一般要配备 UPS 电源以防断电,阴极锁一般使用较少,主要用于停电时必须锁门的特殊通道,如金库、财务室、机要室等。

3.2.4 电子巡查管理系统

电子巡查管理系统的主要功能是保证巡查人员能够按照一定的顺序和时间对巡查点进行巡查,并保证巡查人员的安全。巡查点一般设置在大楼的主要出入口、主要通道、紧急出入口、主要部门所在地、配电房等重要场所。

电子巡查管理系统在巡查路线上设置巡查开关或者读卡器,巡查人员在系统预先设定的时间内到达巡查点,用专用的巡查开关钥匙开启巡查开关或者读卡,巡查点同时向控制中心发出"巡查到位"的信号,系统控制中心接收到"巡查到位"信号后记录巡查点的系统编号和巡查到达的具体时间。如果在规定的时间内,巡查点未向控制中心发出"巡查到位"的信息,巡查点同时发出报警信号,由临近巡查人员赶往该巡查点查看具体情况,保障巡查人员的生命安全。如果巡查人员未按照规定的顺序完成巡查,未巡视的巡查点也会发出"未巡视"的信号,控制中心也会做相应的记录。

电子巡查系统按照信息传输的方式可以分为在线巡查系统和离线巡查系统。在线巡查系统由中央控制计算机、网络收发器、前端控制器和前端开关等组成。系统组成如图3-11所示。

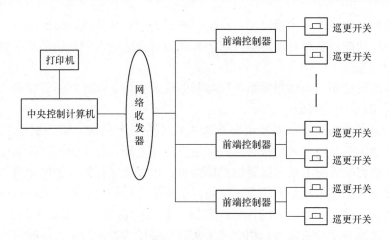

图 3-11 在线巡查系统原理图

巡查人员按照预先制定的巡查路线，在一定时间内到达巡查点，利用专用的钥匙触发巡查开关，巡查点通过前端控制器和网络收发器将"巡查到位"的信息传送给中央控制计算机，计算机同时记录巡查点的编号和巡查到达的时间。一个前端控制器可以同时控制多个巡查点。

在线巡查系统能适应全天候工作，具备先进的管理统计功能，管理系统可以根据实际情况随时更改巡查路线及巡查次数，在巡查间隔时可调用巡查资料，进行统计、分析和打印。还可配备扩展接口以便于巡查点、报警点的扩展，另外还可与其他子系统进行联网管理，在线式电子巡查系统的巡查点可作为火灾手动报警的备份，需具备网络防破坏功能。

离线巡查系统由中央控制计算机、通信座、数据采集器、巡查钮等组成，如图 3-12 所示。巡查人员按照一定的巡查顺序，在规定的时间内到达指定的巡查点，通过数据

图 3-12 离线巡查系统原理

采集读取巡查点的信息，同时采集器自动记录巡查点的地址和巡查到达的时间，巡查结束后，巡查人员将数据采集器插入到通信座中，数据自动传输并存储到中央控制计算机，并能够按照要求生成巡查报告，如可以查询和打印任意一个巡查人员的巡查情况。

离线巡查系统具有操作方式简便、灵活，施工方便的优点；在线巡查系统需要布线，施工不方便，但可实时获取巡查信息，在有门禁系统时可共用系统。目前比较常用的是离线巡查系统。

3.2.5 入侵报警系统

入侵报警系统采用红外或微波技术的信号探测器，在一些无人值守的部位，根据建筑物安全防范技术的需要，在建筑物内进行区域界定或者定方位保护，当探测到有非法入侵、盗窃、破坏等行为发生时进行报警。入侵报警系统由探测器、现场报警器、区域控制器和报警中央控制器等组成。

1）入侵报警系统的功能

入侵报警系统的主要功能有：

（1）监测报警：当系统探测到非法入侵时立即发出报警信号。

（2）布防和撤防功能：根据需要，设定某些时间段、某些区域的探测器工作/不工作。

（3）防破坏功能：系统自动对运行状态和信号线路进行探测，如果发生恶意破坏系统的情况，立即报警。

（4）联网通信功能：入侵报警系统应与其他安全防范系统建立通信联系，实行联动。

2）入侵报警系统的组成

从系统的组成结构来看，入侵报警系统主要分为三个层次，第一层是报警中央控制器，其主要的功能是对整个入侵报警系统实施控制和管理，它接受来自区域控制器的报警信号，在指定的终端设备上显示报警的具体信息，包含地址代码、报警性质、时间等，或者在电子地图上实时显示报警的位置，并与其他系统进行信息通信，采取相应的措施处理警情。第二层是分散在各个区域的区域控制器，其功能相当于集散型控制系统中的DDC控制器，带有多路数字开关输入，用于接受来自末端探测器的信号，同时它还带有多路数字开关输出，当区域控制器接收到探测器传来的异常信号时，一方面向末端报警装备发出报警信号，另一方面将自己控制的报警区域的详细入侵报警情况传送到报警中央控制器。第三层是探测器和执行设备，探测器负责探测非法入侵，并将其转换成相应的电信号，经过滤波、整形等处理后传输到区域控制器，末端的报警装置接受区域控制器的报警指令，在非法入侵发生时发出声光报警。系统组成如图3-13所示。

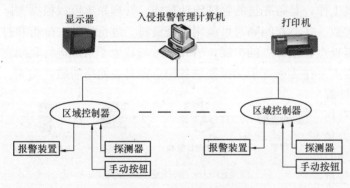

图3-13 入侵报警系统图

（1）探测器

探测器是用于探测非法入侵者的移动或者其他动作的装置。探测器通常由传感器和信号处理器两个部分组成。传感器是一个信号转换装置，将探测到的压力、位移、振动、声强、光强等信号转换成电信号，信号处理器对传感器转换的电信号进行放大、滤波、整形等处理，使其能够在系统中进行传输。探测器按照探测到的物理量的不同可以分为微波、红外或者激光探测器，按照电信号的传输方式可以分为有线探测器和无线探测器。

①开关式报警器

开关式报警器是一种结构简单、使用方便、经济有效的报警探测器，其工作原理是将防范现场传感器的位置或工作状态的变化转换成控制电路的通断来触发报警电路，常用的开关报警器有磁控开关报警器、微动开关报警器和易断金属条报警器等。

磁控开关由条形磁铁和干簧管组成，如图3-14所示。干簧管内置有两块金属簧片，正常情况下两个金属簧片在磁场作用下闭合，此时控制电路正常接通，报警电路不产生报警信号；当在外力作用下时，磁铁远离簧片，此时控制电路断开，触发

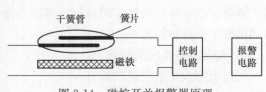

图3-14 磁控开关报警器原理

报警电路，产生报警信号。

使用时干簧管安装在被监视门窗的固定部分（如门框和窗框）上，活动磁铁安装在门窗的活动部位（如门扇和窗扇）上，适当调整二者的距离，保证在门窗正常闭合时，磁铁能够将簧片吸合，当门窗打开时能够断开，由于这种探测报警器通常安装在门窗上，因此通常称为门磁开关或者窗磁开关。磁控开关也可以串联使用，当一处发生异常时，系统就产生报警信号。

微动开关报警器原理如图 3-15 所示。外力通过传动元件作用于动簧片上，使簧片与触点接触，当外力移去时，动簧片与触点断开，由此产生电路的通断，引起报警装置发出报警信号。微动开关在展览台上的应用比较广泛，使用时利用展览物的重力使簧片与触点结合，当展览物被移开时，电路断开，产生报警信号。

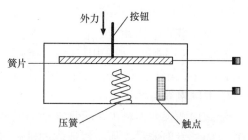

图 3-15　微动开关报警器原理图

②光束遮断式探测器

光束遮断式探测器能够探测到光束是否被遮断，一旦光束被遮断，将发出报警信号。目前常用的是红外线光束探测器，探测器由红外线发生装置和接收装置组成，当发生非法入侵时，红外线光束被遮断，报警器产生报警信号。由于这种探测器是主动发射红外线，通常又称为主动式红外线探测器。为了避免出现伪光束干扰探测器正常工作，使用时通常将发射器和接收器调整到特定的发射和接收频率。另外，还可以根据不同使用要求采用 2 束、4 束等多光束探测器，其目的是减少误报、保证安全可靠性。目前，利用激光作为探测光束的探测器也逐步兴起，由于激光具有直射不发散的特点，所以可以利用激光的发射来组成一个防护网，提高安全性能。

③热感式红外线探测器

任何有温度的物体都不停地向空间发射红外线，不同温度的物体发射的红外线的波长不同，人体表面发射的红外线的波长大约为 $10\mu m$。热感式红外探测器探测人体发出的红外辐射进行报警。热感式红外探测器由红外探头和报警控制部分组成，红外探头将探测到的人体发出的红外线辐射转换成电信号，控制电路产生报警信号。由于这种探测报警器不向空间发射红外线，通常被称为被动红外探测器。

④微波探测报警器

微波探测报警器由微波探测装置和报警控制电路组成，按照触发原理的不同可以分为微波移动探测器和微波遮挡探测器。微波移动探测器利用的是多普勒效应，探测器发出无线电波，同时接受反射波，当布防区域出现物体移动时，由于发射源与探测点之间出现了相对的移动，导致接受到的回波信号频率发生改变从而触发报警控制器产生报警信号。微波遮挡报警器由一个发生器和一个接收器组成，当布防区域内有非法移动物体时，接收器接收到的信号会发生改变，从而产生报警信号。

红外型探测器受外界温度和气候环境影响较大，而微波型探测器则能克服这些缺点，另外由于微波有穿透非金属物质的特点，还可以隐蔽安装或外加装饰物，起到隐蔽防范作用。

⑤超声波物体移动探测器

超声波物体移动探测器发射和接收频率为 25~40kHz 的超声波，利用多普勒效应，当布防区域有移动物体时，接收器接收到的超声波频率会改变，从而发出报警信号。

⑥振动探测器

振动入侵探测器是在探测范围内能引起的机械振动（冲击）产生报警信号的装置。一般由振动传感器、适调放大器和触发器组成，可以较好地探测到振动、钻孔和人体接近。通常安装在保险库、保险柜、提款机上。

⑦玻璃破碎探测器

玻璃破碎探测器一般采用压电式的声音采集器，一般安装在门窗上或吸顶安装。当玻璃破碎时，声音采集器会探测到高频的破碎声音信号从而触发报警控制电路，产生报警信号。

⑧泄露电缆探测器

泄露电缆探测器是由平行埋在地下的两根泄露电缆组成，一根泄露同轴电缆与发射机相连，向外发射能量，另一根泄露同轴电缆与接收机相连，用来接收能量。发射机发射的高频电磁能量经发射电缆向外辐射，部分能量耦合到接收电缆，在两根电缆之间形成了一个椭圆形的电磁场探测区域。当非法入侵者进入探测区域时，电磁场发生改变，接收电缆接收到的电磁场信号也发生变化，从而产生报警信号。泄露电缆一般用于周界防护。

以上的各种探测报警器均属于单技术报警器，具有结构简单、价格低廉的优点，但是容易受到干扰，产生误报警。为了解决误报警的问题，常用的解决方法是把多种不同原理的探测器结合起来，组合成多技术复合探测报警器。目前应用较多的是双技术复合探测报警器，将两种探测技术结合在一起，采用"与"的逻辑关系，只有当两种探测器都检测到目标时才发出报警信号。以微波—被动红外和超声波—被动红外探测器为例，只有同时检测到人体移动和体温信息并相互鉴别后才发出报警信号，减少了误报警。当双技术探测报警器中的一个发生故障时也会发出报警信号，避免发生"漏报警"的情况。

（2）报警器

报警器可以在探测到非法入侵时产生声光报警或者无声报警，目前主要有三种形式的报警器：

①声响报警器，如电铃、电笛、警号等。

②光报警器，如闪光灯、频闪灯等。

③无声报警器，即不立即发出声光的报警器，通常指通过专用或者公共的网络，拨通预定的电话号码，发出相应的报警或者求助信号。

（3）入侵报警控制器

入侵报警控制器主要功能是接受探测器的信号，发出声光或者无声报警，并指示报警发生的时间和地点。按照控制区域的大小，可以分为小型报警控制器、区域报警控制器和集中报警控制器。

小型报警控制器用于控制范围较小的场合，一般只具备接受报警信号，发出声光报警和记录报警的时间地点等简单功能；区域报警控制器除了具备小型控制器的报警和记录功能外，还能够将本区域的报警信息传输给上层的计算机，由计算机进行相应的数据存储以及分析处理，从而提高系统运行的可靠性。集中式报警控制器将多个区域报警控制器通过网络连接到一起，构成大型报警控制系统，可以对大范围的监控区域实施监控。

(4) 报警中央控制主机

报警中央控制主机一般由高性能的计算机、打印机和 UPS 电源以及系统管理软件组成。它的主要功能是对整个入侵报警系统进行控制和管理，能够对系统内的探测器进行寻址，同时具有联网功能，能够和其他系统进行联动。

报警中央控制主机的管理软件通常由两个部分组成，第一个部分是网络通信部分，中央控制器按照一定的时间序列，定时询查总线上每一个区域控制器发出的报警和输出联动信号。另一部分为数据管理部分，包括注册和注销报警器和区域控制器，定时对探测器和区域控制器进行检查、对控制区域实行布防和撤防等。也可以设定预处理程序，即当出现报警时第一时间接通报警电话、立即将闭路电视监控系统转变为连续监控等等。报警信号自动存储在计算机的数据库中，并能够提供多种方式的查询，如查询某个区域控制器的报警情况或者查询某一段时间内所有的控制器的报警情况等。

报警中央控制主机可以对入侵报警系统的工作状态进行设置，系统一般有 5 种工作状态：布防、撤防、旁路、24 小时监控、系统自检与测试。

①布防状态：也称设防状态，是指操作人员执行了布防指令后，该系统的探测器开始工作，并进入正常警戒状态。

②撤防状态：是指操作人员执行了撤防指令后，该系统的探测器不能进入正常警戒工作状态，或从警戒状态退出，使探测器无效。

③旁路状态：是指操作人员执行了旁路指令后，防区的探测器就会从整个探测器的群体中被旁路掉（失效），而不能进入工作状态，可以只将其中一个探测器单独旁路，也可以将多个探测器同时旁路。

④24 小时监控状态：是指某些防区的探测器处于常布防的全天候工作状态，一天 24 小时始终担任着正常警戒（如紧急报警按钮、感温与感烟探测器等）。它不会受到布防与撤防操作的影响。

⑤系统自检与测试：在系统撤防时操作系统进行自检和测试。

3.2.6 访客对讲系统

访客对讲系统是采用计算机技术、通信技术、传感技术、自动控制技术和视频技术而设计的一种访客识别的智能信息管理系统。它把大楼入口、业主及物业管理部门三方面信息及通信包含在同一个网络中，成为防止住宅受非法侵入的重要安全保障手段，有效保护业主的人身和财产安全。

访客对讲系统按照能否实现可视功能可以分为非可视对讲系统和可视对讲系统。

1) 非可视对讲系统

非可视对讲系统主要由管理计算机、控制主机、电控门锁、非可视对讲分机、解码器、门口主机、电源、打印机、报警器等设备组成。根据使用户数的多少，主机容量也不相同。主机分为直按式主机和数码拨号主机。直按式容量较小，根据实际户型选配，适用于多层住宅用户，其特点是一按就应、操作简便。数码拨号式容量较大，可多达几百户，适用于高层住宅用户，其特点是容量大、界面豪华，操作方式与电话一样。

非可视对讲系统可以设置密码开锁，楼内的住户可以通过设定的密码直接进入大楼，密码可以随时更改以防止密码泄漏，访客需要进入时，在大门的主机键盘上输入访问的住户编号（一般按照住户的门牌号码进行编号），则被访问的住户家中的对讲分机发出振铃，住户摘机与来访者进行对讲，确认来访者身份后按动分机上的开关开启大门，访客进入后闭门器使大门自动关闭。其系统原理如图3-16所示。

控制面板上还设置有与管理中心的通话按键，来访者可以通过此按键与管理中心进行通话，询问有关操作或者住户编码等信息。

此外，访客对讲系统还具有报警和求助功能，各个住户的对讲分机可以通过系统的对讲主机与其他住户或者管理人员进行对讲，当住户家中遇到紧急的危险（如火灾、盗窃等）时，可以通过对讲系统向其他住户或者保安人员求助。

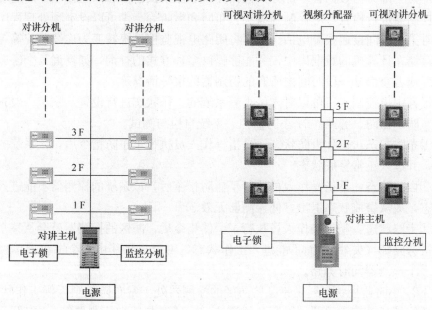

图3-16 非可视访客对讲系统原理图　　图3-17 可视对讲系统原理图

2）可视对讲系统

可视对讲系统原理如图3-17所示，是由门口主机、室内对讲可视分机、不间断电源、电控锁、闭门器、中央管理机及其辅助设备等组成的，它在非可视对讲系统的基础上增加了影像传输功能。可视对讲系统与非可视对讲系统的主要区别在于大楼的入口处设有摄像头，住户的分机处还设有显示屏，当来访者按动被访问住户的编号时，系统的摄像头自动开启，住户可以通过分机处的显示屏来确认来访者的身份，确认无误后，通过分机上的按钮开启入口大门，其工作过程与非可视对讲系统相同。

可视对讲系统主要功能有：

可视对讲功能　系统可实现门口主机与住户可视对讲；

监视功能　具有室内分机对门口主机可视监视功能；

锁控功能　系统具有呼叫住户开锁、管理员密码开锁、住户密码开锁和分机监视门口主机开锁等多种锁控功能；

弹性编码功能　小区单元门口主机栋号、单元号、用户分机号码设置全弹性，由单元门口主机及室内分机设置完成；

主机显示功能　采用高亮度数码管显示各种信息；

密码设置功能　管理员可设置系统开锁密码和住户开锁密码；

即时通话 任何双方进行通话时间均可进行限定；
保密功能 任何双方通话时，第三方均无法窃听。

保安人员也能够通过监控系统监视来访人员，并在需要的时候与之进行对讲，确认来访者的真正目的，防治恶意闯入。

3.2.7 停车场（库）管理系统

随着车辆数量的急剧增长，传统的人工管理的停车场（库）已经不能满足效率、安全等方面的要求。停车场（库）的自动化管理是利用现代的机电设备，对停车场（库）提供高效率的管理和维护，不仅减少了人员的配置数量，还提高了停车的安全性。

停车场（库）管理系统主要由三个子系统组成，即车辆自动识别系统、收费系统和保安监控系统。图 3-18 为停车场管理系统示意图。

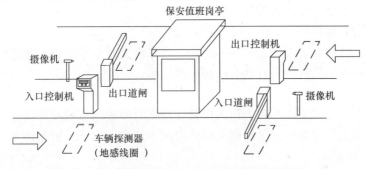

图 3-18 停车场管理系统示意图

1）车辆自动识别系统

车辆自动识别系统主要包含中央控制计算机、自动识别装置、车辆探测器等。

（1）中央控制计算机。

停车场（库）管理系统的控制中枢是中央控制计算机，它负责整个系统的协调与管理，包括软硬件参数设置、信息交流与分析、命令发布等，还可以将保安管理、收费统计及报表集成于一体。既可以独立工作构成停车场管理系统，也可以与其他计算机网相连，组成一个更大的智能建筑集成网络。中央控制计算机都安装有停车场自动管理软件，可以实时监控和显示车库的现状，包含已经有多少车辆入库，还有多少空余的车位等信息，及时通过停车场（库）外的电子显示屏显示出来，避免车辆入库而车位不足的情况。同时停车场（库）自动管理软件还具有记录、比对等功能，能够随时记录入库和出库车辆的各种信息，比如车辆的颜色、型号等车辆信息以及入库的时间和离库的时间等时间信息。中央控制计算机还提供查询的功能，能够查询某一辆车出入库的情况以及一个时间段内所有车辆出入库的情况等。

（2）自动识别装置

停车场（库）管理系统的核心就是车辆自动识别装置，车辆自动识别装置一般采用磁卡、条码卡、IC 卡和远距离 RF 射频卡等。按照使用方式的不同，可以分为接触式和非接触式（感应式）两种。

磁卡、条码卡是典型的接触式卡片。磁卡和条码卡具有制作简单和价格低廉的优点，但是处理信息速度慢，容易损坏和复制、保密性不好，因此目前已经很少使用。

IC 卡和远距离 RF 射频卡是非接触式卡，IC 卡的识别距离一般在 0～100mm，适合在近距离条件下感应识别，远距离 RF 射频卡的感应距离一般在 0.3~60m，适合在远距离高速条件下感应识别。RF 卡具有保密性好，不容易伪造等优点，同时避免了刷卡的机械过程，大大提高了识别的效率。

（3）车辆探测器

车辆探测器一般安装在停车场（库）的出入口处，其主要的功能是感测被授权允许驶出或驶入的车辆是否到达出入口并正常驶出或驶入，以控制挡车闸的打开与关闭，在感应有车驶入时加 1，感应有车驶出时减 1，将统计结果传输给中央控制计算机，通过电子显示屏显示车位的状况。

2）收费系统

收费系统的主要功能是对入库的车辆收取相应的管理费用，主要的设备包含刷卡收费装置、临时卡发放及检验装置等。

（1）刷卡收费装置

当车辆进入时刷卡装置记录入库的时间，当车辆离开车库时刷卡装置再次读取出库的时间，计算车辆入库的时间，自动收取相应的费用。

（2）临时卡出卡装置

临时卡出卡装置安装在车库的出入口处，对临时停放的车辆发放临时卡，一般常用的是利用热敏打印机打印条码记录车辆入库的时间等信息，出场时根据停车时间计时收费。

3）保安监控系统

保安监控系统包含监控摄像机、挡车器等。

（1）挡车器（又称为道闸）

挡车器是停车场关键设备，主要用于控制车辆的出入，由于要长期频繁动作，挡车器一般采用精密的四连杆机构使闸杆能够作缓启、渐停、无冲击的快速动作，并使闸杆只能限定在 90 度范围内运行，箱体采用防水结构及抗老化的室外型喷塑处理，坚固耐用、不褪色。挡车器具有"升闸"、"降闸"、"停止"和用于维护与调试的"自栓"模式。可以手动操作、自动控制和遥控三种方式操作。

（2）监控摄像机

在停车场（库）管理系统中，为了有效防止车辆被盗或车辆被损，在停车场（库）内及车辆出入口都安装有监控摄像机。停车场（库）内的监控摄像机主要用来监视停车场（库）内车辆的停放情况，以免车辆被盗或被损。出入口处的监控摄像机主要用来监视车辆出入情况，对进出车辆进行图像比对。车辆进入车库时，停车库（场）管理系统的车牌影像识别系统利用电视监视和图像自动识别系统记录车辆的颜色、型号、车牌等影像信息并存入系统数据库，同时记录车主的识别卡卡号，登记车辆进入的时间等信息。车辆离库（场）刷卡时，车辆影像识别系统再次采集车辆的颜色、型号、车牌等信息，并与该持卡车主入库时车辆的颜色、型号、车牌等信息进行比对，如果信息相符即可放行，并同时记录车辆入库（场）的时间和离开车库（场）的时间备案以备查询，如果比对信息不相符，则拒绝放行，并采取相应的保安措施。

3.3　火灾自动报警系统

火灾自动报警系统是智能建筑公共安全系统中非常重要的部分，因为现代高层建筑的建筑面积大、楼层多、人员密集、用电设备多，这就使得火灾隐患多。而电梯井、电缆井、空调及通风管道等竖向孔洞，将使得火势蔓延快，危险性大。因此，智能建筑火灾自动报警系统的重要性更加突出，对消防系统的安全可靠性、技术的先进性及网络结构、系统联网等方面也提出了更新、更高的要求。

火灾自动报警系统的宗旨是"以防为主，防消结合"。其主要作用是通过自动化手段实现早期火灾探测，及时发现并报告火情，联动控制自动消防设施，控制火灾的发展，确保人身安全和减少财产的损失，将火灾消灭在萌芽状态。

3.3.1 火灾自动报警系统及功能

火灾自动报警系统包括火灾探测报警系统、可燃气体探测报警系统、电气火灾监控系统和消防联动控制系统，前三者的作用是将现场探测到的温度或烟雾浓度、可燃气体的浓度及电气系统异常等信号发给报警控制器，报警控制器判断、处理检测信号，确定火情后，发出报警信号，显示报警信息，并将报警信息传送到消防控制中心，消防控制中心记录火灾信息，显示报警部位，协调联动控制。联动控制系统的作用是按一系列预定的指令控制消防联动装置动作，比如开启着火层及上下关联层的疏散警铃和消防广播通知人员尽快疏散；打开着火层及上下关联层电梯前室、楼梯前室的正压送风及排烟系统，排除烟雾；关闭相应的空调机及新风机组，防止火灾蔓延；开启紧急诱导照明灯，诱导疏散；迫降电梯回底层，普通电梯停止运行，消防电梯投入紧急运行等。当着火场所温度上升到一定值时，自动喷水灭火系统动作，在发生火灾区域进行灭火，实现消防自动化。

3.3.2 火灾探测报警系统

火灾探测报警系统由火灾探测器、火灾报警控制器、火灾报警及显示装置组成。

1) 火灾探测器

可燃物在燃烧过程中，一般先产生烟雾，同时周围环境温度逐渐上升，并产生可见与不可见的光，即可燃物从最初燃烧到形成大火需要一定的时间。火灾探测器的功能就是及时探测火灾初期所产生的热、烟或光，进行火灾报警。火灾探测器分类形式很多，根据探测火灾参数的不同分为感烟式、感温式、感光式和复合式火灾探测器；根据探测方式的不同可分为阈值探测、智能探测和图像探测等。

(1) 感烟探测器

在火灾初期，由于温度较低，可燃物多处于阴燃阶段，所以产生大量烟雾。烟雾是早期火灾的重要特征之一，感烟式火灾探测器是对可见的或不可见的烟雾粒子进行探测，探测物质燃烧初期所产生的气溶胶或烟雾粒子浓度并发出火灾报警信号。感烟探测器发现火情早、灵敏度高、响应速度快、不受外面环境光和热的影响及干扰，是目前我国使用最广泛的一种火灾探测器。

感烟式火灾探测器分为离子式和光电式两种。离子式探测器的核心是感烟电离室，其工作原理如图3-19所示。图中 M 和 N 是一相对的电极，电极之间是放射物质镅 Am-241，镅放射 α 射线，高速运动的 α 粒子撞击空气分子，从而使两极间空气分子电离为正离子和负离子，电离后的正、负离子在外电场的作用下，分别向 M、N 两极运动，形成离子电流。火灾发生

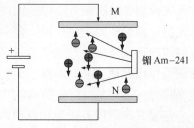

图 3-19 离子感烟式探测器工作原理

时，烟尘进入离子室，烟雾粒子对正、负离子的吸附作用，使正、负离子相互中和的几率增加，减弱了原来离子室内的离子电流，则通过离子电流量的变化即可反映出烟雾浓度的大小，实现对火灾参数的检测。

光电式感烟探测器有减光式和散射式两种。减光式光电感烟探测原理如图 3-20 所示。进入光电检测室内的烟雾粒子对光源发出的光吸收和散射，使通过光路上的光通量减少，从而使受光元件上产生的光电流降低。光电流相对于初始标定值的变化，即反映了烟雾浓度的大小，据此可实现对火灾参数的检测。散射式光电感烟探测原理如图 3-21 所示，当烟雾颗粒进入检测暗室后，对发光元件发射的光线产生散射作用，使得安装在一定角度的受光元件产生光电流，根据受光元件产生的光电流与无烟雾颗粒时产生的暗电流的大小进行比较，即可反映烟粒子的浓度，当烟粒子的浓度达到一定值时，散射光的能量就足以产生一定大小的激励用光电流，可用于激励外电路发出火灾报警信号。

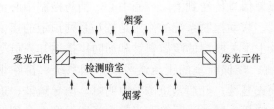 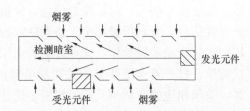

图 3-20 减光式光电感烟探测器原理图　　图 3-21 散射式光电感烟探测器原理图

（2）感光探测器

物质燃烧时，在产生烟雾和放出热量的同时，也产生可见或不可见的光辐射。感光式火灾探测器又称火焰探测器，是一种能对物质燃烧火焰的光谱特性、光照强度和火焰的闪烁频率敏感响应的火灾探测器，能响应火焰辐射出的红外、紫外和可见光。目前使用的感光探测器有对波长较短的光辐射敏感的紫外探测器和对波长较长的光辐射敏感的红外探测器。红外感光探测器是利用火焰的红外辐射和闪烁现象来探测火灾，其核心部件是红外光敏元件。紫外光探测器内部有两根高纯度的钨丝或钼丝电极，电极受到紫外光辐射发出电子，电子被两电极间的电场加速，这些高速运动的电子撞击探测器罩内的氢、氧气体分子，使其电离，造成"雪崩"式放电，两电极接通，探测器发出火灾报警信号。

感光探测器响应速度快，其敏感元件在接收到火焰辐射光后的几毫秒，甚至几个微秒就发出信号，特别适用于突然起火无烟的易燃易爆场所。

（3）感温探测器

火灾燃烧阶段，除了产生烟雾之外，还伴有光、热辐射，使周围温度急剧变化，感温式火灾探测器对探测范围内的温度进行监测。根据监测温度参数的不同，感温火灾探测器有定温、差温和差定温三种。定温式探测器在环境温度达到或超过预定值时响应，差温式探测器在环境温度上升速率超过某个规定值时响应，差定温式探测器结合定温和差温两种探测器作用原理，兼有差温、定温两种功能，在室内温度达到或超过某一规定值，或温升速率超过或达到某一规定值时均可动作，提高了工作的可靠性。

定温式探测器有线型和点型两种结构，线型定温式探测器的探测原理是利用可熔金属线，当温度高于设定值时，金属线熔断，产生报警信号。点型定温式探测器利用双金属片、易熔金属、热电偶、热敏半导体电阻等敏感元件，在规定的温度值上产生火灾报警信号。双金属点型探测器采用具有不同热膨胀系数的双金属片为敏感元件，其结构如图3-22所示。假设其外筒采用膨胀系数大的不锈钢，内部金属片采用膨胀系数小的铜合金片，当温度升高时，由于外筒的膨胀系数大于内部金属片，铜合金片被拉直，两接点闭合发出报警信号。

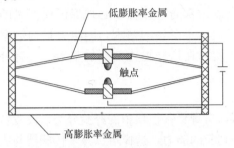
图 3-22　定温式感温探测器原理图

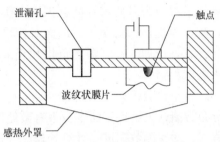
图 3-23　膜盒式差温探测器原理图

差温式探测器用于探测环境温度的上升速率，当温度上升速率超过某一个设定值之后，差温式报警探测器启动，差温式探测器也分为点式和线式两种。常用的膜盒点型差温探测器的结构如图3-23所示，由图可见，膜盒式差温探测器由感热外罩、波纹状膜片、泄漏孔及触点等构成。其感热外罩与底座形成密闭气室，有一小孔与大气连通，当环境温度缓慢变化即没有发生火灾时，气室内外的空气可由小孔进出，使内外压力保持平衡，膜片保持不变，触点不会闭合。当有火灾时，室内空气随着环境温度的急剧上升而迅速膨胀，空气泄漏量不足以维持压力平衡，致使室内气压增高，波纹状的膜片受压与触点接触闭合，发出报警信号。

差定温式温度传感器综合利用定温式温度探测器和差温式温度探测器的优点，不仅有效地减少了误报警的发生，还可以在一种探测器失效的情况下保证正常的火灾报警，避免了漏报警的情况，提高了工作的可靠性。

与感烟火灾探测器和感光火灾探测器比较，感温火灾探测器的可靠性较高，对环境条件的要求低，但对初期火灾的响应要迟钝些，主要适用于因环境条件感烟火灾探测器不宜使用的某些场所，并常与感烟火灾探测器联合使用组成与的关系，对火灾报警控制器提供复合报警信号。

（4）复合式探测器

复合式火灾探测器将两种或两种以上探测功能集于同一探测器上，同时具有两个以上火灾参数的探测能力，扩大了探测器环境适应范围，保证报警的快捷与可靠，目前比较常用的主要有感烟感温、感光感温、感光感烟火灾探测器等。

（5）模拟量探测器

传统火灾探测器采用的是阈值比较方式，即将火灾初期所产生的热、烟或光转变为电信号，当其电信号超过其自身设定值时，触发报警设备。阈值比较探测器结构简单，价格经济，但报警判据单一，不能排除环境干扰及探测器本身硬件电路的自身漂移，缺乏故障自诊断和自排除能力，会产生误报警。模拟量火灾探测器针对传统火灾探测器的不足，在所监测的环境范围中采集烟浓度或温度、光对时间变化的综合信息数据，并将这些数据与外界的环境参量一起传送给报警控制器，报警控制器根据获取的数据与系统主机数据库中存有的大量火情资料进行分析比较，利用火灾模型数据来判断信号是真实火情所致，还是环境干扰的误报，从而准确地发出实时火情状态警报。模拟量火灾探测器只是作为火灾传感器，无论烟浓度或温度、光影响大小，探测器本身不报警，而是将烟雾或温度、光影响产生的电流、电压变化信号通过编码电路和总线传给控制器，在传输信息的过程中为了使系统能够识别真假火灾现象和防止误报，必须保证模拟量的传输质量，防止干扰，以防误报，因而对传输技术提出了严格的要求，同时大量的数据处理和算法计算，增加了控制器的负担和复杂性，所以在这种类比判断的基础上又有分布智能式火灾探测器。

(6) 分布智能式火灾探测器

分布智能式火灾探测器本身带有微处理器，自身具备把累积的经验分类、设置特定的反应程式、对探测数据进行计算处理、分析和判断的能力，这样可以减少传感器与主机之间的信息传输量，减轻了控制器的负担，使控制器能更快地完成协调与管理等更高层的功能。智能探测器将过去的集中式监控方式转变为现场监控与中央管理的方式，而且探测器可以根据现场环境自动调整运行参数，具有自学习和自适应的能力，灵敏度可适应外界环境变化而自动调整，具备自诊断能力，及时检查出潜在故障并发出警告。由于前端探测器和后端控制器均内置 CPU，两者均可对信号作处理，且可按各自的要求分工，提高了火灾探测报警系统的性能和可靠性。《智能建筑设计标准》GB 50314—2006 要求在建筑物主要场所使用分布式智能火灾探测器。

(7) 空气采样感烟探测器

大多数火灾都可分为微弱烟雾、可见烟雾燃烧、火焰燃烧和剧烈燃烧四个阶段。微弱烟雾是火灾的初始阶段，初始阶段存在着肉眼看不见的很微弱的烟雾，该阶段发展缓慢，且不易被人们发现，普通的感烟探测器在这个阶段没有反应，直到可见烟雾燃烧阶段普通的感烟探测器才开始工作，而感温探测器、感光探测器直到火焰燃烧阶段和剧烈燃烧阶段才开始工作。空气采样感烟探测器在探测方式上，突破了传统探测器被动式感知火灾烟气、温度和火焰等参数特性的探测模式，利用内部的吸气泵，通过分布在保护区内的采样管网，主动进行空气采样，快速、动态地识别和判断出空气中各种聚合物和烟粒子，能够在火灾的初始阶段及早发现火情并报警，将火灾隐患消灭在初始阶段，使火灾的损失降到最小。

(8) 图像式探测器

图像式探测器采用高分辨率 CCD 传感器作为前端探测器件，在增大探测距离和探测灵敏度的同时，有效地消除环境干扰，并具有良好的密封性和防腐蚀特性，适用于大空间建筑和其他特殊空间场所。

图像式探测器包括线型光束图像感烟探测器和双波段火焰探测器。线型光束图像感烟探测器采用光截面图像感烟火灾探测技术，由图像感烟发射器和图像感烟接收器两部分组成，使用时每只图像感烟接收器可对应多只图像感烟发射器（发射器的数量根据现场情况决定），在红外面阵接收器上形成多光束红外光截面，通过成像方式和图像处理方法，测量烟雾穿过红外光截面对光的散射、反射及吸收情况，利用模式识别、持续趋势等实现对早期火灾的识别与判断。双波段火灾探测器采用面阵 CCD 彩色和红外摄像机作为探测元件，获取火灾信息。根据火灾在燃烧过程中的光谱特性、色度特性、纹理特性、运动特性以及频谱特性，将这些特性模型化，形成基于彩色影像和红外影像的双波段火灾识别模型，由计算机进行火灾的判别。双波段火灾探测器可同时采集红外视频图像信号和彩色视频图像信号，具有同时获得现场火灾信息和图像信息的特点，将火灾探测和图像监控有机地结合在一起，保护面积大，具有防尘、防潮、防腐、防爆功能，可广泛应用于易产生明火及阴燃火的各类场所，如家具城、展览厅、体育馆、大型仓库、生产车间、物资库、油库等，也可用于环境恶劣的工业场所。

2）火灾报警控制器

火灾报警控制器是火灾自动报警系统中的核心组成部分，用以接收火灾探测器发送的火灾报警信号，迅速、正确地进行转换和处理，并以声、光等形式指示火灾发生的具体部位，与应急联动系统的灭火装置、防火减灾装置一起构成完备的火灾自动报警与自动灭火系统。

（1）火灾报警控制器的功能

火灾报警控制器具有报警、联动、自检和供电的功能。

报警功能　指当火灾报警控制器接收到来自探测器、手动按钮及其他火灾报警触发器件的报警信号并确认后，控制器本身的报警装置发出声光报警，指示报警的具体部位及时间，同时控制火灾现场的声、光报警装置发出警报。

联动功能　指火灾报警控制器在发出火警信号的同时，还能执行相应的辅助控制等任务，比如输出控制信号启动灭火减灾设备，一般是通过各种功能的输出模块来输出控制信号。

自检功能　是指火灾报警控制器能对自身的功能进行检查，并能对火灾报警控制器与火灾探测器之间及用于传输火灾报警信号的器件之间的连线出现断线、短路等故障发出声、光警报。

供电功能　指火灾报警控制器能为自身和系统内的火灾探测器、模块及某些消防设备提供稳定的工作电源。

（2）火灾报警控制器的形式

火灾报警控制器按探测器和控制器之间传输线的线数分为多线制火灾报警控制器和总线制火灾报警控制器。多线制系统每个探测器需要两条或更多条导线与控制器相连接，连接到控制器的总线数 $M=KN+C$，其中 K 为每一探测器所连接的线数，N 为该控制器连接的探测器个数，C 为控制器连到各探测器的共用线数（电源线、地线、信号线及自诊断线等）。当连接探测器较多时，多线制系统线数多，施工复杂且线路故障也多，现已逐渐被淘汰。目前只有二线制（$K=1$，$C=1$）报警控制器还在工程中有应用。总线制采用两条导线构成总线回路，所有探测器与之相联，每只探测器有一个编码电路（独立的地址编码），报警控制器采用串行通信方式访问每只探测器。总线制系统用线量少，设计、施工均较方便，因此是目前广泛应用的一种方式。

多线制报警控制器按用途分为区域报警控制器、集中报警控制器。区域报警控制器直接连接火灾探测器，主要功能是对探测器总线上的各探测器进行循环扫描，采集信息，并对采集的信息进行分析处理。当发现火灾或故障信息，即转入相应的处理程序，在确认无误之后，发出声光或显示报警信号（报警位置、报警时间），同时将这些数据保存备查，

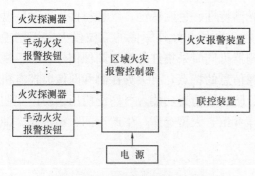

并向集中报警控制器传输火警信息。区域报警控制器的原理如图3-24所示。

集中报警控制器一般不与火灾探测器相连，而是与区域火灾报警控制器相连，用于接收区域控制器火灾信号，显示火灾部位，记录火灾信息，协调联动控制和构成终端显示等，常使用在较大的系统中。集中报警控制器的组成及工作原理与区域火灾报警控制器基本相同，除了具有声光报警、自检及巡

图3-24 区域报警控制器原理

检、计时和电源等主要功能外，还具有与各个报警区域内区域火灾报警控制器的通信功能，处理显示整个系统报警信息、故障信息、联动信息的功能，并能根据火警信息，启动消防联动设备并显示其运行状态，联动火警广播、火警电话、火灾事故照明，具备与智能建筑中其他控制系统的通信界面。集中报警控制器的原理如图3-25所示。

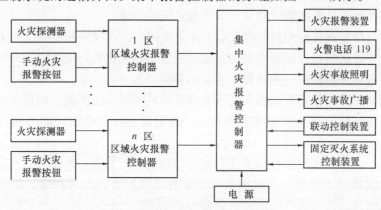

图3-25 集中报警控制器原理

总线制火灾自动报警系统一般由总线制火灾报警控制器、火灾探测器和模块组成。其中模块是二总线火灾自动报警系统的配套装置，常用的模块有隔离模块（用于隔离总线上的短路故障）、探测器编码底座（用于确定探测器或回路中其他部件的地址，使探测器分时占用总线）、监视模块（或称输入模块，用于监视接收消火栓按钮等开关量报警信号）、控制模块（或称输出模块，火灾发生时用于控制所需联动的消防设备）、输入/输出模块（为监视模块与控制模块的组合器件）等。隔离模块在回路总线中的接线方式如图3-26所示，一般每隔25个编址单元（包括探测器、模块、手动报警按钮等）设一个隔离模块。

3）火灾警报及显示装置

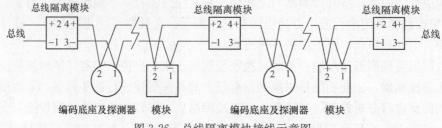

图3-26 总线隔离模块接线示意图

火灾警报装置用以发出声、光火灾报警信号，最基本的火灾警报装置是火灾警报器和警铃。火灾警报装置以声、光等方式向报警区域发出火灾警报信号，以警示人们采取安全疏散、灭火救灾措施。

火灾显示装置有火灾显示盘和消防控制室图形显示装置。火灾显示盘是火灾报警指示设备的一部分，可显示火警或故障的部位或区域，并能发出声光报警信号；消防控制室图形显示装置可显示保护区域内火灾报警控制器、火灾探测器、火灾显示盘、手动火灾报警按钮的工作状态，显示消防水箱（池）水位、管网压力等监管报警信息，显示可燃气体探测报警系统、电气火灾监控系统的报警信号及相关的联动反馈信息等。

3.3.3 可燃气体探测报警系统

可燃气体探测报警系统由可燃气体报警控制器和可燃气体探测器构成，主要应用于生产、使用可燃气体的场所或有可燃气体产生的场所。可燃气体包括天然气、煤气、石油液化气、石油蒸气和酒精蒸气等，这些气体主要含有烷类、烃类、烯类、醇类、苯类和一氧化碳、氢气等成分，是易燃、易爆的有毒有害气体。可燃气体在生产、输送、贮存和使用过程中，一旦发生泄漏，都可能造成燃烧爆炸，危及国家及人民的生命财产安全。

可燃气体探测器根据探测元件的不同，可以分为气敏型、电催化型以及电化学型几种。气敏型探测器利用气敏元件和电热丝作为核心部件，电热丝的作用是保持气敏元件处于250℃~300℃的温度区间内，因为在此温度区间，半导体气敏元件的电阻随着可燃气体浓度的增高而减小。当发生火灾时，可燃气体进入探测室内，使得半导体气敏材料的电阻减小，当其电阻减小到一定程度时，触发报警器产生报警信号。催化型可燃气体探测器采用铂丝作为催化剂，当发生火灾时，可燃气体在铂丝的催化作用下在铂丝表面无焰燃烧，铂丝温度上升导致铂丝的电阻发生变化，当可燃气体浓度超过限度时，可燃气体探测器向可燃气体报警控制器发出报警信号，后者启动保护区域的声光警报器，提醒人们及早采取安全措施，避免事故发生，同时将报警信息传给消防控制室显示装置，但该类信息的显示与火灾报警信息的显示有明显区别。

可燃气体探测报警系统一般具有独立的系统，即可燃气体探测器接入可燃气体报警控制器，当需要接入火灾报警系统时，由可燃气体报警控制器接入。当可燃气体探测报警系统保护区域内有联动和警报要求时，可以由可燃气体控制器本身实现，也可以由消防联动控制器实现。

3.3.4 电气火灾监控系统

随着经济建设的发展，生产和生活用电大幅度增加，电在为生产和生活各个方面服务的同时，也是一种潜在的火源，配电回路及用电设备的漏电、过载和短路等故障引发的电气火灾给国家财产和人民的生命安全造成的损失已不容忽视。因此，在火灾自动报警系统设计中应根据建筑物的性质、发生电气火灾的危险性、保护对象的等级等，设置电气火灾监控系统，防止电气火灾的发生。

电气火灾监控系统由电气火灾监控设备、电气火灾监控探测器组成。

电气火灾监控探测器用于检测被保护线路的参数，按检测参数的不同电气火灾监控探测器分为测温式电气火灾监控探测器和剩余电流式电气火灾监控探测器。测温式电气火灾监控探测器以探测电气系统异常时发热为基本原则，探测被保护设备或线路中可能引发电气火灾危险的温度参数变化，一般设置在电缆接头、电缆本体、开关触点等发热部位。而剩余电流式电气火灾监控探测器探测被保护线路中可能引发电气火灾危险的剩余电流参数的变化，能够在接地电流小至几个 mA 时响应，从而防止电气火灾。电气火灾探测器有独立式探测器（具有监控报警功能的探测器）和非独立式探测器之分，独立式探测器有工作状态指示灯和自检功能，可以单独设置，报警时发出声、光报警信号，并予以保持，直至手动复位，而非独立式探测器必须与电气火灾监控设备联用。

电气火灾监控设备用于接收来自电气火灾监控探测器的报警信号，发出声、光报警信号和控制信号，指示报警部位，记录并保存报警信息，也称为"监控主机"或"区域控制器"。

电气火灾监控系统与火灾探测报警系统的区别在于后者是针对已经发生的火情的后期报警系统，立足扑救，而前者是立足预防，专门针对电气线路故障和涉电意外的前期预警系统。电气火灾监控系统保护区域内有联动和警报要求时，可以由电气火灾监控设备本身实现，也可以由消防联动控制器实现。

3.3.5 消防联动控制系统

火灾发生时，火灾报警控制器发出报警信息，消防联动控制系统根据火灾信息联动逻辑关系，输出联动信号，启动有关消防设备实施防火灭火，消防联动控制系统联动的内容如图 3-27 所示，消防联动控制系统控制的对象有灭火设备、防/排烟设备、阻止烟、火势蔓延的防火隔断设备、疏散引导设备、消防通信设备及相关的建筑设备和安防设备等。

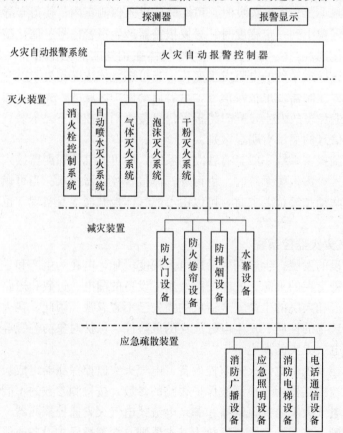

图 3-27 消防联动控制系统的组成

第3章 公共安全系统

1) 灭火装置

灭火装置可分为水灭火装置和其他常用灭火装置。水灭火装置又分消火栓灭火系统和自动喷水灭火系统。其他常用灭火装置分为气体灭火系统、干粉灭火系统、泡沫灭火系统、蒸汽灭火系统和移动式灭火器等。

(1) 消火栓控制系统

消火栓灭火是建筑物中最基本和常用的灭火方式。消火栓控制系统由消防给水设备(包括给水管网、加压泵及阀门等)和电控部分(包括启泵按钮、消防中心启泵装置及消防控制柜等)组成,其中消防加压水泵是为了给消防水管加压,以使各消火栓中的喷水枪具有相当的水压。消防控制中心设置消火栓灭火控制柜,集中接受来自楼内消火栓灭火的报警信号,进行相应的声光报警,实现对消防泵的启动控制,为管网供加压,满足现场灭火需要,并把消火栓泵的运行状态和消防电源运行情况等信号返回到消防控制室显示。

(2) 自动喷水灭火控制

自动喷水灭火系统是一种能自动启动喷水灭火,并能同时发出火警信号的灭火系统,其通常作法是在建筑物内按照适当的间隔和高度,安装自动喷水灭火喷头。按照灭火装置启动原理的不同自动喷水灭火系统可以分为湿式自动喷水灭火系统、干式自动喷水灭火系统以及水喷雾灭火系统。根据系统中喷头开闭形式的不同,又可分为闭式和开式自动喷水灭火系统两大类。闭式喷头由喷水口、感温释放机构和溅水盘等组成,在系统中担负着探测火灾、启动系统和喷水灭火的任务。开式洒水喷头无释放机构,其喷水口是敞开的。闭式自动喷水灭火系统包括湿式系统、干式系统、预作用系统等;开式自动喷水灭火系统包括雨淋系统、水幕系统、水喷雾系统等。

湿式喷水灭火系统由闭式喷头、管道系统、湿式报警阀、报警装置和供水设施等组成,其工作原理如图 3-28 所示。湿式系统中管网平时处于充水状态,当发生火灾时,着火的场所温度迅速上升,当温度上升到一定值,闭式喷头温控件受热破碎,喷头开启,喷水灭火。此时,管网中的水由静止变为流动,水流指示器动作送出电信号,在报警控制器上指示某一区域已开始喷水。随着喷头持续喷水泄压,原来处于关闭状态的湿式报警阀在压力差的作用下自动开启,压力水通过报警阀流向灭火管网,同时打开通向水力警铃的通道,水流冲击水力警铃发出声响报警信号。控制中心根据水流指示器和压力开关的报警信号,

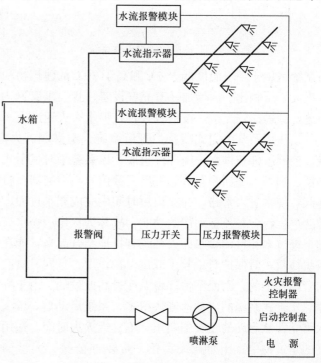

图 3-28 湿式自动喷水灭火系统

自动启动消防水泵向系统加压供水,达到持续自动喷水灭火的目的。湿式喷水灭火系统灭火速度快、控火效率高,在高层建筑中获得广泛的应用。但由于其管路在喷头中始终充满水,所以应用受环境温度的限制,适合安装在室内温度不低于4℃,且不高于70℃能用水灭火的建筑物内。

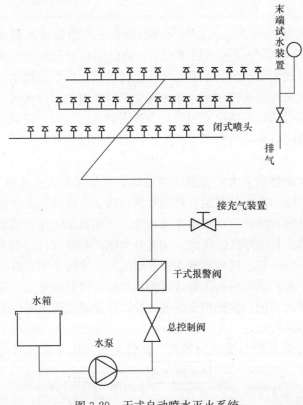

干式自动喷水灭火系统由闭式喷头、管道系统、干式报警阀、报警装置、充气设备、排气设备和供水设备等组成,为防止干式报警阀失灵和方便管道检修,总干管上需设总管道控制阀,其组成结构如图3-29所示。该系统喷水管网平时不充水,而是充的有压气体,以保持与报警阀前的供水压力平衡,使报警阀处于紧闭状态,因而称之为干式系统或干管系统。当火灾发生时,着火的场所温度迅速上升,当温度上升到一定值,闭式喷头温控件受热破碎,喷头开启,先喷射出空气,随着管网中压力的下降,报警阀打开向管网系统内充水,按照预定的方向喷水灭火,同时开启喷水泵保持水压恒定。干式喷水灭火系统的主要特点是在报警阀后管路内无水,不怕冻结,不怕环境温度高。因此,

图3-29 干式自动喷水灭火系统

该系统适用于环境温度低于4℃和高于70℃的建筑物和场所。干式喷水灭火系统与湿式喷水灭火系统相比,因增加一套充气设备,且要求管网内的气压要经常保持在一定范围内,因此,管理比较复杂,投资较大,在喷水灭火速度上不如湿式系统快。

预作用系统由闭式喷头、管道系统、雨淋阀、火灾探测器、报警控制装置、充气设备、控制组件和供水设施部件组成,该系统平时呈干式,在火灾发生时,安装在保护区的感温、感烟火灾探测器首先发出火警信号,控制器在将报警信号作声光显示的同时开启雨淋阀,使水进入管路,并在很短时间内完成充水过程,使系统转变成湿式系统,由于这种转变过程包含着预备动作的功能,故称为预作用喷水灭火系统。预作用系统将火灾自动探测报警技术和自动喷水灭火系统有机地结合起来,能在喷头动作之前及时报警,以便及早组织扑救,对保护对象起了双重保护作用,且同时具有干式系统和湿式系统的优点,失火前管网是干的,因而不怕环境温度过高或过低。由于探测器的热敏元件比喷头更灵敏,因此它比干式系统的启动速度快得多,系统启动后,喷头未动作以前整个系统已充满了水,水可立即从启动的喷头中喷出,不延迟灭火时间。适用于对自动喷水灭火系统安全要求较高的建筑物中,比如高级宾馆、重要办公楼、大型商场等,也适用于干式系统适用的场所。

雨淋喷水灭火系统由开式喷头、管道系统、雨淋阀、火灾探测器、报警控制组件和供水设施等组成。火灾发生时，火灾探测器将信号送至火灾报警控制器，控制器输出信号打开雨淋阀，使整个保护区内的开式喷头喷水灭火，同时启动水泵保证供水。由于该系统工作时所有喷头同时喷水，不仅可扑灭着火部位的火源，还可向整个被保护的面积喷水，起防止火灾蔓延的作用，适用于燃烧猛烈、火势蔓延快、要求迅速用水控火、灭火的场所。

水幕系统由水幕喷头、管道系统、控制阀等组成，其工作原理与雨淋系统基本相同，区别在于水幕系统喷出的水为水幕状，而雨淋系统喷出的水为开花射流。由于水幕喷出的水为水帘状，因此它不是直接用来扑灭火灾的，而是起防火隔断作用，防止火势扩大和蔓延。

水喷雾灭火系统由喷雾喷头、管道、控制装置等组成，它的工作原理与雨淋系统基本一致，区别在于雨淋系统采用标准开式喷头，而水喷雾灭火系统采用中速或高速喷雾喷头。水喷雾灭火系统常用来保护可燃液体、气体储罐及油浸电力变压器等，控制和扑灭上述对象发生的火灾，也能阻止邻近的火灾蔓延危及保护的对象。

(3) 气体灭火系统

气体灭火系统是以气体作为灭火介质的灭火系统，根据灭火介质的不同分为七氟丙烷灭火系统和二氧化碳灭火系统。七氟丙烷（CH_3CHFCF_3）灭火剂的灭火机理是对燃烧反应起抑制作用，并中断燃烧的连锁反应，只用较少剂量即可达到灭火的目的。二氧化碳灭火剂通过稀释氧浓度、窒息燃烧和冷却等物理作用灭火，可以较快地将有焰燃烧扑灭，但所需的灭火剂浓度高。

气体自动灭火的工作过程如下：首先感烟探测器先探测到火灾信号并送至报警控制器，报警控制器显示报警部位并伴有声光指示，同时报警控制器启动报警部位的火灾警铃发出警报。如果火势继续发展使报警控制器接收到感温探测器报警，则火灾被确认，启动30s延时并启动声光报警器，提醒保护区内的人员撤离。延时时间到了以后，联动控制器控制气体压力容器上的电磁阀放出灭火用气体灭火。气体灭火系统主要用于火灾时不宜用水灭火或有贵重设备的场所，比如变配电室、计算机房、可燃气体及易燃液体仓库等。

(4) 干粉灭火系统

以干粉作为灭火剂的灭火系统称为干粉灭火系统。干粉灭火剂是一种干燥的、易于流动的细微粉末，对燃烧有抑制作用，平时储存于干粉灭火器或干粉灭火设备中，当防护区发生火灾时，火灾控制器报警，消防中心自动控制启动或由消防人员手动启动气瓶，加压气体（二氧化碳或者氮气）进入干粉灭火剂储存罐，当储存罐压力上升到设计压力时，压力传感器向消防控制中心发送信号，消防控制中心发出指令打开干粉灭火剂储存罐出口的总阀门，干粉由输送管输送到防护区经喷嘴射出，当大量的粉粒喷向火焰时，可以吸收维持燃烧连锁反应的活性基团，随着活性基团的急剧减少，使燃烧连锁反应中断，熄灭火焰。

(5) 泡沫灭火系统

泡沫灭火剂是一种体积较小，表面被液体围成的气泡群，其比重远小于一般可燃、易燃液体，因此可漂浮或黏附在可燃、易燃液体或固体表面，形成一个泡沫覆盖层，可使燃烧物表面与空气隔绝，窒息灭火。泡沫灭火系统广泛应用于油田、炼油厂、油库、发电厂、汽车库、飞机库及矿井坑道等场所。泡沫灭火剂按其成分可分为化学泡沫灭火剂、蛋白质泡沫灭火剂及合成型泡沫灭火剂等几种类型。

(6) 移动式灭火器

移动式灭火器是扑救初起火灾的重要消防器材，轻便灵活，可移动，属于消防灭火过程中较理想的灭火工具。目前移动式灭火器主要有泡沫灭火器、酸碱灭火器、清水灭火器、二氧化碳灭火器、四氯化碳灭火器、干粉灭火器和轻金属灭火器等。

2）减灾装置

常用的减灾装置有防排烟装置和阻止烟火势蔓延的防火门、防火卷帘等。

(1) 防排烟控制系统

火灾产生的烟雾对人的危害非常严重，一方面着火时产生的一氧化碳烟雾是造成人员死亡的主要原因，另一方面火灾时产生的烟雾遮挡人的视线，使人辨不清方向，无法紧急疏散。所以火灾发生后，要迅速排出烟气，并防止烟气进入非火灾区域。

防排烟系统是消防联动控制系统的重要组成部分，其主要作用是防止有害有毒气体侵入电梯前室、避难层和人员疏散通道等部位，防止有害有毒气体扩散蔓延。防排烟设备主要包括正压风机、排烟风机、正压送风阀、防火阀、排烟阀等。排烟阀门一般设在排烟口处，平时处于关闭状态。当火情发生时，报警控制器接收到火灾探测器发出的火灾信号后，在发出声光报警的同时，对联动控制器发出指令，控制开启排烟阀门及送风阀门，排烟阀门及送风阀门动作后启动相关的排烟风机和送风机，同时关闭相关范围内的空调风机及其他送、排风机，以防止火灾的蔓延。在排烟风机吸入口处装设有排烟防火阀，当排烟风机启动时，此阀门同时打开，进行排烟，当排烟温度高达280℃时，装设在阀口上的温度熔断器动作，将阀自动关闭，同时也联锁关闭排烟风机。

(2) 防火门和防火卷帘

火灾发生时，为了防止火势扩散蔓延，需要采用防火墙、防火楼板、防火门、防火阀和防火卷帘等防火分隔措施，以降低火灾损失。设置在疏散通道上的电动防火门，平时处于开启状态，火灾时设置在防火门两侧的感烟探测器和感温探测器（根据有关设计规范要求，应在防火门两侧设置不同类型的专用火灾探测器）报警时，火灾报警控制器发出指令，通过回路总线上的控制模块联动控制防火门关闭，同时将其关闭信号反馈至消防控制室。

防火卷帘主要应用于商场、营业厅、建筑物内的中庭以及门洞宽度较大的场所，用以分隔出防火分区。与防火门要求相同，也应在防火卷帘的两侧装设不同类型的专用火灾探测器和设置手动控制按钮及人工升降装置。火灾发生时，感烟探测器首先报警，经火灾报警控制器通过回路布线上的控制模块联动控制其下降到距地1.8m处，卷帘限位开关动作使卷帘自动停止，以让人疏散，当感温探测器再报警时，经火灾报警控制器联动控制其下降归底，以达到控制火灾蔓延的目的。防火卷帘的动作信号可通过监视模块回馈至消防控制室，其联动控制过程如图3-30所示。

3）应急疏散装置

建筑物的安全疏散设施有疏散楼梯、疏散通道、安全出口等。消防疏散通道门一般采用电磁力门锁集中控制方式，平时楼层疏散门锁闭，发生火灾时，消防报警系统联动打开疏散通道门。专用的应急疏散装置有应急照明、火灾事故广播、消防专用电话通信、消防电梯及高层建筑的避难层等。

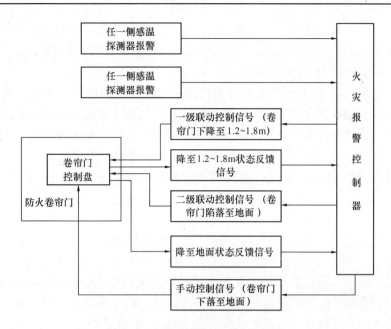

图 3-30　防火卷帘联动控制过程

发生火灾时，室内动力照明线路有可能被烧毁，为了避免线路短路而使事故扩大，必须人为地切断部分电源线路，因此在建筑物内应设置应急照明。应急照明主要包括备用照明、安全照明和疏散诱导（标志）照明。备用照明应用于正常照明失效时仍需继续工作或暂时继续工作的场合（如消防控制室、配电室等重要技术用房）；安全照明应用于火灾时因正常电源突然中断将导致人员伤亡的潜在危险场所（如医院内的重要手术室、急救室等）；疏散照明是指用以指示通道安全出口，使人们迅速安全撤离疏散至室外或某一安全地区而设置的照明，疏散照明一般设置在建筑物的疏散走道和公共出口处。疏散诱导指示标志是在火灾发生或事故停电时，为人们设置的安全通向室外或临时避难层的引导标志，如"安全出口"、"太平门"、"避难层"等，此外还有借助于箭头或某种可分辨方向的图形进行指向。

火灾紧急广播系统在火灾发生时用于指挥火灾现场人员紧急疏散，指挥消防人员灭火。紧急广播系统一般与建筑物内的背景音乐广播系统合用，平时按照正常程序广播节目、音乐等，当发生火灾时，消防控制室将正常广播系统强制切换至紧急广播系统，并能在消防控制室用话筒播音。合用的线路按照火灾紧急广播系统分层分区控制，扬声器的设置也以满足消防规范为要求。

消防专用电话通信系统是与普通电话分开的独立系统，该系统的设置是为了保证火灾发生时，消防控制室能直接与火灾报警器设置点及其他重要场所通话，迅速实现对火灾的人工确认，并可及时掌握火灾现场情况，应急指挥，组织灭火。火灾紧急通话点一般设置在消火栓及区域显示屏处，在建筑物的主要场所及机房等处还应设置紧急通话插孔。消防控制中心设置有与值班室、消防水泵房、总配电室、空调机房、电梯机房直通的对讲电话，同时设有向当地公安消防部门直接报警的专用中继线，能与119直通。

消防电梯供消防人员进行扑救火灾时使用，高层建筑必须设有专用或兼用的消防电梯。发生火灾时，消防控制室对电梯及消防电梯进行联动控制，由火灾自动报警系统的联动模块发出指令，不管电梯处于何种状态，电梯上的按钮将失去控制作用，全部电梯（消防、客用、货用）下行并停于底层，电梯门自动打开，待梯内人员疏散后，自动切断非消防电梯电源，消防电梯处于待命状态。

对超高层建筑（高度超过100m）还需设置避难层和直升机停机坪等。避难层是保障超高建筑消防安全的一项重要措施，一旦发生火灾，可供由于疏散路线远，或疏散通道被烟火封堵，或因伤残、体弱而无法及时疏散到室外的人员临时避难使用。一般100m以上的建筑，从底层起每隔15层左右设一个避难层，在避难层应设消防电梯出口、消防专线电话、消火栓和消防卷盘。封闭式避难层还应设独立的防烟设施及应急广播和应急照明等。

3.4 应急联动系统

智能建筑中的应急联动系统是以火灾自动报警系统、安全技术防范系统为基础而构建的，其功能是当有紧急的突发事故时，立即作出响应，防止事故危害的扩散。对火灾等自然灾害、非法入侵等安全事件等进行准确探测、本地/异地实时报警、指挥调度、紧急疏散与逃生导引、事故现场紧急处置等，为大型建筑物或其群体内的用户提供相应的紧急救援服务，为大楼公共安全提供保障。

智能建筑中的应急联动系统主要包括有线/无线通信、指挥、调度系统、多路报警系统（110、119、122、120、水、电等城市基础设施抢险部门）、消防—建筑设备联动系统、消防—安防联动系统、应急广播—信息发布—疏散导引联动系统。

3.4.1 有线/无线通信、指挥、调度系统

有线/无线通信、指挥、调度系统以计算机网络系统、监控系统、显示系统、有线/无线通信系统、图像传输系统等为支撑平台，在组织整合与信息整合的基础上，建立应急处置预案数据库，根据经验积累，对各类事件总结出一套行之有效的处理方案，使事件处理更为程序化，当事件发生时，有一套现成的方案供处警人员参考。有线/无线通信系统提供应急联动系统需要的有线/无线通信网。图像监控系统对监控场所进行实时集中监控，对所需的各种视频、音频、计算机文字、图形信息等进行收集、选取、存储，并控制显示在大屏幕、大尺寸视频监视器和指挥者多媒体终端等显示设备上，实现直观、完整、准确、清晰、灵活的各项信息显示。

3.4.2 多路报警系统

多路报警系统主要功能是在紧急情况发生时，利用应急联动系统的外部通信功能，在智能建筑自身采取应急措施的同时，及时向城市其他安全防范部门和应急市政基础设施抢修部门报警，综合各种城市应急服务资源，联合行动，为大楼用户提供相应的紧急救援服务，为公共安全提供强有力的保障。当发生重大的安保事故，如盗窃、强行入侵等情况，及时向公安部门110或者当地报警电话报警；当出现人员受伤情况时及时自动拨通急救中心电话120，请求急救中心进行紧急医疗处理；当火警发生时，一方面应急系统启动智能建筑内自动灭火装置，同时拨通火警电话119，请求当地消防部门消除火灾，当建筑物内出现电力供应中断、停水、停气等情况时，及时向市政设施抢修中心报警，及时排除故障。

3.4.3 消防—建筑设备联动系统

消防—建筑设备联动系统是指当出现火灾时，建筑设备要采取相应的联动措施，防止火灾的蔓延和方便人员疏散，联动的对象有供配电系统、应急照明系统、电梯控制系统、空调设备及排烟正压送风设备等。

供配电及照明应急联动控制主要包括对非消防电源、备用电源、火灾应急照明和安全疏散指示标志的联动控制。在火灾确认后，一方面切断非消防电源，并将动作信号反馈至消防中心；另一方面在正常照明电源中断后，联动备用电源自动投入，为应急照明供电，当建筑面积小于 $2000m^2$ 时，应急照明可采用备用电源内设型应急照明器具，为人员提供照明和疏散指示，保证人员安全逃离危险区域。

消防与电梯系统的联动如上节应急疏散装置部分所述，当确认火灾后，消防联动控制系统发出联动控制信号强制所有电梯停于首层或电梯转换层，电梯停于首层或电梯转换层开门后的反馈信号作为电梯电源切断的触发信号，切断除消防电梯外的其他电梯的电源。避免人员在火灾中使用电梯造成的危险。但是消防电梯应当保持畅通，以方便消防人员进行灭火处理。

空调设备特别是空调的风系统，是火灾发生时有毒气体扩散和传播的重要通道，因此空调风系统设计时在风管的各个支管处均设置防火阀，火灾发生时阀门自动关闭，同时空调系统的送风机和回风机立即关闭，避免有毒气体通过空调风系统扩散到未发生火灾的区域。当火灾探测器报警后，按空调系统分区停止与报警区域有关的空调机、送风机及关闭管道上的防火阀，同时启动与报警区域有关的排烟阀及排烟风机并且返回信号；在火灾确认后，关闭有关部位电动防火门、防火卷帘门，同时按照防火分区和疏散顺序切断非消防用电源、接通火灾事故照明灯及疏散标志灯等。排烟、正压送风应急联动的内容如上节防排烟控制系统所述。

3.4.4 消防—安防联动系统

消防与安防系统的联动一方面是与安防视频监控设备的联动，火灾时开启相关层安全技术防范系统的摄像机监视火灾现场，客观及时地掌握现场情况。另一方面与门禁系统的联动，主要是疏散通道控制，智能建筑消防疏散门一般采用电磁力门锁集中控制方式，即平时楼层疏散门锁闭，在火灾时，消防报警系统与安防系统的门禁系统联动，自动打开疏散通道上由门禁系统控制的门及出现火情层面的所有房门的电磁锁，并自动打开涉及疏散的电动栅杆、门厅的电动旋转门和庭院的电动大门以确保人员的迅速疏散。

3.4.5 应急广播—信息发布—疏散导引联动系统

在智能建筑中，一旦发生突发事件（如火灾），将可能造成人员伤亡和财产损失，为了减少人员伤亡和降低财产损失，需要设置应急广播—信息发布—疏散导引联动系统。当突发事件发生时，将由该系统向建筑中突发事件发生的区域进行应急广播，同时向楼内暂时还没有受到突发事件影响的楼层发布事件信息，启动相关的疏散导引设备，按照一定的紧急疏散预案进行有组织疏散，以确保人员安全。

应急广播不是向整个建筑物内的所有楼层都进行广播，而是向突发事件发生的楼层和区域进行有选择的广播。如发生火灾时，仅向着火的楼层及与其相关的楼层进行广播。当着火层在二层以上时，仅向着火层及其上一层发出警报；当着火层在首层时，需向首层、二层及全部地下层进行紧急广播；当着火层在地下的任一层时，需向全部地下层及首层紧急广播。同时要按照防火分区和疏散顺序切断非消防用电源、接通火灾事故照明灯及疏散标志灯，向电梯控制屏发出信号，强迫所有电梯（消防、客用、货用）下行并停于底层，除消防电梯处于待命状态外，其余电梯停止使用。安全通道的门需打开，并启动安全通道楼梯间的送风机，维持楼梯间的正压，避免烟雾进入楼梯间，确保通过安全通道的畅通。

本 章 小 结

　　智能建筑中的公共安全系统保证楼内人员和财产的安全，是建筑智能化系统的重要组成部分。公共安全系统包括安全技术防范系统、火灾自动报警系统和应急联动系统三部分，其中安全技术防范系统包括安全防范综合管理系统、入侵报警系统、视频安防监控系统、出入口控制系统、电子巡查管理系统、访客对讲系统、停车场管理系统等；火灾自动报警系统包括火灾探测报警系统、可燃气体探测报警系统和电气火灾监控系统；应急联动系统包括有线/无线通信、指挥、调度系统、多路报警系统、消防—建筑设备联动系统、消防—安防联动系统、应急广播—信息发布—疏散系统。本章介绍了各个子系统的组成、主要设备、工作原理，通过本章学习，应掌握公共安全系统的组成、各子系统的功能及其工作原理。

思 考 题

1. 试述公共安全系统的基本组成。
2. 智能建筑安全防范综合管理系统主要的功能是什么？
3. 试画出视频安防监控系统的组成结构图，并说明各组成部分的作用。
4. 比较模拟视频监控与数字视频监控系统，分析视频监控系统的发展趋势。
5. 用图示的方法说明出入口控制系统的组成结构，并说明身份识别的手段都有哪些。
6. 试比较在线巡查和离线巡查系统的优缺点，并说明工程中应如何选用。
7. 入侵报警系统可分为几个层次，每一层次的功能是什么？
8. 试说明对讲系统的组成及功能。
9. 火灾自动报警系统包括哪些内容，并说明各部分的功能。
10. 比较电气火灾监控系统与火灾探测报警系统，并说明两者的主要区别。
11. 常用的火灾探测器都有哪些？空气采样感烟探测器及图像式探测器各应用于什么场合？
12. 试说明消防联动控制系统主要包括哪些部分，并说明每部分的功能。
13. 应急联动系统包括哪些内容？并具体说明消防—建筑设备联动系统、消防—安防联动系统、应急广播—信息发布—疏散系统的功能。

第4章 信息设施系统

4.1 概述

在以信息为资源的信息化社会，信息资源已成为与材料和能源同等重要的战略资源。随着信息量的增加和信息形式的多样化，人们对信息通信的需求更大、要求更高，信息通信已成为社会组成的主要部分，信息通信业务已深入到社会的各个方面，渗透到人们的工作和生活之中。

智能建筑中的信息设施系统（Information Technology System Infrastructure，ITSI）由对语音、数据、图像和多媒体等各类信息进行接收、交换、传输、存储、检索和显示等综合处理的多种类信息设备系统组成，其主要作用是支持建筑物内语音、数据、图像信息的传输，确保建筑物与外部信息通信网的互联及信息畅通，满足公众对各种信息日益增长的需求。信息设施系统是智能建筑中重要的组成部分。

智能建筑中信息设施系统主要包括实现语音信息传输的电话交换系统、室内移动通信覆盖系统、广播系统，实现数据通信的信息网络系统、综合布线系统、卫星通信系统，实现图像通信的有线电视及卫星电视接收系统，实现多媒体通信的信息导引及发布系统、会议系统等，以及通信接入系统和其他相关的信息通信系统。

4.2 电话交换系统

在当今信息时代，信息传递的方式日新月异，但在所有的通信方式中，电话通信依然是应用最为广泛的方式。电话通信达成人们在任意两地之间的通话，一个完整的电话通信系统包括使用者的终端设备（用于语音信号发送和接收的话机）、传输线路及设备（支持语音信号的传输）和电话交换设备（实现各地电话机之间灵活地交换连接），而电话交换设备（电话交换机）是整个电话通信网路中的枢纽。

为建筑物内电话通信提供支持的电话交换系统有多种可选的方式，比如设置独立的综合业务数字程控用户交换机系统、采用本地电信业务经营者提供的虚拟交换方式、配置远端模块方式或通过 Internet 提供 IP 电话服务。

4.2.1 程控数字用户交换机系统

程控数字用户交换机 PABX（Private Automatic Branch Exchange）是机关、工矿企业等单位内部进行电话交换的一种专用交换机，它采用计算机程序控制方式完成电话交换任务，主要用于用户交换机内部用户与用户之间，以及内部用户通过用户交换机中继线与外部电话交换网上各用户之间的通信。程控数字用户交换机是市话网的组成部分，是市话交换机的一种补充设备，它为市话网承担了大量的单位内部用户间的话务量，减轻了市话网的话务负荷。由于用户交换机在各单位分散设置，靠近用户，缩短了用户线距离，因而节省用户电缆，同时用少量的出入中继线接入市话网，起到话务集中的作用。与数字市话交换机相比，数字程控用户交换机结构简单、容量小、处理能力强、应用范围广、使用灵活、支持建筑物或建筑群中语音及综合业务通信。

1) 程控数字用户交换机的组成

程控数字用户交换机的主要任务是实现用户间通话的接续，其组成分为话路设备和控制设备两部分。话路设备主要包括各种接口电路（如用户线接口和中继线接口电路等）和交换（或接续）网络，控制设备主要包括中央处理器（CPU），存储器和输入/输出设备，其硬件组成框图如图 4-1 所示。

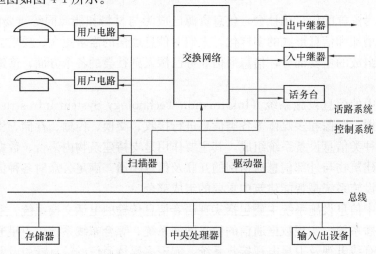

图 4-1 程控数字用户交换机硬件框图

交换网络是话路设备中的核心设备，其功能是根据用户的呼叫要求，通过控制部分的接续命令，建立主叫与被叫用户间的连接通路。

用户电路的作用是实现各种用户线与交换机之间的连接。根据交换机制式和应用环境的不同，用户电路也有多种类型，对于程控数字交换机来说，目前主要有与模拟话机连接的模拟用户线电路（ALC）及与数字话机、数据终端（或终端适配器）连接的数字用户线电路（DLC）。

出入中继器是中继线与交换网络间的接口电路，用于交换机中继线的连接。它的功能和电路与所用的交换系统的制式及局间中继线信号方式有密切的关系。

控制部分是程控交换机的核心，其主要任务是根据外部用户与内部维护管理的要求，执行存储程序和各种命令，以控制相应硬件实现交换及管理功能。程控交换机控制设备的主体是微处理器，按其配置与控制工作方式的不同，可分为集中控制和分散控制两类。为了更好地适应软硬件模块化的要求，提高处理能力及增强系统的灵活性与可靠性，目前程控交换系统的分散控制程度日趋提高，已广泛采用部分或完全分布式控制方式。

2) 程控数字用户交换机的发展

随着大规模集成电路、计算机技术和通信技术的迅速发展，程控用户交换机由模拟交换发展为数字交换、由单一的话音业务发展到综合业务，从单局交换发展到综合业务交换，而且体积缩小，功能增强，新一代程控交换机采用全分散控制方式和模块化设计，使控制的灵活性和可靠性大大提高，通过增加不同的功能模块即可实现话音、数据、图像、窄带、宽带多媒体业务以及其他通信业务的综合通信。

比如加拿大北方电讯的 Meridianl ISDN（Integrated Services Digital Network，综合业务数字网）交换机除了具有程控交换机的一般功能外，还具有电视会议、数据通信、语音信箱、与 Internet 网连接、个人移动通信、广播等功能，M1OPT11C 交换机系统方案图如图 4-2 所示。

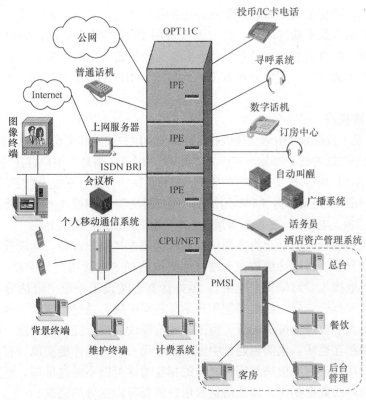

图 4-2　M1OPT11C 交换机系统方案图

4.2.2　虚拟交换

虚拟用户交换机（Centrex）是一种利用局用程控交换机的资源为公用网用户提供用户交换机功能的新业务，是将用户交换机的功能集中到局用交换机中，用局用交换机来替代用户小交换机，它不仅具备所有用户小交换机的基本功能，还可享用公网提供的电话服务功能。

虚拟网的话务系统功能十分完善，话务台可以根据用户的需求设立在用户端或不设立，话务台设置只需利用一部电话，并对外公布这一号码，用于转接各种来话和去话，操作简单。虚拟交换机除具有交换机公网提供的呼叫转移、热线电话、呼叫等待、三方通话等所有程控新业务功能外，还有话务转接、呼叫代答以及呼叫转接等特色业务功能。呼叫代答功能是指群外或群内用户呼叫群内 A 用户时，A 用户不在，群内的 B 用户可以就近使用电话通过拨号操作帮助其代为应答。呼叫转接功能是群内用户在接到一个群外或群内用户呼入的电话后，可根据情况（如拨错号或找错人），通过在话机上拨号操作把该电话转接到群内其他电话上。另外，虚拟交换机还具有查号、话间插入（如有紧急外线或内线要求转入可在一定时间后强行插入通话）、列队显示（显示目前尚有多少来话等待呼入，便于及时处理)、话单采集(可实时取得分机用户通话的话单)、立即计费(能提供多种类型的计费提示,方便计费)、权限管理(设定分机的国际、国内、本地网、市话以及虚拟网内部五个级别的拨打权限)、话费限制(限定某一分机通话费用,如超支将自动取消其长途拨叫权限,直到再次要求开通)等功能。

虚拟交换机的最大特点是节省投资,用户不需要增加附加设备和维护人员,可以节省设备投资和机房占地面积及维护人员的费用;其次由于虚拟用户交换机由局用交换机代其执行维护和管理,简化了网络管理的层次,维护管理方便,可靠性高,而且技术与公网同步发展,不存在制式及更新的问题,用户不仅使用 PBX 的特有功能,而且与公网用户一样可以使用局用交换机增加的新业务;由于虚拟交换机的用户是直接接入公用网,所以虚拟交换机还具有接通率高,用户分布范围广的特点,用户不受地域限制,扩容、移机和改号等很方便。

4.2.3 远端模块

由图 4-1 可见,程控数字电话交换机的话路系统由用户线路和交换网络组成,交换网络是交换机中完成交换功能的核心部分,被称为"母局",用户线路是与用户直接连接的部分,它的基本任务是把从用户电话机发出的呼叫集中,并将模拟话音信号变成为数字话音信号,然后送到交换网络,用户线路又称为"户单元"或"用户模块",用户模块一般由普通用户板、ISDN 用户板、铃流板、电源板、控制板等组成,用户电缆接在用户模块上。

远端用户模块是程控数字交换机提供的一种远端连接用户设备,远端模块方式是指把程控交换机的用户模块通过光缆放在远端(远离电话局的电话用户集中点),这样可以使许多电话用户就近接入"远端用户模块",就好像在远端设了一个"电话分局"一样,因此远端用户模块又称模块局。模块局把用户话务量集中后,通过中继线与母局连接,节省线路的投资,扩大了程控交换机的覆盖范围。通常模块局没有交换的功能,模块局本身所接的用户之间的相互通话,也需要通过中继线到母局一往一返才能实现。有些远端用户模块增设了交换的功能,使本模块的用户之间的相互通话可以不通过母局,而直接在模块局进行。远端模块局的数据制作、计费信息及用户信息等均在母局完成。

远端模块是一种解决铜线费用高、传输效果差的方案。它采用光纤传输方式,使用户设备尽可能地靠近用户。随着交换设备的发展,远端模块综合考虑了远端接入的实际情况,集成了一个模块局通常所需的各种设备,由于这种小模块对环境的要求低,对机房条件没有特殊的要求,因而应用比较方便。

4.2.4 IP 电话

IP 电话是按国际互联网协议(Internet Protocol,IP)规定的网络技术内容开通的一种新型的电话业务,它采用数字压缩和包交换技术通过 Internet 网提供实时的语音传输服务,也称为网络电话或互联网电话。由于采用数字压缩和包交换技术传输语音,使得带宽得以充分利用,提高了线路利用率,降低了通话成本,应用广泛。

在传统电话系统中,一次通话从建立系统连接到拆除连接都需要一定的信令来配合完成。同样,在 IP 电话中,如何寻找被叫方、如何建立应答、如何按照彼此的数据处理能力发送数据,也需要相应的信令系统,一般称为协议。目前在国际上,比较有影响的 IP 电话方面的协议主要有 H.323 协议和 SIP 协议,这两个协议在呼叫建立与控制方面有着不同方案。

1) H.323 协议

H.323 是国际电信联盟 ITU 多媒体通信系列标准 H.32x 的一部分，该系列标准使得在现有通信网络上进行视频会议成为可能，其中 H.323 为现有的分组网络 PBN（如 IP 网络）提供多媒体通信标准，即 H.323 标准并不是为 IP 电话专门提出的，它涉及的范围比 IP 电话宽。但由于目前 IP 电话发展很快，为了适应 IP 电话的应用，H.323 也专为 IP 电话增加了一些新内容（如呼叫的快速建立过程等）。

基于 H.323 协议的 IP 电话网络由网关、网守（Gatekeeper）和多点控制单元（MCU）组成，其组网结构如图 4-3 所示。

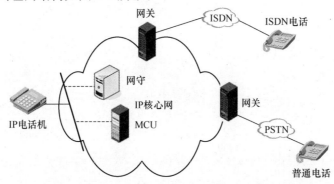

图 4-3　基于 H.323 协议的 IP 电话组网结构图

其中网关是 Internet 网络与电话网之间的接口设备，用于连接 H.323 网络与非 H.323 网络（比如综合业务数字网 ISDN，公共交换电话网络 PSTN），是通过 IP 网络提供电话到电话连接、完成话音通信的关键设备。网关接收到标准电话信号以后，经数字化、编码、压缩处理，按 IP 打包到 Internet 上，根据传输路由，通过 Internet 发送到接收端网关，接收端网关接收到 Internet 传送来的 IP 包，经解压缩处理后还原成模拟语音信号再转往电话网系统。网关可以同时接入和转出电话语音信号，实现全双工通信。网关的基本组成模块包括数据处理主机、语音模块、数据处理模块、数据接续模块和管理软件模块等。网关具有路由管理功能，它把各地区电话区号映射为相应地区网关的 IP 地址，这些信息存放在一个数据库中。数据接续模块完成呼叫处理、数字语音打包、路由管理等功能。在用户拨打长途电话时，网关根据电话区号数据库资料，确定相应网关的 IP 地址，并将此 IP 地址加入 IP 数据包中，同时选择最佳路由以减少传输延迟，IP 数据包经 Internet 到达目的网关。网守提供管理机制，对网关资源进行管理，提供地址转换、呼叫控制、网络带宽管理等功能。多点控制单元（Multipoint Control Unit，MCU）提供对三方终端以上的电话会议的支持。

H.323 提供的集中管理和处理的工作模式与电信网的管理方式是匹配的，因而电信网中使用的 IP 电话几乎都采用了基于 H.323 的 IP 电话工作模式。

2) SIP 协议

SIP（Session Initiation Protocol，会话发起协议）是由 IETF（The Internet Engineering Task Force，互联网工程任务组）提出的 IP 电话信令协议。

SIP 会话使用 SIP 用户代理、SIP 注册服务器、SIP 代理服务器和 SIP 重定向服务器四个组件。SIP 用户代理（UA）是终端用户设备，比如用于创建和管理 SIP 会话的移动电话、多媒体手持设备、PC、PDA（Personal Digital Assistant，个人数码助理，一般是指掌上电脑等），用户代理客户机发出消息，用户代理服务器对消息进行响应。SIP 注册服务器是包含域中所有用户代理的位置数据库，在 SIP 通信中，这些服务器会检索参与方的 IP 地址和其他相关信息，并将其发送到 SIP 代理服务器。SIP 代理服务器接受 SIP UA 的会话请求并查询 SIP 注册服务器，获取收件方 UA 的地址信息，并将会话邀请信息直接转发给收件方 UA（如果它位于同一域中）或代理服务器（如果 UA 位于另一域中）。SIP 重定向服务器若判定自身不是目的地址，则向用户响应下一个应访问服务器的地址。在同一域中建立 SIP 会话过程如图 4-4 所示，在不同域中建立 SIP 会话过程如图4-5所示。

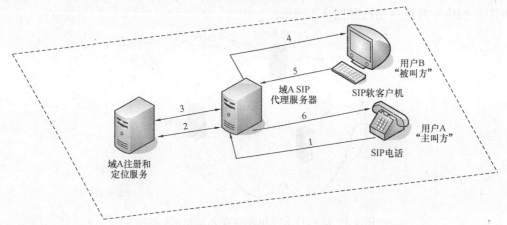

图 4-4　在同一域中建立 SIP 会话过程

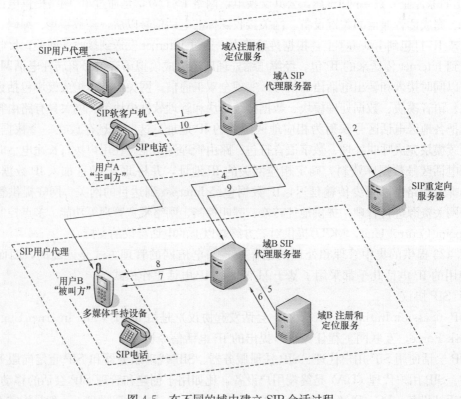

图 4-5　在不同的域中建立 SIP 会话过程

4.3 室内移动通信覆盖系统

随着移动通信的快速发展,移动电话已逐渐成为人民群众日常生活中广泛使用的一种现代化通信工具。而采用钢筋混凝土为骨架和全封闭式外装修方式的现代建筑,对移动电话信号有很强的屏蔽作用。在大型建筑物的地下商场、地下停车场等低层环境,移动通信信号弱,手机无法正常使用,形成了移动通信的盲区和阴影区;在中间楼层,由于来自周围不同基站信号的重叠,产生乒乓效应,手机频繁切换,甚至掉线,影响手机的正常使用;在建筑物的高层,由于受基站天线的高度限制,无法正常覆盖,也是移动通信的盲区。另外,在有些建筑物内,虽然手机能够正常通话,但是用户密度大,话务密集,基站信道拥挤,手机上线困难。为改善建筑物内移动通信环境,解决室内覆盖,提高网络的通信质量,室内移动通信覆盖系统应运而生。

4.3.1 室内移动通信覆盖系统的工作原理

室内移动通信覆盖系统的工作原理是将基站的信号通过有线的方式直接引入到室内的每一个区域,再通过小型天线将基站信号发送出去,同时也将接收到的室内信号放大后送到基站,从而消除室内覆盖盲区,保证室内区域拥有理想的信号覆盖,为楼内的移动通信用户提供稳定、可靠的室内信号,改善建筑物内的通话质量,从整体上提高移动网络的服务水平。室内移动通信覆盖系统示意图如图4-6所示。

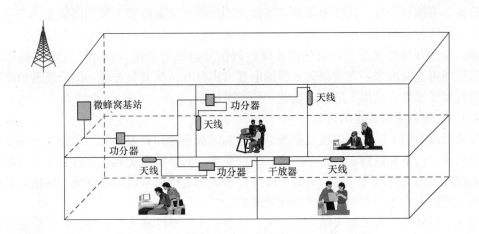

图4-6 室内移动通信覆盖系统示意图

4.3.2 室内移动通信覆盖系统的组成

室内移动通信覆盖系统由信号源和信号分布系统两部分组成。

1) 信号源

信号源设备主要为微蜂窝、宏蜂窝基站或室内直放站。

以室内微蜂窝系统作为室内覆盖系统的信号源,具有以下优点:一是对外通过有线方式与蜂窝网络的其他基站连接,信号纯度高,避免同频干扰和通话阻塞,提高接通率;二是微蜂窝基站提供空闲信道，增加网络信道容量，因而适用于覆盖范围较大且话务量相对较高的建筑物内。微蜂窝作室内覆盖系统的信号源的缺点是工程一次性投资大，要解决传输线路问题，且受宏蜂窝基站地理位置条件的限制。

以室外宏蜂窝作为室内覆盖系统的信号源是无线接入方式，其优点在于成本低、工程施工方便，占地面积小；缺点是对宏蜂窝无线指标影响明显，通话质量相对微蜂窝较差，因而适用于低话务量和较小面积的室内覆盖盲区。

直放站系统主要通过施主天线（朝向基站的天线，用于基站和直放站之间的链路，比较常见的是八木天线）采用空中耦合的方式接收基站发射的下行信号，然后经过直放机进行放大，再通过功分器将一路信号均分为多路信号，最后由重发天线将放大之后的下行信号对楼内的通信盲区进行覆盖，直放站不需要基站设备和传输设备，安装简便灵活，在移动通信中正扮演越来越重要的角色，不足之处是信号稳定性较差，容易产生同频干扰，只能覆盖较小面积的区域，不能解决网络信道容量问题，适合应用于话务量不高的室内环境中。

2）信号分布系统

信号分布系统主要由同轴电缆、光缆、泄漏电缆、电端机、光端机、干线放大器、功分器、耦合器、室内天线等设备组成。

同轴电缆是最常用的材料，性能稳定、造价便宜但线路损耗大。大型同轴电缆分布系统通常需要多个干线放大器作信号放大接力。光纤线路损耗小，不加干线放大器也可将信号送到多个区域，保证足够的信号强度，性能稳定可靠，但在近端和远端都需要增加光电转换设备，系统造价高，适合质量要求高的大型场所。泄漏电缆系统不需要室内天线，通过电缆外导体的一系列开口，在外导体上产生表面电流，从而在电缆开口处横截面上形成电磁场，这些开口就相当于一系列的天线起到信号的发射和接收作用，在电缆通过的地方，信号即可泄漏出来，完成覆盖。泄漏电缆室内分布系统安装方便，但系统造价高，对电缆的性能要求高，适用于隧道、地铁、长廊等地形。

4.3.3　室内覆盖系统的分类

按采用设备的不同，室内覆盖系统可以分为无源系统和有源系统。无源系统主要由无源器件组成，设备性能稳定、安全性高、维护简单。而有源系统通过有源器件（有源集线器、有源放大器、有源功分器、有源天线等）和馈线进行信号放大和分配，到达末端时可以被放大器放大，达到理想的强度和覆盖效果。

目前采用较多的为无源天馈分布系统，即通过无源器件和天线、馈线，将信号传送和分配到室内所需的环境，以得到良好的信号覆盖，无源天馈分布系统的结构如图4-7所示。在无源天馈分布系统中，信号源通过耦合器（耦合出一部分信号，不影响主信号传输）、功分器（把整个信号强度平均分成若干份）等无源器件进行分路，经由馈线将信号尽可能平均地分配到每一副分散安装在建筑物各个区域的低功率天线上，从而实现室内信号的均匀分布，解决室内信号覆盖差的问题。无源天馈分布系统造价较低，成本主要为功分器、耦合器及馈线，当覆盖范围比较大，馈线传输距离比较远时，需增加干线放大器补偿信号损耗。

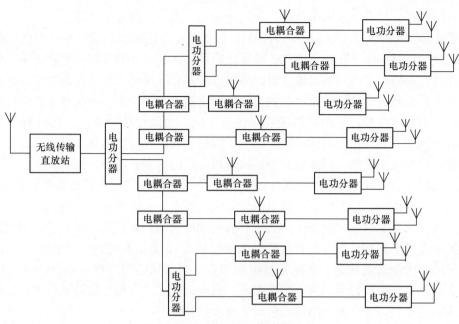

图 4-7 无源天馈分布系统结构图

4.4 公共广播系统

公共广播系统（Public Address System，PA）属于扩声音响系统中的一个分支，作为传播信息的一种工具，通常设置在社区、机关、部队、企业、学校、大厦及各种场馆之内，用于发布事务性广播、提供背景音乐以及用于寻呼和强行插入灾害性事故紧急广播等，是城乡及现代都市中各种公共场所不可或缺的组成部分。

公共广播系统历史悠久，早期的公共广播系统主要用于转播中央及各级政府的新闻、发布通知及作息信号。随着经济的发展和技术的进步，现代信息发布的渠道越来越多，公共广播网用于发布一般新闻和政令的功能逐渐淡化，简单的、集中的、统一的、追求共性的公共广播网，逐渐发展为个性化、多样化和多功能化的独立系统，并向智能化和网络化方向发展。智能化是指采用计算机对公共广播系统进行管理，改变传统人工广播方式，实现曲目编程、自动播放控制和任意插入/删除/修改等功能，并可监控整个系统的正常运行；网络化是指把传统的公共广播网变成一个数据网，把播发终端、点播终端、音源采集/寻呼终端、远程控制终端等各种终端联网，实现资源共享，并可根据用户需要实现分控及远程控制播放功能。

4.4.1 公共广播系统的功能

公共广播系统按广播的内容可分为业务性广播、服务性广播和紧急广播。业务性广播是以业务及行政管理为主的语言广播，主要应用于院校、车站、客运码头及航空港等场所；服务性广播以欣赏性音乐类广播为主，主要用于宾馆客房的节目广播及大型公共场所的背景音乐；紧急广播是以火灾事故广播为主，用于火灾时引导人员疏散。在实际使用中，通常是将业务性广播或背景音乐和紧急广播在设备上有机结合起来，通过在需要设置业务性广播或背景音乐的公共场所装设的组合式声柱或分散式扬声器箱，平时播放事务性广播或背景音乐，当发生紧急事件时，强切为紧急广播，指挥疏散人群。

背景音乐（Back Ground Music，BGM）的主要作用是掩盖环境噪声并创造一种轻松和谐的气氛，广泛应用于宾馆、酒店、餐厅、商场、医院、办公楼等。背景音乐一般采用单声道播放，不同于立体声要求能分辨出声源方位并有纵深感，背景音乐要使人感觉不出声源的位置，而且音量较轻，以不影响人面对面交话为原则。由于各服务区内的环境噪声不同，因而对各区背景音乐的声压级要求也应不同，为此在各服务区一般设有音量控制器，以方便调节。另外因为不同区域需播放不同的节目内容，在客房中需要有多套节目让不同爱好的宾客自由选择，因此背景音乐的节目一般设有多套节目可同时放送。

紧急广播用于火灾等紧急事件发生时引导人员疏散，通常与背景音乐系统合并使用。对于合并使用的系统，首先应满足紧急广播系统的要求，即消防报警信号应在系统中具有最高优先权，对背景音乐和业务性广播具有强制切换功能，而且无论当时正在播放背景音乐的各扬声器处于何种状态（小音量状态或关闭状态），紧急广播时，各扬声器的输入状态都将转为最大全音量状态，实现音量强制切换。另外，消防广播应具有选区广播的功能，当大楼发生火灾报警时，为了防止混乱，只向火灾区及其相邻的区域广播，指挥撤离和组织求救等事宜，在交流电断电的情况下也要保证报警广播实施。因而公共广播系统应具有选区广播与全呼广播、强制切换和优先广播等功能。

4.4.2 公共广播系统的组成

公共广播系统组成如图4-8所示，主要包括节目源设备、信号放大处理设备、传输线路和扬声器系统等四部分。

图4-8 公共广播系统的组成

节目源设备通常包括多媒体计算机、CD唱机、录音卡座、AM/FM调谐器、传声器等，节目源以多媒体背景节目（按预先安排的多种不同的节目表自动播放mp3或其他格式音乐文件）为主，备用节目（播放CD唱片或卡式磁带）以及传声器广播信号通过音频矩阵切换器和节目源切换器与多媒体信号相互切换播出。

信号放大和处理设备包括前置放大器、调音台和功率放大器等，前置放大器的功能是将输入的微弱音频信号进行放大，以满足功率放大对输入电平的要求。功率放大器的作用是将前置放大器或调音台送来的信号进行功率放大，再通过传输线去推动扬声器放声。调音台又称调音控制台，它将多路输入信号进行放大、混合、分配、音质修饰和音响效果加工，它不仅包括了前置放大器的功能，还具有对音量和音响效果进行各种调整和控制的功能。

4.4.3 公共广播系统的传输方式

公共广播系统的传输方式分为音频传输和载波传输（调频信号传输系统）两类，而音频传输方式又分为高电平传输系统（定压式）和低电平传输系统（有源终端式）两种。

高电平信号传输系统中音源设备的放大器等都集中放置在中央广播控制室内，由中央广播音响控制系统中送出的信号电平为70～120V（定压输出），每个终端由线间变压器降压并与扬声器匹配，其应用图例见图4-9。高电平传输方式，传输电流小，传输损耗小，传输距离长，服务区域广，由于在终端不需设置收音放大设备，故障小，设备器材配套容易，比低电平信号传输系统费用低，应用广泛。但当传输线路很长时，线路上损失的电平不能忽视，高频响应损失须通过均衡补偿，才能确保音响效果。

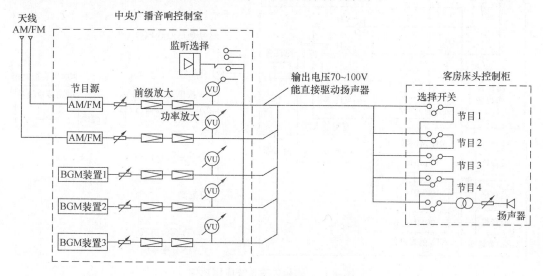

图 4-9　高电平信号传输系统应用图例

低电平信号传输系统的功率放大器输出设备放置在用户群终端，低阻抗功率放大器将中央广播控制室送来的低电平节目信号进行放大，其系统分配方式如图 4-10 所示。由于采用低阻抗传输，线路上的串音得到抑制，但在每个终端需使用接收放大设备，造价费用较高。

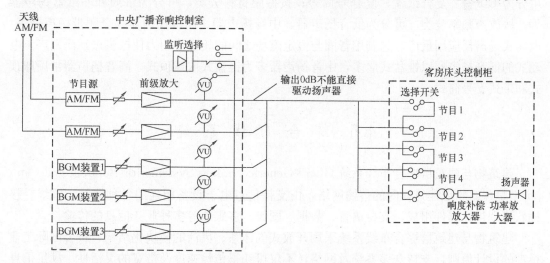

图 4-10　低电平信号传输系统应用举例

调频传输系统将节目源的音频信号经调制器（将音频调制到射频）调制成高频载波信号，再与电视频道信号混合后接到共用天线电视接收系统（CATV 系统）的电缆线路中去，通过 CATV 同轴电缆传送至用户终端，并解调成声音信号。其应用图例见图 4-11。调频传输系统在系统中安装一副 FM 接收天线，可以接收当地广播电台的调频广播，由于广播线路与共用天线电视系统线路共用，节省了广播线路的费用，施工简单，维修方便。但在每个终端需安放一台解调器（调频接收设备），最初工程造价较高，维修技术要求高。

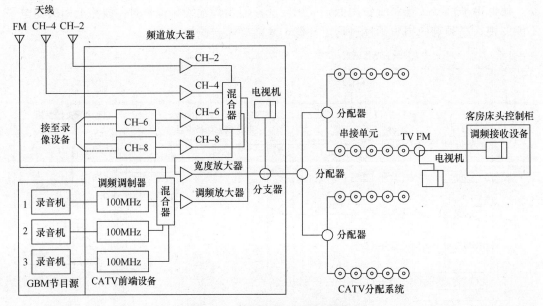

图 4-11 调频传输系统应用图例

扬声器又称喇叭，是一种将音频电流转变为声音信号并向空间辐射声波的电声器件。扬声器有多种分类方式，按工作原理分类，可分为电动式、电磁式、静电式和压电式等；按振膜形状分类，可分为锥形、平板形、球顶形、带状形、薄片形等；按振膜结构分类，可分为单纸盆、复合纸盆、复合号筒等；按振膜材料分类，可分为纸质和非纸盆扬声器等；按放声频率分类，可分为低音扬声器、中音扬声器、高音扬声器、全频带扬声器等。电动式扬声器应用最广，它利用音圈与恒定磁场之间的相互作用力使振膜振动而发声。电动式的低音扬声器以锥盆式居多，中音扬声器多为锥盆式或球顶式，高音扬声器常用球顶式和带式、号筒式。

4.5 综合布线系统

建筑物与建筑群综合布线系统 GCS（Generic Cabling Systems for Building and Campus）是建筑物或建筑群内的传输网络，由支持信息电子设备相连的各种缆线、跳线、接插软线和连接器件组成，支持语音、数据、图像、多媒体等多种业务信息的传输。

建筑物与建筑群综合布线系统采用开放式的体系、灵活的模块化结构、符合国际工业标准的设计原则，支持众多系统及网络，不仅可获得传输速度及带宽的灵活性，满足信息网络布线在灵活性、开放性等诸多方面的要求，而且可将话音、数据、图像及多媒体设备的布线组合在一套标准的布线系统上，用相同的电缆与配线架、相同的插头与模块化插座传输话音、数据、视频信号，以一套标准配件，综合了建筑及建筑群中多个通信网络，故称之为综合布线系统。

随着信息化应用的深入，人们对信息资源的需求越来越多，能够同时提供语音、数据和视频信息传输的综合布线系统得到日益广泛的应用。综合布线系统不仅较好地解决了传统布线方法所存在的诸多问题，而且实现了一些传统布线所没有的功能，其适用场合和服务对象日益增多，从早期的综合办公建筑到公共建筑直到居住小区，目前已成为各类建筑的基础设施。随着数字化技术的应用，综合布线的应用范围也在不断地扩展，已延伸到诸如安全防范系统、楼宇自控系统等领域。

4.5.1 综合布线系统的结构

综合布线系统采用模块化设计和分层星形网络拓扑结构。

1) 综合布线系统的模块化设计

在传统的布线方式中，各个系统是封闭的，其体系结构固定，迁移设备或增加设备相当困难。而采用模块化设计的综合布线系除去敷设在建筑物内的电缆或光缆外，其余所有的接插件都是模块化的标准件，不仅维护人员管理和使用方便，而且易于扩充及重新配置，为传输语音、数据、图文、图像以及多媒体信号提供了一套实用、灵活、可扩展的模块化通道。

综合布线系统由七个独立的功能模块组成，其模块化结构图如图 4-12 所示。由图可见这七个功能模块分别为工作区、配线子系统（水平子系统）、干线子系统（垂直子系统）、建筑群子系统、进线间、设备间及管理。

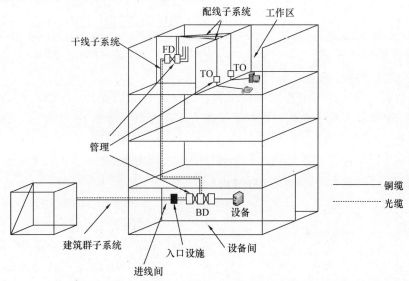

图 4-12 综合布线系统的模块化结构图

2) 综合布线系统的分层星形物理拓扑结构

综合布线系统采用分层星形物理拓扑结构如图 4-13 所示。由图可见建筑物内的综合布线系统分为两级星形，即垂直主干部分和水平部分。垂直主干部分的星形配线中心通常设置在设备间，通过建筑物配线设备 BD (Building Distributor) 辐射向各个楼层，介质使用大对数双绞线以及多模光缆；水平部分的星形配线中心通常设置在电信间（安装楼层配线设备的房间，也叫楼层接线间），通过楼层配线设备 FD (Floor Distributor) 引出水平双绞线到各个信息点 TO (Telecommunications Outlet)。可在楼层配线设备与工作区信息点之间水平缆线路由中设置集合点 CP (Consolidation Point)，即楼层配线设备与工作区信息点之间水平缆线路由中的连接点，用于经常移动、添加和改变的结构化布线系统而不必从电信间引出新的水平线缆，也可不设置。

由多幢建筑物组成的建筑群或小区，其综合布线系统的建设规模较大，通常在建筑群或小区内设有中心机房，机房内设有建筑群配线设备CD（Campus Distributor），其综合布线系统网络结构为三级星形结构，如图4-13及图4-14所示。为了使综合布线系统网络结构具有更高的灵活性和可靠性，且能适应今后多种应用系统的使用要求，可以在同一层次的配线架（如BD或FD）之间用电缆或光缆连接，如图4-14中BD和BD之间或FD与FD之间的线缆L，构成三级有迂回路由的星形网络拓扑结构。

在星形结构的各配线中心均设有管理环节，通过点对点方式实现整个布线系统的连接、配置及灵活的应用。

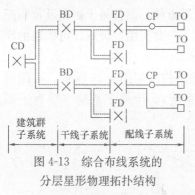

图4-13 综合布线系统的
分层星形物理拓扑结构

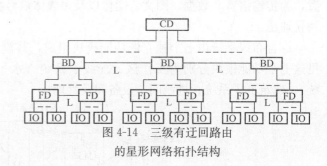

图4-14 三级有迂回路由
的星形网络拓扑结构

4.5.2 综合布线系统的组成

按照《建筑与建筑群综合布线系统工程设计规范》GB 50311—2007，综合布线系统分为建筑群子系统、干线子系统、配线子系统（水平布线子系统）、工作区、设备间、管理、进线间七个部分。

下面逐一介绍综合布线系统的这七个部分的组成及功能。

1) 建筑群子系统（Campus Subsystem）

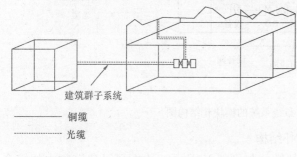

建筑群子系统由连接多个建筑物之间的主干电缆和光缆、建筑群配线设备（CD）及设备缆线和跳线组成，如图4-15所示，其功能是将一个建筑物中的通信电缆延伸到建筑群中另外一些建筑物内的通信设备和装置上。

图4-15 建筑群子系统

2) 干线子系统（Backbone Subsystem）

干线子系统由设备间至电信间（楼层接线间）的干线电缆和光缆、安装在设备间的建筑物配线设备（BD）及设备缆线和跳线组成，如图4-16所示，其功能是提供设备间至各楼层接线间的干线电缆路由。建筑物干线电缆、干线光缆直接接到有关的楼层配线架，中间不应有转接点或接头。

3) 配线子系统（Horizontal Subsystem）

配线子系统由工作区的信息插座模块、信息插座模块至电信间配线设备（FD）的配线电缆和光缆、电信间的配线设备及设备缆线和跳线等组成，其作用是将干线子系统线路延伸到用户工作区，并端接在信息插座上，如图 4-17 所示。因而配线子系统是由每个工作区的信息插座开始，经水平路由到电信间的配线设备上进行连接。水平子系统一般采用 4 对双绞线，在有高速率应用的场合，可采用光缆，即光纤到桌面。

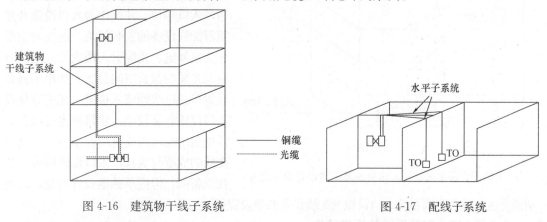

图 4-16　建筑物干线子系统　　　　　　图 4-17　配线子系统

4）工作区（Work Area）

一个独立的需要设置终端设备（TE）的区域划分为一个工作区。工作区由配线子系统的信息插座模块（TO）延伸到终端设备处的连接缆线及适配器组成。一个工作区的服务面积及信息点的数量，按不同建筑物的应用功能确定。设置的信息插座可支持电话机、数据终端及监视器等终端设备，如图 4-18 所示。设备的连接插座应与连接电缆的插头匹配，不同的插座与插头之间可加装适配器。

5）设备间（Equipment Room）

设备间是在每幢建筑物的适当地点进行网络管理和信息交换的场地。对于综合布线系统，设备间主要安装建筑物配线设备（BD）。电话交换机、计算机主机设备及入口设施也可与配线设备安装在一起。

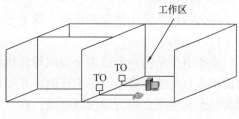

图 4-18　工作区

6）管理（Administration）

管理是指对工作区、电信间、设备间、进线间的配线设备、缆线、信息插座模块等设施按一定的模式进行标识和记录。规模较大的综合布线系统可采用计算机进行管理，简单的综合布线系统一般按图纸资料进行管理。管理点如图 4-19 所示。

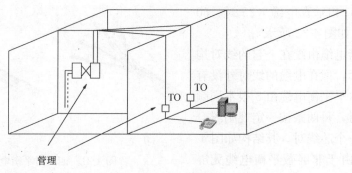

图 4-19　管理

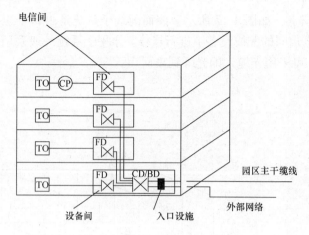

图 4-20　综合布线系统入口设施及配线设备典型设置

7) 进线间（Incoming Feeder Room）

进线间是建筑物外部通信和信息管线的入口部位，并可作为入口设施和建筑群配线设备的安装场地。进线间主要作为室外电、光缆引入楼内的成端与分支及光缆的盘长空间位置，如果不具备设置单独进线间或入楼电、光缆数量及入口设施容量较小，建筑物也可以在入口处采用挖地沟或使用较小的空间完成缆线的成端与盘长，入口设施则可安装在设备间，但应单独地设置场地，以便功能分区。综合布线系统入口设施及配线设备典型设置如图 4-20 所示。

4.5.3　综合布线系统的组成部件

综合布线系统作为建筑物或建筑群内的信息传输网络，由各种缆线、配线接续设备（简称配线设备或接续设备）以及连接硬件等构成。它一方面使建筑物与建筑群内部的语音、数据通信设备、信息交换设备、建筑物物业管理及建筑物自动化管理系统之间彼此相连，另一方面使建筑物内信息通信设备与外部的信息通信网络相连。综合布线系统的部件主要包括传输介质、配线设备和信息插座等。

1) 传输介质

综合布线系统中使用的传输介质主要有平衡电缆和光缆。

(1) 平衡电缆

平衡电缆是由一个或多个金属导体线对组成的对称电缆，其中线对也称为对绞线，是由两根各自封装在彩色绝缘包皮内、互相扭绕的铜线构成，多对双绞线外套一个外封皮，就构成平衡电缆也称为双绞线电缆。在双绞线电缆内，不同线对具有不同的扭绞长度，通过相邻线对间变换的绞距，可使同一电缆外套内的线对之间的干扰最小化。

平衡电缆的分类方法很多，按是否使用屏蔽层可分为非屏蔽平衡电缆（Unscreened Balanced Cable）也称为非屏蔽双绞线（Unshielded Twisted Pair Cable，UTP）和屏蔽平衡电缆（Screened Balanced Cable）也称为屏蔽双绞线（Shielded Twisted Pair Cable，STP）；按同一外壳中包含了四对或大于四对的对绞线，可分为水平电缆（四对对绞线，如图 4-21 所示）和垂直电缆（25 对、50 对、100 对等，如图 4-22 所示）。

非屏蔽平衡电缆由绞在一起的线对构成，外面有护套，但在电缆的线对外没有金属屏蔽层。水平平衡电缆由 8 根不同颜色的线分成 4 对，每两条按一定规则绞合在一起，成为一个芯线对。其结构如图 4-21 (a) 所示。由于非屏蔽平衡电缆无屏蔽层，所以具有截面积小节省空间、容易

图 4-21　四对对平衡电缆
(a) 非屏蔽平衡电缆；(b) 屏蔽平衡电缆

安装、弹性好、价格相对便宜等优点，但抗外界电磁干扰的性能较差，安装时因受牵拉和弯曲，易破坏其均衡绞距。

屏蔽平衡电缆的内部与非屏蔽平衡电缆一样，也是包有绝缘的 4 对双绞铜芯线，但带有总屏蔽和（或）每线对均有屏蔽物。根据防护的要求屏蔽电缆可分为 F/UTP（电缆金属箔屏蔽）、U/FTP（线对金属箔屏蔽）、SF/UTP（电缆金属箔编织网加金属箔屏蔽）、S/FTP（电缆金属箔编织网屏蔽加上线对金属箔屏蔽）几种结构，各种结构的图例见图 4-23。图 4-21（b）是在双绞铜线的外面加了铜编织网屏蔽层的屏蔽平衡电缆。

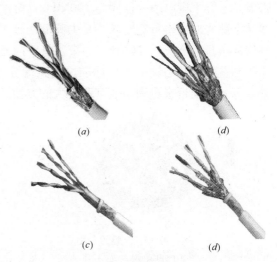

图 4-22　大对数平衡电缆
(a) 25 对平衡电缆；(b) 100 对平衡电缆

图 4-23　屏蔽电缆的分类
(a) F/UTP；(b) U/FTP；(c) SF/UTP；(d) S/FTP

不同的屏蔽电缆产生不同的屏蔽效果，金属箔对高频电磁屏蔽效果为佳，金属编织丝网对低频的电磁屏蔽效果为佳。如果采用双重屏蔽（SF/UTP 和 S/FTP）则屏蔽效果更为理想，S/FTP 可以同时抵御线对之间和来自外部的电磁辐射干扰，减少线对之间及线对对外部的电磁辐射干扰。为保证良好屏蔽，电缆的屏蔽层与屏蔽连接器件之间必须做好 360°的连接。

由于具有屏蔽层，屏蔽平衡电缆既有平衡传输特性，更有屏蔽传输保护，具有抗干扰能力好、保密性好、不易被窃等优点。但是，其价格相对较贵，同时对安装有较高的要求。

平衡电缆自产生以来，由于其众多的优点立即得到了人们的认可，也成为综合布线系统主要的传输介质。平衡电缆经过了三类、四类、五类、超五类（5e）、六类、七类等不同级别的发展过程（铜缆布线系统的分级与类别见表 4-1），每一级别的平衡电缆在性能、传输距离等方面都比前一级有质的飞跃。

铜缆布线系统的分级与类别　　　　　　　表 4-1

系统分级	支持带宽（Hz）	支持应用器件	
		电缆	连接硬件
A	100K		
B	1M		
C	16M	3 类	3 类
D	100M	5/5e 类	5/5e 类
E	250M	6 类	6 类
F	600M	7 类	7 类

目前六类平衡电缆使用最为广泛。六类电缆中央拥有十字骨架（见图 4-24），将四对

双绞线卡在十字骨架的凹槽内,保持四对双绞线的相对位置,提高电缆的平衡特性和串扰衰减,保证在安装过程中电缆的平衡结构不遭到破坏,并可减少重压和扭绞带来的破坏。六类双绞线除了各项性能参数有较大提高之外,其带宽达到250MHz。超五类平衡电缆的带宽与五类平衡电缆一样同为100MHz,但性能较五类平衡电缆均有提高,在现阶段它仍适用于那些对网络带宽要求不是太高的场合。随着技术的不断进步以及应用到桌面的高速网络需求日益增长,250MHz的带宽将不能充分满足人们的需要,因此,标准制定机构和布线制造商们开始制定七类标准,七类线缆可以支持600MHz带宽,会给人们的通信及办公等各方面带来更高的效率和更大的方便。

图4-24 带十字骨架的六类
非屏蔽电缆截面

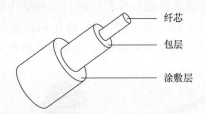

图4-25 光纤的结构

(2) 光缆

光缆通过包在套管中的光纤传导光脉冲形式的信号来传输信息,因而光缆不受外部电流干扰,具有传输速率高、衰减低、频带宽、抗电磁干扰能力强、传输距离长的特性。

①光纤

光纤又称光导纤维,是一种能够传导光信号的极细又柔软的通信媒体,其制造材料有超纯二氧化硅纤维、多成分玻璃纤维和塑料纤维三种。综合布线系统中的光纤采用玻璃纤维。

光纤的典型结构是多层同轴圆柱体,其结构如图4-25所示。核心部分是纤芯和包层,其中纤芯由高度透明的材料制成,是光波的主要传输通道;包层的折射率略小于纤芯,使光的传输性能相对稳定;涂敷层包括一次涂敷、缓冲层和二次涂敷,保护光纤不受水汽的侵蚀,同时又增加光纤的柔韧性,起着延长光纤寿命的作用。

光纤工作的基础是光的全反射。由光学理论可知,当光线以各种不同角度入射到光纤端面时,在端面发生折射进入光纤后,又入射到光密介质纤芯与光疏介质包层交界面,光线在该处有一部分透射到光疏介质,一部分反射回光密介质。但是当光线在光纤端面中心的入射角减小到临界值时,光线就会全部被反射回光密介质,即发生全反射。光在纤芯和包层的界面上经过若干次全反射后从光纤的另一端射出,如图4-26所示。

光纤分为单模光纤和多模光纤,单模光纤在光纤中只能传输一个模式(同一时刻仅允许一束光进入光纤介质),多模光纤在光纤中传输多个模式(同一时刻允许多束光进入光纤介质)。多模光纤中的光散射为多种光波,不同的光波以不同的速度传播,因而这种散射会造成光的损失,限制了远距离传输。为了避免光的损失,保证传输距离,综合布线系统中采用缓变型(或称渐变型)多模光纤,缓变型多模光纤截面的折射率分布是连续变化的,(光纤芯的折射率=真空中的光速/光纤芯中的光速),离光纤芯中心较远的光折射率

第4章 信息设施系统

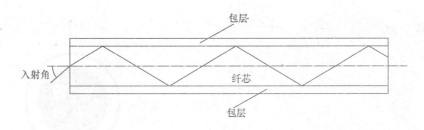

图 4-26 光在光纤中的传播

小,离光纤芯较近的光折射率大,采用这种分级折射的方式可扩展频带。因为离光纤芯中心较远的光传输的距离长但其折射率小,速度比芯中心的光速度快;而离光纤芯近的光传输的距离短,但因为其折射高,速度比距离芯中心远的光的速度慢,所以所有的光线几乎在同一时刻到达某一点,从而使频带扩宽。综合布线系统中的光纤按纤芯直径划分为三种:$50\mu m$ 缓变型多模光纤,$62.5\mu m$ 缓变增强型多模光纤,$8.3\mu m$ 突变型单模光纤。三种光纤的包层直径均为 $125\mu m$,其中 $62.5/125\mu m$ 增强型多模光纤在综合布线系统中采用较多。

②光缆

光缆利用置于包覆护套中的一根或多根光纤作为传输媒质,可以单独或成组使用。综合布线系统中常用光缆有束管式光缆、带状光缆和建筑物光缆。

束管式光缆是由同色标线绳捆绑在一起的光纤束组成,每根束管式光缆中的光纤束最多为 8 束,每束中的光纤数最多为 12 根,因而束管式光缆中的光纤数从 4 根到 96 根不等。所有光纤都装在一个塑料套管里,周围是复合材料层。光纤束这种结构使得缆芯中有较大的间隙。在间隙处填入填充防水复合物,可大大减小微弯曲损耗,其结构如图 4-27 所示。束管式光缆主要用于建筑群子系统,为适应地下管道、直埋或架空等布线要求,其铠皮有金属铠皮和非金属铠皮之分。

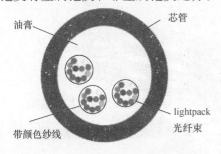

图 4-27 束管式光缆结构图

带状光缆的每个带芯有一字排开的 12 根光纤,上、下两面分别压上一层压敏粘接带,其结构如图 4-28 所示。一根带状光缆最多可包括 12 条带。制作缆芯时,先将带芯叠在一起然后再进行适当扭曲,以减少光缆在被弯曲时出现的应力。将叠

图 4-28 带芯的结构示意图

好的带芯放入一根挤压成型的空心塑料管中,最后填入填充材料以排除管内的空气,其结构如图 4-29 所示。带状光缆可应用于建筑物或建筑群环境,包括直埋布线,地下管道布线和架空布线。

建筑物光缆含有 1、2、4、6、8 和 12 芯 $62.5/125\mu m$ 光纤,每一芯都有 PVC 缓冲层,为了获得高强度,多芯光纤用纱线加固,其结构如图 4-30 所示。

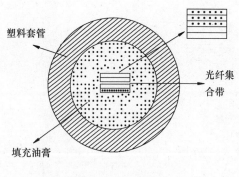
图 4-29 带状光缆

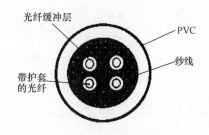
图 4-30 建筑物光缆结构

2）配线设备

配线设备又称配线接续设备，主要用来端接和连接缆线。通过配线设备可以安排或重新安排布线系统中的路由，使通信线路能够延续到建筑物内部的各个地点，从而实现线路的管理。根据传输介质的不同，配线设备分为电缆配线设备和光缆配线设备。

（1）电缆配线设备

电缆配线设备主要用于端接多线对干线电缆和一般的四线对水平电缆的导线。电缆配线设备根据连接配线设备之间连接线的不同，可分为两大类，一类是 IDC（Insulation Displacement Connection）卡接式交连硬件（即采用绝缘压穿连接方式的交连设备）；另一类是 RJ45 插接式交连硬件（即用插头、插座连接的交连设备），RJ（Registered Jack）代表已注册的插孔，RJ45 指由国际接插件标准定义的 8 个位置（8 针）的模块化插孔或者插头。

IDC 卡接式交连硬件主要包括配线架（也叫接线块）、连接块（也叫接续端子）、交连跳线和线路标记，如图 4-31 所示。配线架是阻燃型的模制塑料件，在配线架上装有若干齿形条，每行齿形条上可端接 25 对线。沿跳线架正面从左到右均有色标，以区别各条输

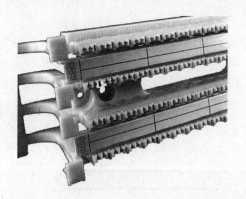
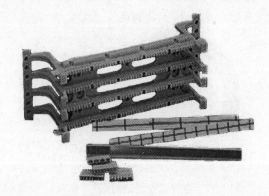

图 4-31 IDC 卡接式交连硬件

入线。连接时将待连接的线放入齿形条的槽缝里，再与连接块接合。连接块是一片阻燃型模制塑料套，里面装有上下连通的电镀线夹。当连接块被压入齿形条时，夹子就切开端接在跳线架上连接电缆的绝缘层（故称为绝缘压穿连接），将连线与连接块的上端接通，而连接块的上端用于交叉连接。将连接块压入跳线架齿形条需要专用工具，如图 4-32 所示，压接一次最多可端接 5 对线，具体端接的线对数取决于所选用的连接块的大小。

连接块有 2 对线、3 对线、4 对线和 5 对线四种规格（见图 4-33）。当使用 3 或 4 对线的连接块时，每个齿形条的最后一个连接块比前面连接块多一对线。比如采用 4 对线的模块化方案即可使用 5 个 4 对线连接块和 1 个 5 对线连接块，最后一对线通常不用。

图 4-32　将连接块压入跳线架齿形条的专用工具

RJ45 插接式模块跳线架上带有 RJ45 插座口，也叫快接式跳线架（如图 4-34）。这种跳线架结构紧凑，外观整齐，使用的插入线是两端预先装有 RJ45 插头的 8 芯跨接线（见图4-35），所以与网络集线器或交换机连接容易，采用该跳线架管理计算机系统，可灵活地实现网络配置的改变。

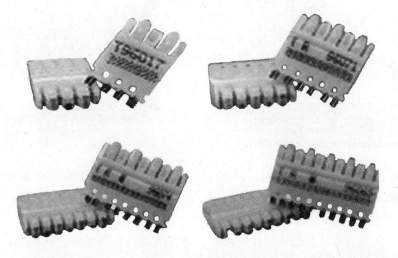

图 4-33　连接块

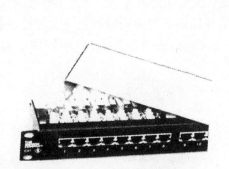

图 4-34　RJ45 插接式模块

图 4-35　两端预先装有 RJ45 插头的 8 芯跨接线

（2）光缆配线设备

光缆配线接续设备是光缆线路进行光纤终端连接或分支配线的重要部件，且具有保护和存储光纤的作用。光缆配线接续设备主要有光纤配线架、光纤配线柜、光纤配线箱和光纤终端盒等。

光纤配线架是建筑物内通信设施和外来的光缆线路互相连接的大型配线设备（见图4-36），容纳的光纤芯数较多，通常安装在建筑物设备间或重要的电信间内。

光纤配线箱（见图4-37）容纳的光纤芯数较少，但其功能与光纤配线架完全相同。

光纤终端盒虽然与光纤配线架和光纤配线箱同属终端连接设备，但其容纳光纤数量较少，用于与设备尾纤之间的连接，其内部结构、外形尺寸和安装方式都与光纤配线架不同。图4-38所示为24口光纤终端盒。

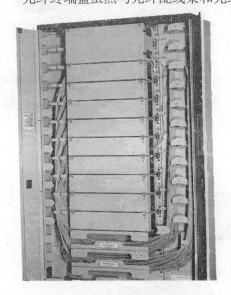

图4-36 光纤配线架举例

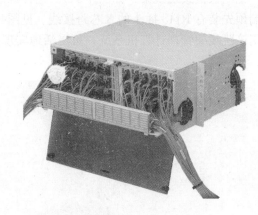

图4-37 光纤配线箱举例

3）信息插座

信息插座在综合布线系统中用作终端点，即终端设备连接或断开的端点，也是水平区布线和工作区布线之间可进行管理的边界或接口。在工作区一端，将带有8针插头的工作站软线插入插座；在水平子系统一端，将4对双绞线接到插座上。信息插座的核心是模块化的插孔，插座孔可维持与模块化插头弹片间稳定而可靠的电连接。插孔主体设计采用了整体锁定机制，这样当模块化插头插入时，插头和插孔的界面处可产生一定的拉拔强度，图4-39所示为8针信息插座结构图。为了允许在交连处进行线路管理，不同用途的信号

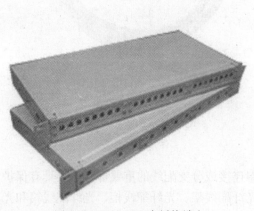

图4-38 24口ST光纤终端盒

图4-39 8针信息插座模块

应出现在规定的导线对上，标准 I/O 已在内部接好线（见图 4-40）。8 脚插座将工作站一侧的引脚（工作区布线）接到建筑物布线电缆（水平布线）特定的双绞线对上。

对于模拟式话音终端，其行业标准做法是将触点信号和振铃信号置入工作站软线的两个中央导体（即引脚 4 和引脚 5）上，剩余的引脚分配给数据信号和配件电源线使用。引脚 1、2、3 和 6 传送数据信号，并与 4 线对电缆中的线对 2 和 3 相连。引脚 7 和 8 直接连通，留作配件电源之用。标准信息插座的 8 针模块化 I/O 引脚与线对的分配如图4-40 所示。

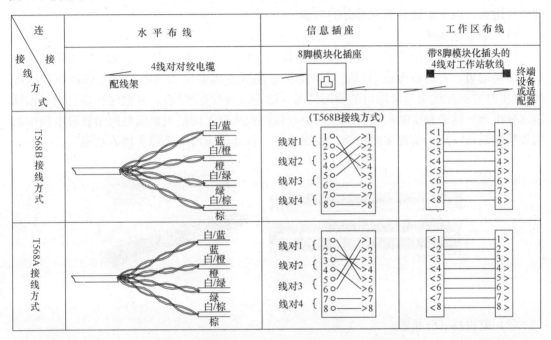

图 4-40　信息插座 8 针模块化 I/O 引脚与线对的分配

4）电气保护设备

由于从建筑物外面引入建筑内部的线对容易受到雷击、电源碰地等险情的破坏，因此必须有电气保护的措施来保护这些线对。电气保护的目的是为了减小电气事故对布线网上用户的危害，减小对布线网本身、连接设备和网络体系等的电气损害。

为了避免电气损害，综合布线系统的部件中专门配有各种型号的保护架，这些保护架使用可更换的插入式保护单元，以限制建筑物中的布线受到高压时引起的电磁冲击。每个保护单元内装有气体放电管保护器或固态保护器。

气体放电管保护器的陶瓷外壳内密封有两个电极，其间有放电间隙，并充有惰性气体。当两个电极之间的电位差超过 250V 交流电源或 700V 雷电浪涌电压时，气体放电管开始出现电弧，为导体和地电极之间提供一条导电通路，即利用放电空隙来限制导体和地之间的电压。

固态保护器在低电压时可进行快速、稳定、无噪声、绝对平衡的电压箝位，有的固态单元也含有寄生电流保护的热线圈。在经常发生雷电的地方和功能特殊的电路（报警及数据），以及可靠性要求很高的电路应使用固态保护器。

5）综合布线实时管理系统

综合布线系统为高速增长的网络应用提供传输基础，随着网络应用的广泛和深入，布线系统的规模日益增大，这也给日常维护人员的管理带来不便，频繁的移动、增加、改动，增加了管理的复杂性、手工记录的文档日益庞大和繁琐、无法即时发现线路故障等，实时布线管理系统针对以上问题，从软件和硬件两方面为日常维护人员有效管理布线系统提供了新的手段。

综合布线实时管理系统由电子配线架、监视器、实时跳线、实时链路/接口电缆和管理软件组成，以下简述各组成部分的功能。

（1）电子配线架

电子配线架（见图 4-41）将电子探测技术、传感器技术应用于传统的配线架，在每个配线架端口上方内置传感器或在端口上粘贴集成金属感应条（由实时传感器组成的阵列），实时监测配线架每个端口的使用情况（已连接或没有连接），并把这些信息通过监视器（分析器）传送到实时布线管理软件中，保证配线架上的使用数据与网络管理电脑中的预置数据保持一致，实现实时检测、故障诊断、自动记录网络管理文档等功能。

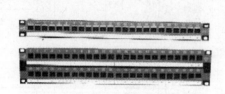

图 4-41　电子配线架

（2）监视器（分析器）

监视器（分析器）（见图 4-42）以电子的方式连接被监视的所有端口，实时发现端口的连接/断开情况，并把端口标识信息发送给相应的软件数据库。

图 4-42　实时监视器

（3）实时跳线

实时（智能）跳线用于配线架端口与交换机端口的连接，拥有一根第九条导线，这条导线的长度与跳线长度相同，两端各有金属感应探针（见图 4-43），用来实现安装在电子配线架及交换机端口上的内置传感器或集成金属感应条之间的连接，可以获得实时的网络连接信息。

（4）实时链路电缆

在每一个电子配线架的背面都有一个扁平电缆接口，实时链路/接口电缆（见图4-44）用于将电子配线架和扫描仪相连接，将电子配线架及交换机跳线连接信息实时传递到监视器（分析器）。

（5）管理软件

实时管理软件为管理员即时提供了网络上实时管理的所有端口的活动信息。通过管理软件

第 4 章 信息设施系统

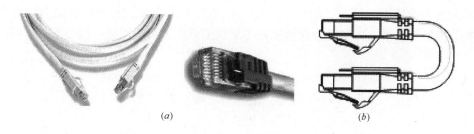

图 4-43 实时跳线
(a) 实物图；(b) 示意图

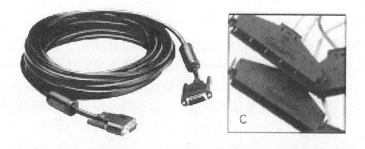

图 4-44 实时链路/接口电缆

可以连续监视电信间配线架和有源网络设备的端口。它自动监视所有连接/断开，在数据库中更新所有 MAC（Media Access Control，介质访问控制）地址，识别和确认端口可达性，把任何计划外或非法网络布线变动通知管理员。管理员可以为移动、添加、修改制订工作命令，跟踪其实现情况。管理软件与硬件的结合实现了一个自动、准确、实时的物理层管理系统，该系统能够根据预先的设置对连接变化做出响应，并能够精确地记录用户的布线系统及其设备。另外，通过识别未充分利用的资源，也能够实现现有网络投资的最佳利用。

综合布线实时管理系统连接示意图如图 4-45 所示。

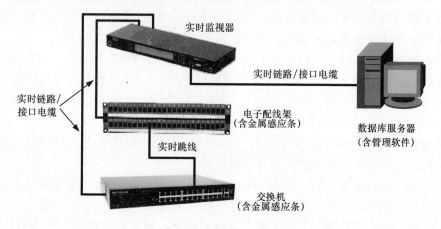

图 4-45 综合布线实时管理系统连接示意图

另外还有一种由高性能电子跳线架与控制计算机构成的自动布线系统，其硬件由一系列电子开关组成，计算机控制操作。布线完成后，所有用户和系统的资料均储存在计算机中。如需再作移动、增加和修改，只需用鼠标点击即可。该自动布线系统的优点在于无需技术人员在现场执行移动、增加和改变，而且因为网络布线的改变只能由计算机来进行，减少了经手人员，再加上计算机软件中增加了操作密码的限制，因而增加了网络管理的安全性

4.6 信息网络系统

信息网络系统是计算机技术与通信技术紧密结合的产物，是信息高速公路的基础。随着信息社会的到来，信息网络的应用已渗透到社会生活的各个方面，从根本上改变着人们的工作与生活方式。

4.6.1 信息网络的功能及分类

信息网络系统通过传输介质和网络连接设备将分散在建筑物中具有独立功能、自治的计算机系统连接起来，通过功能完善的网络软件，实现网络信息和资源共享，为用户提供高速、稳定、实用和安全的网络环境，实现系统内部的信息交换及系统内部与外部的信息交换，使智能建筑成为信息高速公路的信息节点。另外，信息网络系统还是实现建筑智能化系统集成的支撑平台，各个智能化系统通过信息网络有机地结合在一起，形成一个相互关联、协调统一的集成系统。

信息网络的分类方式有许多种，按拓扑结构可分为星形网络、总线型网络、环形网络、树形网络等；按使用范围可分为专用网络、公用网络；按通信速率可分为低速网（低于1Mbit/s）、中速网（1Mbit/s～10Mbit/s）、高速网（高于100Mbit/s）；按网络规模进行划分，分为局域网、城域网、广域网。

总线拓扑结构采用一个信道作为传输媒体，所有站点都通过相应的硬件接口直接连到这一公共传输媒体上，该公共传输媒体即称为总线，如图4-46中的（a）所示。任何一个站发送的信号都沿着总线传播，而且能被所有其他站所接收。

星形拓扑是由中央节点和通过点到点通信链路接到中央节点的各个站点组成，网络各节点必须通过中央节点才能实现通信，如图4-46中的（b）所示。中央节点执行集中式通信控制策略，因此中央节点较复杂，而各个站点的通信处理负担都很小。

环形拓扑网络由站点和连接站点的链路组成一个闭合环形线路，环形网络中的信息传送是单向的，即沿一个方向从一个节点传到另一个节点；每个节点需安装中继器，以接收、放大、发送信号，如图4-46中的（c）所示。每个站点能够接收从一条链路传来的数据，并以同样的速率将该数据沿环送到链路的另一端。数据以分组形式发送，每个分组加上某些控制信息。由于多个设备连接在一个环上，因此需要用分布式控制策略来进行控制，每个站都有控制发送和接收的访问逻辑。

树形结构是一种分级结构，如图4-46中的（d）所示。在树形结构的网络中，任意一级两个节点之间不产生回路，每条通路都支持双向传输。

将以上两种单一拓扑结构混合起来，取两者的优点构成的拓扑称为混合型拓扑结构，比如星形拓扑和环形拓扑混合成的"星—环"拓扑，星形拓扑和总线拓扑混合成的"星—总"拓扑。

网状拓扑结构可以消除瓶颈问题和失效问题的影响，可靠性很高，在广域网中得到了广泛的应用。这种拓扑结构中节点之间有许多条路径相连，可为数据流的传输选择适当的

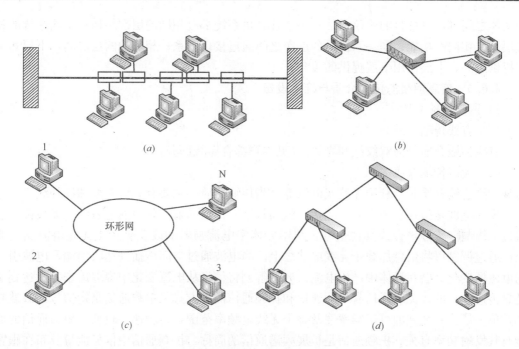

图 4-46 网络拓扑结构图
(a) 总线拓扑；(b) 星形拓扑；(c) 环形拓扑；(d) 树状拓扑

路由，从而绕过失效的部件或过忙的节点。

4.6.2 信息网络体系结构及 OSI 参考模型

为了完成计算机之间的通信合作，人们把每台计算机互连的功能划分成有明确定义的层次，并固定了同层次的进程通信的协议及相邻之间的接口及服务，从而形成了层次化网络体系结构。

1977年，国际标准化组织 ISO 制定了开放系统互联参考模型（Open System Interconnect，OSI）。在 OSI 中，问题的处理采用了自上而下逐步求精法，先从最高一级的抽象开始，这一级的约束很少，然后逐渐更加精细地进行描述。OSI 中采用了三级抽象：体系结构、服务定义和协议规范。

体系结构描述了网络的层次结构，并精确定义每一层提供哪些功能服务，但不涉及每一层次中硬件和软件的组成以及它们的实现；服务定义描述了每一层的功能；协议规范精确定义了每一层功能的实现方法。通过区分这些抽象概念，OSI 参考模型将功能定义与实现细节分了开来，概括性高，具有普遍的适应能力。

ISO/OSI 参考模型分为七层，分别是物理层、数据链路层、网络层、传输层、会话层、表示层和应用层，如图 4-47 所示。该模型具有如下特点：每个层次的对

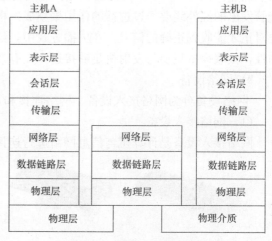

图 4-47 OSI 七层参考模型

应实体之间都通过各自的协议通信；各个计算机系统都有相同的层次结构；不同系统的相应层次有相同的功能；同一系统的各层次之间通过接口联系；相邻的两层之间，下层为上层提供服务，上层使用下层提供的服务。

4.6.3 信息网络的传输介质与连接设备

1) 网络传输介质

(1) 有线传输介质

有线传输介质分为双绞线和光缆。（见本章综合布线部分）

(2) 无线传输介质

无线传输介质是指利用光波或电波等充当传输介质，主要有无线电波和红外线等。

无线电波是指在自由空间（包括空气和真空）传播的射频频段的电磁波。无线传输是通过无线电波传播声音或其他信号，利用导体中电流强弱的改变会产生无线电波这一现象，通过调制可将信息加载于无线电波之上。当电波通过空间传播到达收信端，电波引起的电磁场变化又会在导体中产生电流。通过解调将信息从电流变化中提取出来，就达到了信息传递的目的。无线通信有单频通信和扩频通信两种方式。单频通信是指信号的载波频率是单一值，其载波的可用频率遍及整个无线电频率范围，传输速率较低，单频通信的性能与其发射功率有关。扩频通信是扩展频谱通信的简称，扩频通信中信号能量分布在很宽的频率上，在信号能量不变的前提下，其幅度大大减小，有时甚至小于噪声的幅度，此时必须用扩频接收机接收。扩频接收机将原来展宽的频谱又重新压缩，恢复信号强度。由于扩频通信的频率扩展的方法复杂，所以很难破解，具有一定的安全性，故扩频通信逐渐成为无线网络中的一种重要通信方式。

微波是指频率为 300MHz～300GHz 的电磁波，是无线电波中一个有限频带的简称，即波长在 1m（不含 1m）到 1mm 之间的电磁波，微波频率比一般的无线电波频率高，通常也称为"超高频电磁波"。微波通信分为地面微波通信和卫星微波通信，地面微波通信是在地面上的多个微波站之间一站一站接力似的传输信号。卫星微波通信则是将信号从地球站发射到卫星上，再由卫星向地面上转发，在卫星覆盖的区域内由相应的地球站接收。

红外线是太阳光线中众多不可见光线中的一种，红外传输以红外线作为传输载体，分为点到点（Peer to Peer）方式和广播（Broadcast）方式两类。在点到点方式中，红外发光管发出的红外线要经过透镜的作用聚集成一根细的光束，接收设备必须在此光束中并与之对正才能收到正确的信号。在广播方式中，红外线不经聚集即向四面八方发出，没有方向性，接收设备只要与发射机足够接近，在有效范围内即可接收到信号。

2) 网络设备

网络设备分为网络接入设备、网络连接和互联设备。

(1) 网络接入设备

网络接入设备是计算机与信息网络进行连接的设备，如网络适配器和调制解调器。

网络适配器（Network Adapter）又称网卡或网络接口卡（Network Interface Card，NIC），是将计算机内部信号格式和网络上传输的信号格式相互转换并在工作站和网络之间传输数据的硬件设备（见

图 4-48　网卡

图4-48)。网卡插在计算机主板插槽中,通过网卡,计算机与网络从物理上及逻辑上被连接起来。网卡工作在 OSI 参考模型的数据链路层。

调制解调器(Modem)是一种信号转换装置,用于将计算机通过电话线路连接上网,并实现数字信号和模拟信号之间的转换。调制是将计算机的数字信号转换成适合于在模拟信道上传输的模拟信号输送出去,解调则是将接收到的模拟信号还原成数字信号交计算机存储或处理。调制解调器分外置式和内置式两种,外置式通过电话线与计算机的一个串行口相连,内置式插接在主板上,不占用串行口。

(2) 网络连接和互联设备

① 中继器

由于信号在介质中传输一段距离后会衰减并且附加一些噪声,所以任何一种介质的有效传输距离都是有限的。中继器也称转发器或重复器,其作用是将收到的信号放大后输出,扩充了媒介的有效长度,用于连接和延展同型局域网。它工作在 OSI 参考模型的最低层(物理层),因此只能用来连接具有相同物理层协议的 LAN。

② 集线器(HUB)

集线器又称为集中器,是计算机网络结构化、特别是布线结构化的产物。集线器的作用是将分散的网络线路集中在一起,从而将各个独立网络分段线路集中在一个设备中。也可以将集线器看成是星形布线的线路中心,如图 4-49(a)所示。HUB 是一个共享设备,工作于 OSI 参考模型的数据链路层,可对接收到的信号进行再生放大,以扩大网络的传输距离。HUB 主要用于共享网络的组建,是解决从服务器到桌面的最佳、最经济的方案。在交换式网络中,HUB 直接与交换机相连,将交换机端口的数据送到桌面。

HUB 有多种分类方法,依据总线带宽的不同,HUB 分为 10M、100M 和 10/100M 自适应等三种;按配置形式的不同,HUB 可分为独立型 HUB、模块化 HUB、堆叠式 HUB 三种;根据管理方式的不同,HUB 可分为智能型 HUB 和非智能型 HUB 两种。目前所使用的 HUB 基本是以上三种分类的组合,比如 10/100M 自适应智能型可堆叠式 HUB 等。HUB 端口数目主要有 8 口、16 口和 24 口等〔图 4-49(b)为集线器图例〕。

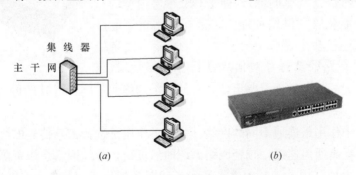

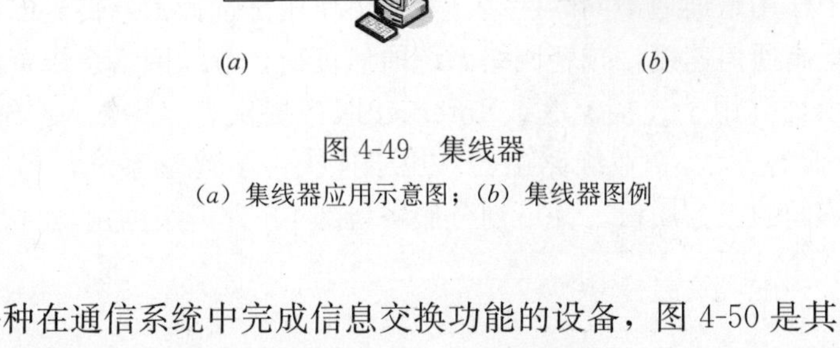

图 4-49 集线器
(a) 集线器应用示意图;(b) 集线器图例

③ 交换机

交换机是一种在通信系统中完成信息交换功能的设备,图 4-50 是其图例。交换机拥有一条很高带宽的背部总线和内部交换矩阵,其所有的端口都挂接在这条背部总线上。控

图 4-50　交换机图例

制电路收到数据包以后，处理端口会查找内存中的 MAC 地址（网卡的硬件地址）表以确定目的 MAC 的 NIC（网卡）挂接在哪个端口上，通过内部交换矩阵直接将数据包迅速传送到目的节点，而不是所有节点。这种方式一方面提高了网络通信的效率，不易产生网络堵塞；另一个方面保证了数据传输的安全，因为它不是对所有节点都同时发送，其他节点很难侦听到所发送的信息。

局域网交换机是组成网络系统的核心设备，按使用的网络技术可以分为：以太网交换机、令牌环交换机、FDDI 交换机、ATM 交换机、快速以太网交换机等，这些交换机分别适用于以太网、快速以太网、FDDI、ATM 和令牌环网等环境。

④网桥

网桥工作在数据链路层，在网络互联中它起到数据接收、地址过滤与数据转发的作用，用来实现多个网络系统之间的数据交换。网桥可分为透明网桥、源路由网桥两种。

透明网桥由各个网桥自己来决定路由选择，局域网上的各结点不负责路由选择，网桥对于互联局域网的各结点来说是"透明"的。透明网桥使用的是生成树算法建立路由表，首先必须选出一个网桥作为生成树的根，接着按根到每个网桥的最短路径来构造生成树。

源路由网桥假定每个结点在发送帧时，清楚地知道发往各个目的结点的路由，因而在发送帧时将详细的路由信息放在帧的首部中。为了发现适合的路由，源结点以广播方式向目的结点发送一个用于探测的帧，该帧将在整个通过网桥互联的局域网中沿着所有可能的路由传送，当这些帧到达目的结点时，就沿着各自的路由返回源结点，源结点在得到这些路由信息之后，从所有可能的路由中选择出一个最佳路由。

⑤路由器

路由器（Router）是用来实现路由选择功能的一种媒介系统设备（图 4-51 为其图例），处于 OSI 参考模型的网络层，具有智能化管理网络的能力，是互联网重要的连接设备，用来连接多个逻辑上分开的网络，能在复杂的网络中自动进行路径选择和对信息进行存储与转发，

图 4-51　路由器

具有比网桥更强大的处理能力。路由器互联的两个网络或子网，可以是相同类型，也可以是不同类型。

路由器的一个作用是连通不同的网络，另一个作用是选择信息传送的线路，选择最佳传输路径，从而提高通信速度，减轻网络系统通信负荷，节约网络系统资源。路由器一般可以分为接入路由器（用于连接家庭或 Internet 服务提供者（Internet Service Provider，ISP）内的小型企业客户）、企业级路由器（用于连接许多终端系统，可实现尽可能多的端点互联，支持不同的服务质量，并可划分服务等级）、骨干级路由器（用于实现企业级网络的互联）。

⑥网关

网关是将两个使用不同协议的网络段连接在一起的设备，其作用是对两个网络段中使

用不同传输协议的数据进行互相翻译转换,使得网络中任一节点通过网关都可以与另一网络中的节点进行通信。

4.6.4 控制网络

控制网络是应用于控制领域的网络,其作用是将各种现场控制设备连接起来,在实现分散控制的同时,还能够达到集中监视、集中管理和资源共享的目的。

控制网络源于信息网络,在拓扑结构、层次结构模型、构架方法等方面与一般的信息网络基本相同,但由于其传输的主要是现场数据,因此对可靠性和实时性要求比信息网络高。实时数据传输和系统响应是控制网络最基本的要求,一般情况下,控制系统的响应时间要求为0.01～0.5s,而信息网络的响应时间要求为2.0～6.0s。另外,由于现场环境可能比较恶劣,控制网络必须保证数据的完整性和可靠性,能够长时间、连续可靠地传输数据。

1) 控制网络技术的发展

随着计算机技术、网络技术、通信技术的飞速发展,控制网络技术也发生了相应的演变,经历了集中式(CCS)、集散式(DCS)和现场总线(FCS)三个阶段的发展变化。

早期的集中式控制系统采用计算机、键盘、CRT和打印机构成中央站,分散在现场的分站(连接传感器、执行器的设备)通过总线与中央站相连。分站上传现场设备的信息,传输中央站的控制命令。中央站采集各分站的信息,做出决策,发出命令,控制现场设备。这种控制方式的缺点是数据处理都集中在中央站,增加了中央站的负担,对中央站的处理能力要求高,中央站一旦瘫痪,整个系统都不能正常工作,降低了系统的可靠性。

集散式控制系统产生于20世纪70年代,它是一个由中央站和若干分站组成的、具有分级管理和控制功能的多级分布式系统。现场分站采用功能强大的直接数字控制器DDC,完成所有的控制任务,由于分站完全自治,所以即使在中央站发生故障、停止工作或各分站与中央站的通信中断甚至完全断绝的情况下,各分站依然可以独立完成所有的控制功能,从而实现分离故障、分散风险,提高了系统的可靠性,中央站实现对整个系统的统一监控和管理,因而称之为集散控制系统。但由于集散控制系统采用一台仪表一对传输线的接线方式,接线庞杂、工程周期长、安装费用高、维护困难;另外由于模拟信号传输精度低,抗干扰性差,导致系统可靠性差,而且各厂家的产品自成系统,系统封闭、不开放,难以实现产品的互换与互操作以及组成更大范围的网络系统。

20世纪80年代中期,随着控制技术、计算机技术、通信技术的发展,出现了基于现场总线的控制系统(FCS)。现场总线技术将专用的微处理器置入传统的测量控制仪表,使它们各自都具有数字计算和数字通信能力,通过以双绞线等为传输介质的总线,把多个测量控制仪表连接成网络系统,并按公开、规范的通信协议,在位于现场的多个微机化测量控制设备之间以及现场仪表与远程监控计算机之间,实现数据传输与信息交换,形成各种适应实际需要的自动控制系统。FCS克服了DCS的缺点,将基于封闭、专用的解决方案变成了基于公开化、标准化的解决方案,即可以把来自不同厂商而遵守同一协议规范的自动化设备,通过现场总线网络连接成系统,实现综合自动化的各种功能,同时把DCS集中与分散相结合的集散系统结构,变成了新型全分布式结构,把控制功能彻底下放到现场,依靠现场智能设备本身便可实现基本控制功能。FCS已经被应用到楼宇自动化控制领域。

2）控制网络通信协议

（1）Lon Talk 协议

Lon（Local Operating Networks）总线是美国 Echelon 公司 1991 年推出的局部操作网络，为支持 LON 总线 Echelon 公司开发了 LonWorks 技术，该技术为 LON 总线设计、成品化提供了一套完整的开发平台。

LonWorks 技术的核心是神经元（Neuron）芯片和 LonTalk 协议。LonTalk 是 LonWorks 使用的开放式通信协议，它以数据包为基础，遵守国际标准化组织（ISO）开放系统互连（OSI）参考模型的分层体系结构，提供了 OSI 参考模型所定义的全部七层服务，LonTalk 协议的分层见图 4-52。LonTalk 协议遵循 ISO 制定的 OSI 模型，它支持以不同通信介质分段的网络，如双绞线、电力线、无线电、红外线、同轴电缆和光纤等。神经元芯片是 LonWorks 技术的核心元件，它包括三个能够提供通信和应用处理能力的 8 位 CPU，第一个 CPU 是介质访问控制处理器，处理 LonTalk 协议的一层和二层，包括驱动通信子系统硬件和执行冲突避免算法；第二个 CPU 是网络处理器，实现 LonTalk 协议的三到六层，第三个 CPU 是应用处理器，执行由用户编写的程序代码及程序代码所调用的操作系统命令等。神经元芯片既是 LON 总线的通信处理器，又是应用程序处理器，同时具备通信功能和控制功能，LonWorks 技术中所有关于网络的操作实际上都是通过它来完成的。

模型分层		作用	服务
应用层	7	网络应用程序	标准网络变量类型；组态性能；文件传送；网络服务
显示层	6	数据表示	网络变量；外部帧传送
会话层	5	远程传输控制	请求/响应；确认
传输层	4	端到端传输可靠性	单路/多路应答服务；重复信息服务；复制检查
网络层	3	报文转发	单路多路寻址；路由
数据链	2	媒体访问和成帧	成帧；数据编码；CRC 校验；冲突检测/仲裁；优先级
物理层	1	电气连接	媒体特殊细节（如调制）；收发种类；物理连接

图 4-52 LonTalk 协议的分层

将固化有 LonTalk 协议的 Neuron 芯片嵌入节点或不同的产品中，通过互联即可组成"现场总线"，系统的各种设备、传感器、执行器等直接挂在总线上，形成开放式 LonWorks 控制网络，无需中央管理计算机或服务器也可实现各个节点之间的通信，组成无中心的网络控制系统。

作为一种现场总线技术，LonWorks 技术特点在于网络协议开放，对任何用户都平等，且 LonTalk 符合国际标准化组织（ISO）定义的开放系统互联（OSI）模型，提供了 OSI 参考模型所定义的全部七层服务，任何制造商的产品都可以实现互操作，另外还具有通信介质可任选（包括双绞线、电力线、光纤、同轴电缆、无线射频、红外线等，并且多种介质可以在同一网络中混合使用）。LonWorks 网络通信采用了面向对象的设计方法，通过定义"网络变量"将网络通信的设计简化为参数设置，减少了设计工作量，增加了通信的可靠性，提高了编程效率。

(2) BACnet 协议

BACnet (A Data Communication Protocol for Building Automation and Control Network) 是美国暖通空调工程师协会组织 (ASHARE) 为楼宇自控网络制定的数据通信协议。1995 年 6 月，ASHARE 正式通过 BACnet 标准，标准编号为 ANSI/ASHARE Standard135—1995，同年 12 月成为美国国家标准，并且得到欧盟委员会的承认，成为欧盟标准草案。2003 年 1 月 18 日经国际标准化组织 (ISO) 的讨论投票，BACnet 标准被正式宣布为国际标准—ISO 16484-5。

作为楼宇自动控制领域中第一个开放性的标准，BACnet 协议详细地阐述了楼宇自控网络的功能，阐明了系统组成单元相互分享数据实现的途径、使用的通信媒介、可以使用的功能以及信息翻译的规则，因而使不同厂商生产的设备与系统在互联和互操作的基础上实现无缝集成成为可能。BACnet 作为一个完全开放性的楼宇自控网络协议，其开放性体现在独立于任何制造商，不需要专门芯片，并得到众多制造商的支持；有完善和良好的数据表示和交换方法；按标准制造的产品有严格的性能等级和完整的说明；产品有良好的互操作性，有利于系统的扩展和集成。

BACnet 协议的体系结构遵循 OSI 模型，但由于楼宇自控网络自身的特点，BACnet 协议采用了 4 个层次的分层体系结构，它们分别对应于 OSI 模型中的物理层、数据链路层、网络层和应用层，如图 4-53 所示。

BACnet 的协议层次					对应的 OSI 层次
BACnet 应用层					应用层
BACnet 网络层					网络层
(IEE802.2)类型 1		MS/TP (主从/令牌传递)	PTP (点到点协议)		数据 链路层
IEEE802.3 Ethernet	ARCNET	EIA-485 (RS485)	EIA-232 (RS232)	LonTalk	物理层

图 4-53 BACnet 体系结构层次图

BACnet 应用层实现 OSI 模型传输层提供的端到端服务，可靠的端到端传输和差错校验，报文分段和流量控制，报文重组和序列控制。

BACnet 网络层主要完成报文分段、路由、流量控制、地址解析、超时以及协调异种底层网络的差异，为应用程序提供接口。BACnet 网络层能够屏蔽各种异构的 BACnet 网络在链路技术方面的差异，并将报文从一个 BACnet 网络传递到另一个 BACnet 网络。

BACnet 标准将五种数据链路/物理层作为自己的底层网络，这五种类型的网络分别是 IEEE802.2-3（以太网）、ARCnet、主从/令牌环网（MS/TP）、点到点（PTP）、LonTalk。

3) 信息网络与控制网络集成

智能建筑中的信息网络是指建筑物内办公和通信用的计算机局域网络，目前的主流技术是采用基于 Web 的 Intranet。Intranet 是企业或组织内部网络，它基于 TCP/IP 协议，采用 Web 技术和防止外界侵入的安全措施，为企业内部服务，并有连接 Internet 功能。智能建筑中的 Intranet 与工业企业内部网一样也可以分为现场设备层、控制网络层和信息网络层。控制网络位于 Intranet 底层，用于实现现场设备之间的连接以及传输现场设备的控制信息，它是传输现场信息的通道，是沟通现场设备与应用系统的桥梁，它的实现可以采用现场总线技术和工业以太网技术。信息网络层位于 Intranet 的上层，承担着对各类信息的传输和企业数据共享的任务,是内部网 Intranet 的主干,通过它可以实现各种应用系统协同工作。控制网络和信息网络是智能大厦中既相互独立又相互联系的网络,将控制网络与信息网络集成,可充分利用控制网络的监控信息和信息网络的运营管理信息,并结合专家系统等智能控制高级算法,进行控制优化与决策分析,达到优化设备运行、提高物业管理效率、增强建筑物的服务功能。

4.7 卫星通信系统

卫星通信是微波中继技术与空间技术相结合而产生的一种通信手段,它利用地球同步卫星上所设的微波转发器(中继站),将设在地球上的若干个终端站(地球站)构成通信网,实现长距离、大容量的区域通信乃至全球通信。

卫星通信系统是智能建筑的信息设施系统之一,通过在建筑物上配置的卫星通信系统天线接收来自卫星的信号,为智能建筑提供与外部通信的一条链路,使大楼内的通信系统更完善、更全面,满足建筑的使用业务对语音、数据、图像和多媒体等信息通信的需求。

卫星通信系统由地球同步卫星和各种卫星地球站组成。卫星起中继作用,转发或发射无线电信号,在两个或多个地球站之间进行通信。地球站是卫星系统与地面公众网的接口,地面用户通过地球站接入卫星系统,形成连接电路。地球站的基本作用是接收来自卫星的微弱微波信号并将其放大成为地面用户可用的信号,另一方面将地面用户传送的信号加以放大,使其具有足够的功率,并将其发射到卫星。

4.7.1 卫星通信系统的特点

1)通信距离远,费用与通信距离无关

利用静止卫星最大通信距离可达 18000km,且建站费用和运行费用不因通信站之间的距离远近及两站之间地面上的自然地理条件的不同而变化。卫星通信链路的成本与传输距离无关,这使得使卫星通信比地面微波中继、电缆、光缆、短波通信等其他通信方式更具优势。

2)覆盖面积大,可进行多址通信

卫星覆盖区域很大,一颗地球静止卫星覆盖地球总面积的 40%,三颗地球静止卫星就可以基本实现全球的覆盖(两极地区除外)。目前卫星通信仍然是远距离越洋通信的主要手段,在国内或区域通信中,卫星通信也是边远城市、农村、交通及经济不发达的地区有效的现代通信手段。

卫星通信与其他类型的通信手段只能实现点对点通信不同,它可进行多址通信,即在卫星天线波束覆盖的整个区域内的任何一点都可设置地球站,而且这些地球站可共用一颗通信卫星来实现双边或多边通信。目前卫星通信多采用频分多址技术,即不同的地球站占用不同的频率,这种方式对于点对点大容量的通信比较适合。近年来,时分多址技术逐渐得到应用,即不同的地球站占用同一频带,但占用不同的时隙。另一种多址技术是码分多址(CDMA),即不同的地球站占用同一频率和同一时间,但用不同的随机码来区分不同的地址。码分多址采用扩展频谱通信技术,抗干扰能力强,有较好的保密通信能力,缺点是频谱利用率较低,适合于容量小、分布广、有一定保密要求的系统使用。

3）通信频带宽、传输容量大

由于卫星通信使用微波频段，信号所用带宽和传输容量比其他频段大得多。目前，卫星带宽可达 500～1000MHz 以上。一颗卫星的容量可达数千路以至上万路，可以传输高分辨率的照片和其他信息，适于多种业务传输。

4）通信线路稳定可靠，传输质量高

卫星通信的电波主要在大气层以外的宇宙空间传输。宇宙空间接近真空状态，可看做是均匀介质，电波传播比较稳定。同时它不受地形、地物等自然条件影响，且不易受自然或人为干扰以及通信距离变化的影响。当收发端地球站处于同一覆盖区域内时，本站可以自发自收进行监测，即可收到自己发出的信号，从而监视本站所发消息是否正确传输以及传输质量的优劣。

5）通信电路灵活，机动性好

地面微波通信要考虑地势情况，要避开高空遮挡，在高空中、海洋上都不能实现通信。而卫星通信相当于在全国铺设了可以通过任何一点的无形的电路，不仅能作为大型地球站之间的远距离通信干线，而且可以为车载、船载、地面小型机动终端以及个人终端提供通信，能够根据需要迅速建立同各个方向的通信联络。

由于卫星通信具有上述优点，其应用范围日益广泛，不仅用于传输话音、数据等，而且因其所具有的广播特性，特别适用于广播电视节目的传送。

4.7.2 VSAT 通信系统

VSAT（Very Small Apeture Teremind）是指具有甚小口径（小于 2.5m）天线的智能化小型地球站，这类地球站安装使用方便，在智能建筑中应用卫星通信，就是在大楼上配备由小口径天线、室外单元（ODU）和室内单元（IDU）组成的小型地球站（VSAT），室外单元安装在天线反射面焦点处，起功放、变频、耦合的作用，室内单元由调制解调器和微处理器组成，安置在智能建筑内用户终端设备处，完成数据信息的发送和接收。

VSAT 系统由同步通信卫星、枢纽站（主站）和若干个智能化小型地球站组成，其系统结构如图 4-54 所示。空中的同步通信卫星上装有转发器，在系统中起中继作用；VSAT 智能化小型地球站建立地面用户与卫星系统的连接，它一方面接收来自遥远的卫星的极其微弱的微波信号，并将其放大成为地面用户可用的合格的信号，另一方面将地面用户需传送的信号加以放大，使其具有足够的功率发射到卫星，保证卫星能收到地面的合格信号；枢纽站配有大型天线和高功率放大器，负责对全网进行监测、管理、控制和维护，并实时监测、诊断各站自身的工作状况，测试通信质量、负责信道分配、统计、计费等，保证系统正常运行。

VSAT 系统根据其网络与设备的功能不同可分为单向系统或双向系统。单向系统中 VSAT 只具有单向发送或单向接收数据的功能。双向系统中 VSAT 与主站或 VSAT 与 VSAT 之间可进行交互式通信，既可以发送又可接收。

随着 Internet 的飞速发展，向 IP 靠拢已成为通信网络发展的趋势，卫星 Internet 就是以卫星线路为物理传输介质的 IP 网络系统，即 "IP over Satellite"。卫星 Internet 与普通的 Internet 相比，具有传输不受陆地电路的影响、经济高效、可作为多信道广播业务平台等一系列优点。

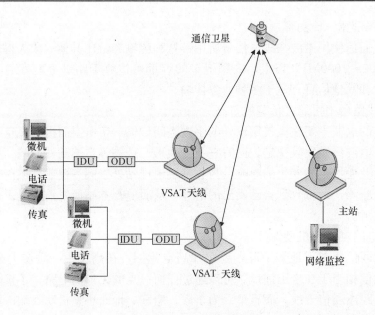

图 4-54 VSAT 系统结构图

4.8 有线电视及卫星电视接收系统

建筑物或建筑群中的有线电视系统（Cable Television，CATV）接收来自城市有线电视光节点的光信号，并由光接收机将其转换成射频信号，通过传输分配系统传送给用户。它也可以建立自己独立的前端系统，通过引向天线和卫星天线接收开路电视信号和卫星电视信号，经前端处理后送往传输分配系统。卫星电视广播与有线电视传输网相结合形成的星网结合模式，是实现广播电视覆盖的最佳方式，也可成为信息网络的基础框架。

随着社会需求的不断增长和科学技术的飞速发展，有线电视系统已不再是只能传输多套模拟电视节目的单向系统，有线电视网络正在逐步演变成具有综合信息传输能力、能够提供多功能服务的宽带交互式多媒体网络。

4.8.1 有线电视系统的组成

有线电视系统由信号源、前端系统、干线传输系统和分配系统四个部分组成，系统组成如图 4-55 所示。

有线电视的信号源为系统提供各种各样的信号，主要有卫星发射的模拟和数字电视信号、当地电视台发射的开路电视信号、微波台转发的微波信号以及电视台自办的电视节目等。主要器件有接收天线、卫星天线、微波天线、视频设备（摄像机、录像机）、音频设备等。

前端系统的作用是对信号源提供的信号进行必要的处理和控制，并输出高质量的信号给干线传输部分，其内容主要包括：信号的放大、信号频率的配置、信号电平的控制、干扰信号的抑制、信号频谱分量的控制、信号的编码、信号的混合等。主要器件有：前端放大器、信号处理器、调制/解调器、混合器等。

前端系统按信号传输方式有全频道传输系统和邻频传输系统之分（见图 4-56）。全频道传输是将电视信号直接放大混合后传送到用户终端，其传输系统图如图 4-56（*a*）所示。全频道传输方式频道不需变换，技术简单，系统造价低，但因为全频道传输方式对边

第4章 信息设施系统

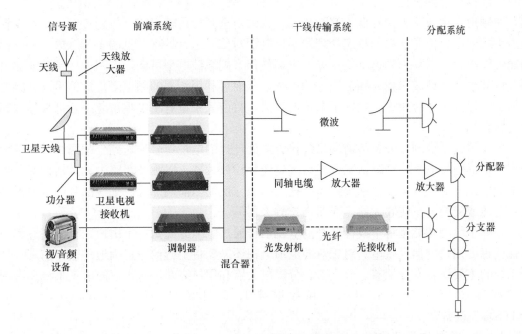

图 4-55 有线电视系统的组成框图

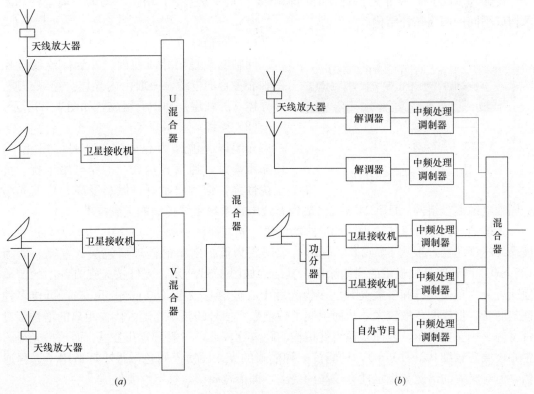

图 4-56 前端系统信号传输方式
（a）全频道传输方式；（b）邻频传输方式

带及带外信号的抑制能力不够，相邻频道间有干扰，因而相邻频道和镜像频道都不能使用，使频道使用效率大大降低。邻频传输方式针对全频道传输方式（隔频传输）传送电视频道少的问题，依靠前端的频道处理器和调制器对信号进行处理，见图4-56（b），一方面抑制带外成分，消除邻频道干扰；另一方面使伴音副载波电平可调，即图像伴音功能比可调，以减小伴音载波对相邻频道图像的干扰，从而可利用相邻的频道来传输信号。邻频道传输系统提高了系统质量，增加了系统的容量，目前大中型有线电视系统一般都采用邻频道传输系统。

干线传输系统的任务是将前端系统接收并处理过的电视信号传送到分配网络，在传输过程中根据信号电平的衰减情况合理设置电缆补偿放大器，以弥补线路中无源器件对信号电平的衰减。对于双向传输系统还需要把上行信号反馈至前端部分。干线部分的主要器件有：电缆或光缆、干线放大器、线路延长放大器等。

分配系统的功能是将干线传输来的电视信号通过电缆分配到每个用户，在分配过程中需保证每个用户的信号质量。对于双向电缆电视还需要将上行信号正确地传输到前端。分配系统的主要设备有分配器、分支器、分配放大器和用户终端，对于双向电视系统还有调制解调器（Cable Modem，CM）和数据终端（Cable Modem Termination System，CMTS）等设备。

4.8.2 有线电视的传输介质及设备

1）传输介质

传输和分配CATV信号的介质有同轴电缆、光缆及微波，根据不同的环境条件和要求构成不同的网络拓扑结构。

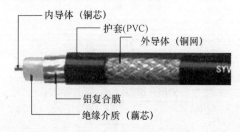

图4-57 同轴电缆的结构

（1）同轴电缆

同轴电缆是用介质使内、外导体绝缘且保持轴心重合的电缆，一般由内导体、绝缘介质、外导体（屏蔽层）和护套组成，如图4-57所示。

（2）光缆

光缆以光波作为载体传送信号，损耗小，传输距离远，通信容量大，不受电磁干扰，抗干扰性强，信号质量好，保真度高。目前光缆—同轴电缆混合组网（HFC）方式已成为有线电视系统干线传输的主流技术。

光缆通过光导纤维传导光脉冲形式的信号，光纤裸纤一般分为三层：中心为高折射率玻璃纤芯（芯径一般为50或62.5μm），中间层为低折射率的硅玻璃包层（直径一般为125μm），最外层是加强用的树脂涂层，其结构如图4-58所示。光纤按光在光纤中的传输模式可分为单模光纤和多模光纤。多模光纤中心玻璃芯较粗（50或62.5μm），可传多种模式的光，但模间色散较大，从而限制了传输数字信号的频率，随着传输距离的增长，对带宽的影响会更严重，因而多模光纤传输的距离比较近，一般只有几公里。而单模光纤的中心玻璃芯较细（8～10μm），只能传一种模式的光，因而模间色散很小，适用于远程通信，但对光源的谱宽和稳定性有较高的要求，即谱宽要窄，稳定性要好。

（3）微波

微波是一种高频率、短波长的电磁波，微波波段对应的频率范围为300MHz～

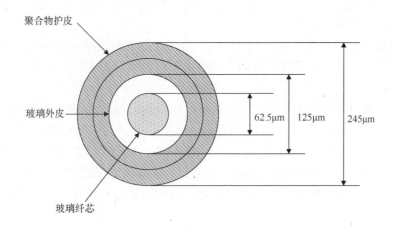

图 4-58 光纤构造图

300GHz。采用微波作为传输介质实现电视广播的覆盖，不需敷设电/光缆，节约大量的财力物力，且避免了长距离传输电缆线路上干线放大器串联过多造成的信号质量下降，具有传送质量高、传输距离远、传送覆盖面广、投资少、建网时间短、便于维护等特点，适用于地形复杂、架设光缆困难的地区和大、中城市个人用户或单位用户接收。

2）接收天线

天线是一种向空间辐射电磁波或者从空间接收电磁波能量的装置。电视接收天线作为有线电视系统接收开路信号的设备，其作用是将空间接收到的电磁波转换成在传输线中传输的射频电压或电流输送给系统前端。

电视接收天线的种类很多，在 CATV 系统中，最常用的是八木天线（又称引向天线），它既可以单频道使用，也可以多频道使用；既可作为 VHF（Very High Frequency，甚高频）接收，也可作 UHF（Ultrahigh Frequency，超高频）接收；具有结构简单，馈电方便，易于制作，成本低，风载小等特点，是一种强定向天线。

八木天线由一个有源振子和若干个无源振子组成，其结构如图 4-59 所示。八木天线的有源振子一般都采用半波折合振子，用以接收电磁波。无源振子根据其作用可分为引向体和反射体两种。反射体位于有源振子后面、长度较长，引向体位于有源振子前面、长度较短。由电视发射塔辐射的电波，经引向体的引导和反射体的反射后，将使有源振子沿着接收方向形成单方向的接收。引向体的数量越多，天线增益越高，频带越窄，方向性越尖锐，但当引向体增加到一定数量以后，再增加其数量就没有意义了。

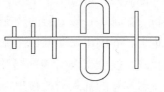

图 4-59 八木天线

3）调制器与解调器

目前有线电视前端多采用解调器—调制器的信号处理方式对开路电视信号进行处理，使之满足邻频传输的条件。解调器与调制器配合使用，天线输出的开路射频电视信号送入电视解调器，通过解调器内部的滤波、检波、图像伴音分离等电路，从解调器输出端输出高质量的视频（V）、音频（A）信号，送入调制器将其调制成电视射频信号，送入多路混合器。在此方式中由于采用解调器，所有输入的射频信号都被还原成了视频、音频信号，为节目的编辑带来了方便。

调制器根据对信号处理方式的不同，可分为高频直接调制器和中频处理方式调制器，后者电气性能优于前者，在邻频传输的有线电视系统中均采用中频处理方式调制器。

4）混合器

混合器是一种将多个输入信号合并成为一个组合输出信号的装置，利用它可以将多个单频道电视信号、FM 信号、导频信号等组合在一起，形成一个复合视频信号，再用一根同轴电缆传送出去，达到多路复用的目的。混合器有 VHF/UHF 混合、VHF/VHF 混合、UHF/UHF 混合、专用频道混合等组合形式。按输入频道数又可分为 2 路、5 路、7 路混合器等。混合器在形成复合信号的过程中具有较高的相互隔离能力，避免信号间的相互影响。

5）放大器

按放大器在系统中的位置划分，放大器可分为前端放大器和线路放大器两类。前端放大器包括天线放大器、频道放大器；线路放大器包括在传输系统中使用的干线放大器和在分配系统中使用的分配放大器、线路延长放大器和楼层放大器。

6）分配器

分配器的作用是将一路输入的电视信号平均分成几路输出。主要应用于前端、干线、分支线和用户分配网络。CATV 系统中常用的是二分配器、三分配器、四分配器和六分配器（见图 4-60）。分配器的输出端不能开路，否则会造成输入端的严重失配，同时还会影响到其他输出端。因此，当分配器有输出端空余时，需接 75 欧负载电阻。

7）分支器

分支器也是一种将一路输入电视信号分成几路输出的器件，但它不是将输入电视信号平均分配，而是仅仅取出一小部分信号馈送给支干线，大部分信号给主干线继续传送，因而分支器输出有主路和支路之分，取信号的小部分至支路，大部分给主路。分支器也是一种无源器件，可应用于干线、支干线、用户分配网络。对大楼（例如高层建筑）从上至下进行分配时，一般上层的分支衰减量应取大一些，下层的分支衰减量应小一些，这样才能保证上、下层用户端的电平基本相同。同时，分支器的主输出口空余时，也必须接 75Ω 的负载。按分支输出端的路数，可分为一分支器、二分支器和四分支器等（见图 4-61）。分支器本身的插入损耗很小，约为 0.5~2dB。

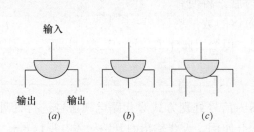

图 4-60　分配器表示符号

(a) 二分配器；(b) 三分配器；(c) 四分配器

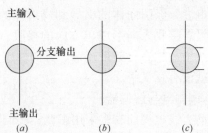

图 4-61　分支器表示符号

(a) 一分支器；(b) 二分支器；(c) 四分支器

分配器和分支器都是把主路信号馈送给支路的部件，但它们的组成方式不同，性质也有较大区别。分配器的几个输出端大体平衡,而分支器的主路信号要比分支输出信号大得多;分配器使用过程中任一支路不能开路,而分支器的分支输出开路对主路影响不大,但其主路输出最末端不能开路;分配器采用树枝型连接,而分支器一般连成一串。

4.8.3 有线电视的传输网络——HFC

目前有线电视系统中普遍采用光纤—同轴电缆混合网络(Hybrid Fiber/Cable TV Network,HFC),即采用光缆将前端的电视信号传输到小区节点,再用同轴电缆分配网络将信号送到用户家中。HFC 用光纤代替同轴干线电缆,借助于光纤的低损耗特性和宽带特性,可以把网络的覆盖范围做得很大,而且省去了一连串的干线放大器,有效地提高了系统的可靠性和图像质量,大大改善了网络性能。另外,由于只有干线系统实现光纤化,故不会大幅度增加系统成本。HFC 采用新的数字调制技术和数字压缩技术,可以向用户提供数字电视和 HDTV(High Definition Television,高清晰度电视),由于支持数字通信和计算机通信等多种先进的传输体制,使得有线电视网络可以在开展有线广播和有线电视节目的基础上,提供开展诸如视频点播、音乐点播、远程教育、远程医疗、家庭办公、网上商场、网上证券交易、高速因特网接入、会议电视、物业管理等多种类型的宽带多媒体业务的频道资源。

1) HFC 的结构

HFC 的结构如图 4-62 所示,各部分的功能如下:

有线前端:其任务是对需要进行分配的信号进行分离、放大、变频、调制、混合以及对电平进行调整、控制,对干扰信号进行抑制、滤波等。

光发射机:把从前端送来的高频射频信号变为光信号,使其能在光导纤维中传输。激光器是光发射机的光源,也是光发射机的核心部件。

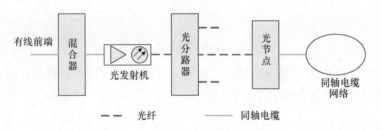

图 4-62 HFC 的结构

光分路器:将一路光信号按不同的功率比例分成多路的光信号输出,实际的光缆传输干线中,常用分路器将一路光信号分成强度不等的几路输出,光强较大的一路传输到较远的距离,光强较弱的一路传输到较近的距离,使各个光节点的光功率近似相等。

光接收机:把光纤中传来的光信号变为射频电视信号,送往中心前端和用户分配系统。为了双向传输,大多数光接收机内预留有上行光发送机的安装位置,当安装上行光发送机和双向滤波器后,即可传送上行信号。

一般把包括光接收机、上行光发送机、多个桥接放大器、网络监控的设备叫做光节点。光节点是光缆电视混合传输的重要设备,通过它可传输射频信号、数据、电话等。HFC 网络中每光节点所覆盖的用户可以看成是一个独立的服务小区,小区内所有用户信息由光节点开始进行同轴网络的传输。由于每个光节点下的用户均从光节点开始进行同轴分配，而同轴分配网络又是树状广播网络，因而每个光节点下的用户是共享传输带宽的。

2）HFC网络拓扑结构

光缆—同轴电缆混合网（HFC），其电缆部分往往采用树形拓扑，而光缆部分则基本上都采取星形结构：从总前端输出的信号，经辐射状的光纤干线馈送到各个光接收机，各个光接收机的位置相对于总前端呈星形分布，点到点传输，如图4-63所示。

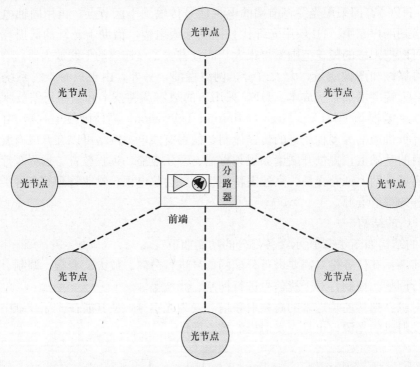

图4-63 星形网络结构拓扑结构

星型拓扑的优点是光分配一次到位，所用光分路器少、传输质量好；当一部分线路发生故障时，连在星型光分路器其他分支上的用户将不受影响，网络的可靠性高；缺点是耗用光纤较多。

(1) 光纤到节点（Fiber to the Feeder，FTF）

光纤到节点是目前新建CATV网的主要传输模式，也是当前光电结合CATV网的典型模式。从中心前端或分前端按星型辐射方式敷设光缆到各个分配节点，在节点进行光电转换。从节点再以星形—树形方式敷设支线电缆和用户电缆到该区域中各用户，如图4-64所示。

(2) 光纤到路边（Fiber to the Curb，FTC）

光纤到路边进一步缩小了FTF模型中一个光节点的服务区域，让光纤尽可能地渗透到用户的附近，到达靠近用户群的路边（Curb）平台，以充分利用光纤传输的优越性。一个Curb管辖的范围在512户以下，通常只含一级或两级放大器。这是当前和今后发展宽带综合业务用户网的主要方式（从用户到前端有反向通道）。其结构如图4-65所示。

(3) 光纤到最后一个放大器（Fiber to the Last Active，FTLA）

现在国外正在提倡FTLA，或称为无源同轴网络。它是在光接收机后不再使用放大

第4章 信息设施系统

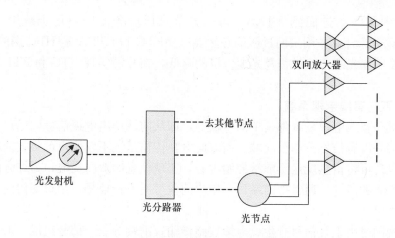

图 4-64 光纤到节点传输模式

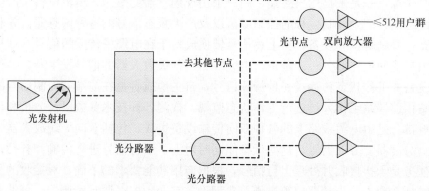

图 4-65 光纤到路边传输模式

器,完全靠无源同轴电缆及元件就能够把射频(RF)信号分配到每家每户。如果做到这一步,网络的可靠性必定很高,而信号回传也会非常畅通。根据现有光接收机的带负载能力,只要一个光节点的用户数减少到128,每一光节点后的放大器就可以取消,而由光接收机的四个RF输出口直接携带128个用户(如图4-66所示),于是就实现了FTLA。

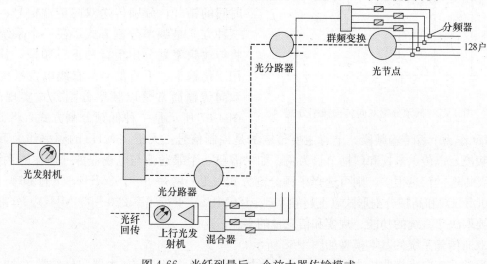

图 4-66 光纤到最后一个放大器传输模式

从 FTF 到 FTC，进而到 FTLA，每一光节点所服务的用户逐步减少，这是光纤 CATV 网向宽带综合业务用户网过渡的必然要求。FTC 和 FTLA 是 HFC 网的发展方向，随着经济的发展和光纤传输设备及光缆价格的降低，在我国实现 FTC 和 FTLA 也是完全可能的。

4.8.4 双向有线电视系统

目前大部分有线电视系统都是单向传输的，即从前端送出电视信号、用户端接收电视信号，用户端并没有信号传送至前端。而双向电视传输系统不仅用户可接收前端发来的电视信号，而且还可将信息反送至前端控制中心，实现信息的双向交流，为综合网络功能的实现提供了必要的条件。通常把前端传向用户的信号叫下行信号，用户端传向前端的信号叫上行信号。

双向电视网络由上行信号产生、电缆线路传输及前端等三个部分组成。上行信号产生有两种主要来源，一是来自用户终端，用户采用现场直播的摄像、编辑设备、产生数据信号的计算机终端、产生控制信号的控制键盘以及产生状态信号的各种传感器，并利用调制器、变换器、调制解调等设备，将上述信号转换成易于在电缆中传输的信号，这是双向传输技术应用功能的主体部分；二是来自电缆线路上各级放大器的信号发生器，其作用是将放大器等设备的工作状态转换成一种特殊信号，自主地或者是在前端站控制信号的作用下发回前端站供前端站工作人员进行工作状态监视，检测各种技术参数以及分析和记录；电缆线路传输部分是由电缆线路上的各种双向传输设备组成，包括双向干线放大器，双向桥接放大器、分配器、分支器等，这些设备能同时对上、下行信号进行传输和补偿；前端部分的主要任务是承担接收并处理上行信号，根据应用功能要求的不同，对接收的上行信号进行现场转播、检查分析和登记等操作，典型设备有变频器、调制解调器、分波器、集中器、微机及静止图像库等。

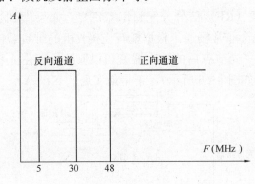

图 4-67 低频分割双向传输频率分配

双向传输有三种方式：第一种方式是空间分割方式，它是由两个单方向系统组合而成，分别传送上、下行信号；第二种方式是时间分割方式，在一个系统内通过时间的错开，分别传送双向传输信号；第三种方式是频率分割方式，在一个系统中将传输频率划分出上行和下行频段，分别用于传输上、下行信号。有线电视系统的双向传输通常是以频率分割方式实现的。图 4-67 所示是一种低频分割方式，将 5~30MHz 作为上行传输频段，上行主要传输的是控制信号；大于 48MHz 的频率作为下行传输频段，以传送电视和广播节目为主。如果需要一个兼通信与电视业务一体化的系统，由于要传送的信息很多，则可选择中频分割方式（上行频率 5~108MHz，下行频率 150~550MHz）和高频分割形式（上行频率 5~180MHz，下行频率 220~550MHz）。分割方式主要取决于系统的功能、规模和信息量的多少。

双向传输系统的基本模型如图 4-68 所示。

通常在正向光接收机内安装反向光发射模块，由其将经双向放大器和分配器（此时分配器倒挂起信号混合作用）传来的反向信号转换成光信号，并利用光缆干线发送至总前端的反向光接收机，由其将光信号再转换成电信号。

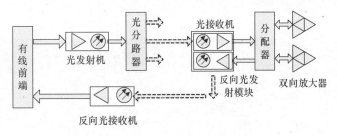

图 4-68 双向传输系统模型

目前双向有线电视系统的应用可分为两类：一类是以电视和广播节目为主的有线电视系统，该系统不改变原有的电视和调频广播的频道配置，上行频带较窄，为低频分割方式（上行 5~30MHz，下行 45~550/750MHz），向前端站回传少量电视节目（1~2 个频道）和低速数据传输，目前主要用于电视信号的现场直播；另一类是以各种业务通信为主的本地网，它为中、高频分割方式，上、下行信号传输容量相近，主要用于企业之间或总厂与分厂之间点对点的高速数据等通信，电视传输则为次要的。

双向有线电视网正逐步发展成为"信息高速公路"，应用功能非常广泛，包括点播电视、视频游戏、重复播放、选举投票、电视采购、广告、电子商务服务、可视电话、交互式电视教学等，并能高速传输数据，未来的应用不只是宽带接入网，而是多媒体传输平台，集接收、交换、传输于一体。

4.8.5 视频点播系统

视频点播系统（Video On Demand，VOD）综合采用计算机、通信、电视等技术，充分利用网络和视频技术的优势，提供交互式视频服务，即突出使用者的主动性和操作的交互性，改变人们一直处于被动接受电视信息的状态，使人们可以根据自己的需要和意愿点播、收看节目库中的电视节目，同时可进行股票交易、购物、教育、电子商务、收发电子邮件等各种信息活动。

视频点播系统由系统中心，传输网络和用户终端三个部分组成，其系统结构如图4-69所示。

系统中心包括节目制作和控制中心两部分，是全系统的核心。节目制作将各种形式的片源通过压缩存储到视频节目库中，控制中心的中央管理计算机负责接收用户点播命令，组织、发送点播节目，并在提供服务的同时进行计费。在系统中心，视频服务器是管理视频节目存储和发送、响应用户请求、自动播送节目的核心设备，实现压缩媒体数据的存储以及按请求进行媒体信息的检索和传输，因而要求有高速数据传输能力以保证用户对大量影片、视频节目、游戏、商务信息以及其他服务的即时访问，而且要求有较大的容量、高速的视频数据流存取，一般采用大容量高速磁盘或光盘阵列机。系统中心的组成及工作流程如图 4-70 所示。

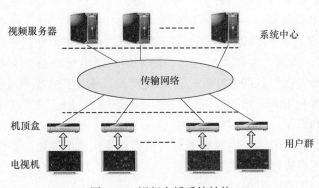

图 4-69 视频点播系统结构

传输网络用于节目与信息的

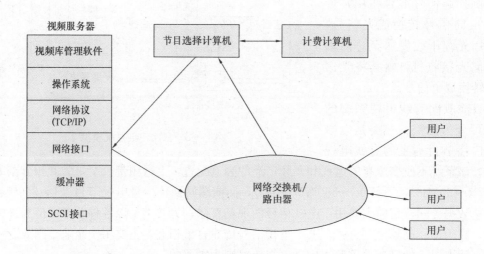

图 4-70　系统中心的组成及工作流程

交互式传输，按照规模大小可分为骨干网和接入网，骨干网主要指电信网或广电网的骨干网，如 ATM、HFC 等，而接入网主要有 xDSL、Cable Modem（线缆调制解调器）接入、FTTH（光纤到户）和局域网接入。

用户终端的主要设备是电视机加机顶盒（Set Top Box，STB）或计算机。机顶盒的任务是将点播控制信息发往视频服务器，同时将服务器提供的多媒体信息转换成电视机能接受的信号。

4.8.6　数字有线电视系统

广播电视系统，无论用何种方式定位或采用何种结构，其系统的输入和输出在本质上都是模拟信号，这是由受众的视听特征决定的。由于模拟信号是在时间和幅度上都连续的信号，因而，模拟电视系统在信号的采集、处理、记录、传送及接收的整个过程中所产生的非线性失真和引入的附加噪声"累加"，使得图像对比度畸变，长距离传输后，图像的信噪比下降，图像的清晰度降低。此外，模拟电视系统还存在稳定度差、可靠性低、调整不便、自动控制困难等缺点。而数字信号是只有两个电平值（"1"和"0"）的离散信号，尽管在传输过程中亦会衰减并受到噪声干扰，但由于用两个电平值构成的数字脉冲序列，在传输过程中可经"判定"而"再生"，只要"判定"无差错，接收端的"再生"信号就可与发射端的"原"信号一样；由于数字信号的"再生"并非"原"信号的复制，在理论上可认为将传输过程中引入的失真和噪声完全去除，因而其抗干扰性和保真度要优于模拟信号；其次，数字信号的比特流可以在一个传输频道内复接、交织，因而可使辅助信号或数据信号与视/音频信号一起被发射、传输、存储或处理，使原来的广播电视频道具有拓展综合信息广播的能力，增加了广播电视节目的多样性；另外，数字信号可使用基于冗余度缩减的压缩编码技术，以提高频谱利用率，增加系统可靠性，降低运行费用，使广播电视具有数字广播、标准数字电视（SDTV）、高清晰度电视（HDTV）的传送能力；因而有线电视数字化不仅使用户享受到图像更清晰，内容更丰富，更具专业化、个性化、多样化的有线数字电视综合服务，还为用户提供丰富的服务信息，满足广大人民群众日益增长的文化需求，电视系统数字化已成为当前的发展趋势。

第4章 信息设施系统

4.9 会 议 系 统

会议系统采用计算机技术、通信技术、自动控制技术及多媒体技术实现对会议的控制和管理,提高会议效率,目前已广泛用于会议中心、政府机关、企事业单位和宾馆酒店等。会议系统主要包括数字会议系统和视频会议电视系统。

4.9.1 数字会议系统

数字会议系统的发展经历了三个阶段,第一阶段是全模拟技术的会议讨论系统,它采用"手拉手"的方式将话筒、噪声门和小功率扬声器连接在一起,改变了话筒引线多而乱的状况,而且操作简单(使用者只需要按动话筒开关即可发言),不需要操作人员控制,不需要使用调音台,是传统扩声系统的一大进步。第二阶段是在会议系统中引入数字控制技术,将会议系统的功能从单一的扩声扩展到会议签到、发言管理、投票表决、同声传译和视像跟踪等,提高了会议效率,但是音频传输仍然采用模拟方式。第三阶段是全数字会议系统,其核心是采用先进的数字音频传输技术,不仅改进了音质,也简化了安装和操作,提高了系统的可靠性,并从根本上解决了模拟音频传输存在的接地噪声、设备干扰、通道串音、长距离传输造成信号衰减等问题。为了适应不同会议层次要求,数字会议系统采用模块化结构,将会议签到、发言、表决、扩声、照明、跟踪摄像、显示、网络接入等子系统根据需求有机地连接成一体,由会议设备总控系统根据会议议程协调各子系统工作,从而实现对各种大型的国际会议、学术报告会及远程会议服务和管理。

数字会议系统包括会议设备总控制系统、发言、表决系统、多媒体信息显示系统、扩声系统、会议签到系统、会议照明控制系统、同声传译系统、视频跟踪系统、监控报警系统和网络接入系统等,系统结构如图 4-71 所示。根据不同层次会议的要求,可以选用其

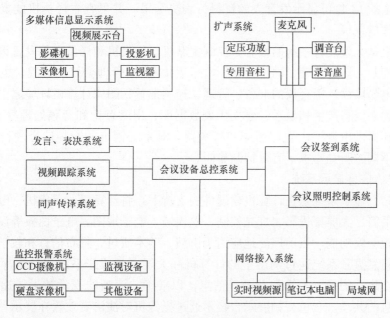

图 4-71 数字会议系统

中部分子系统或全部子系统组成适应不同会议层次的会议系统。

1) 发言、表决系统

发言系统是由主席机、控制主机和若干代表机组成，主席机和代表机采用链式连接并接到控制主机上，构成手拉手会议讨论系统（见图 4-72）。

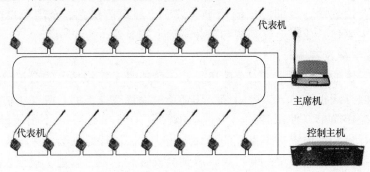

图 4-72　发言系统

最基本的主席机和代表机配置有折叠式带开关的话筒、内置式平板扬声器及耳机插口，扬声器可自由调节音量，当话筒打开时，内置的扬声器会自动关闭，防止声音回输而产生啸叫。更高配置的主席机和代表机还装备有投票按键、LCD 显示屏，语种通道选择器，软触键和代表身份认证卡读出器等，具有听、说、请求发言登记、接收屏幕显示资料、通过内部通信系统与其他代表交谈、参与电子表决，接收原发言语种的同声传译及代表身份认证等功能。开会时每位代表面前设置一个代表机，会议代表通过自己面前的话筒发言，通过操作代表机面板上的按键申请发言、参与表决、选择收听语种等。主席台位置设置主席机，主席机具有话筒优先权，会议主席可通过主席机面板上的优先键随时改变代表话筒的状态，中断其他代表的发言，还可发起，停止或中断表决，管理和控制会议进程。主席机上的 LCD 可显示发言人的资料、表决结果，并可查看译员机的操作信息和投票表决的操作信息等。

控制主机是会议发言系统的核心，控制主席机、代表机和译员台等发言设备，可以实现自动会议控制（话筒管理、同声传译、电子表决等），管理会议的进程。也可以由机务员通过个人电脑操纵，把会议的准备，管理、控制都置于图像计算机环境之中，实现更复杂的管理（比如资料产生和显示、建立代表数据库、出席登记和音频处理等）。另外，控制主机一般还提供电源、内置均衡器和移频器，对系统输出的音频信号进行高、低音调节，以适应不同的听觉要求，有效抑制啸叫。

2) 多媒体信息显示系统

多媒体信息显示系统是在计算机软硬件的支持下，将计算机、录像机、电视机、收音机、音响、话筒、大屏幕投影、灯光控制、电视墙、电子地图、电子白板等设备集成在一起，实现可视会议功能，目前广泛地应用于讲演、学术研讨、发布信息和教学及培训等。

多媒体信息显示系统通过网络上的计算机和大屏幕的投影系统将数据库中的各类文件、数据、图形、图像、表格和动画等信息，以准确、清晰的视觉效果传递给会议出席者，实现信息的共享。彩色视频展示台技术通过摄像机对演讲者放置在展示台上的文字资料、胶片以及实物模型进行拍摄，并通过监视器或大屏幕投影仪向与会者显示，不仅能提供彩色、三维的实物投影,还能投影幻灯片、普通照相底片等,为讲演者提供方便,提高会议的效果。

3)扩声系统

扩声系统由信号拾取、信号放大、信号播放、信号处理、信号传输和扬声器等部分组成。信号拾取部分主要是包括演讲用的鹅颈式会议话筒和手持式或领夹式无线话筒,信号播放部分采用 AM/FM 调谐器、录音机、CD 机、VCD 和 DVD 影碟机作为音、视频节目源,信号处理与放大由调音台、前置放大器和功率放大器组成,扬声器包括音箱、喇叭等。

4)同声传译系统

随着国际交流与合作的日益频繁,国际性的会议越来越多,来自不同国家和地区的代表用自己熟悉的语言进行发言讨论,因而需要有一套同声传译系统(Simultaneous Interpreting)将发言的内容翻译成与会代表能听懂的语言。

同声传译系统是一种为多语言国际会议提供翻译的语音会议系统,其工作原理是将发言者的语言(原语)送至会议扩声系统在会场放送,同时将发言者声音(原语)送至隔音的译员室,口译员一面通过译员机(见图 4-73)所带的耳机收听原语发言人连续不断的讲话,一面几乎同步地对着译员机的话筒把讲话人所表达的全部信息内容准确、完整地翻译成目的语,译语通过话筒输送,需要传译服务的与会者通过接收装置,选择自己所需的语言频道,从耳机中收听相应的译语输出。目前,同声传译系统已成为国际性会议厅的必备设施。同声传译系统的工作原理如图 4-74 所示。

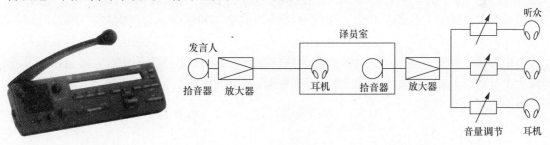

图 4-73 译员机　　　　　图 4-74 同声传译系统的工作原理

同声传译系统按信号传输方式的不同,可分为有线同声传译系统和无线同声传译系统,按语言和传译方式的不同,又分为直接传译和两次传译系统。

有线同声传译系统是译员室译员将传声器送来的原语翻译成不同的目的语言,分别经放大单元和分配网络同时送到每个听众的座位上。每个听众可通过座位上耳机和语言选择开关,选听不同的语种,其系统构成如图 4-75 所示。有线同声传译系统的优点是音质清晰,没有干扰,缺点是传输线路网络复杂,维护困难,听众不能自由活动。

无线同声传译系统按信号发射方式可分为调频发射式、无线感应式和红外线辐射式。无线同声传译系统的优点是不需敷设线路,听众可以随意自由活动,但调频发射式及无线感应式传输存在音质及保密方面的缺点。红外线辐射式保密性好(红外光只在同一室内传播,墙壁可阻断传播),也不会受到空间电磁波频率和工业设备的干扰,从而杜绝了外来恶意干扰及窃听,同时,红外传输传递信息的带宽较宽,因而音质好,是目前市场上无线

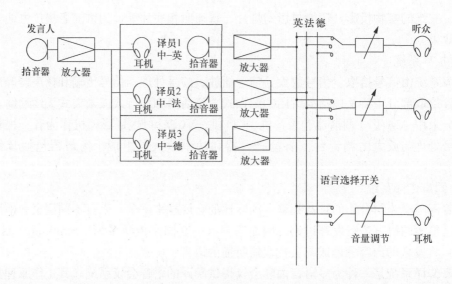

图 4-75 有线同声传译系统

语言分配系统中最常用的传输方式。

红外同声传译系统由红外发射器、红外辐射器和红外接收机组成，其组成结构如图 4-76 所示。红外发射机（如图 4-77 所示）为每种语言通道产生一个载波并通过安装在天花板或墙上红外辐射器（如图 4-78 所示），使辐射的红外线均匀布满会场。红外接收机（见图 4-79）位于听众席上，其作用是从接收到的已调红外光中解调出音频信号。红外接收机设有波道选择，以选择语言，由光电转换器检出调频信号，再经混频、中放、鉴频，还原成音频信号，由耳机传送给听众。会议参加者可在会场任何位置通过红外接收机和耳机，用按键选择任一通道（语种）收听会议的报告，各通道收听互不干扰，可自由调节音量大小，在红外线发射的有效范围内，接收单元数量的增加不受限制，参会人员在信号发射范围内可任意走动。

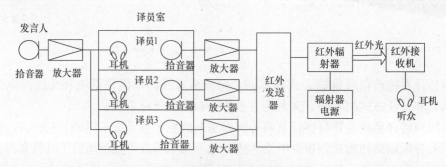

图 4-76 红外同声传译系统基本组成框图

图 4-77 红外发射器

图 4-78 红外辐射器

图 4-79 红外接收机

5）监控及视频跟踪系统

监控设备包括前端的摄像机、拾音设备和后端的监视器、硬盘录像机及视频切换台等。视频切换台用于将多组视频输入信号切换到视频输出通道中的任一通道上，视频信号输入端可以连接自动跟踪摄像机或者其他视频信号（如VCD/DVD/录像机）及多组云台摄像机混合连接，视频输出端可以直接连接大屏幕显示器（或投影仪）及监视器。

监控系统可以对会场进行音、视频的采集和录制，一方面可以监视并记录会场实况，另一方面还可以把部分信号送到译员室，以提高译员翻译的准确性。会议监控系统要求具备视频跟踪的功能，即要求摄像机实现声像联动，自动追踪会场内正在被使用的会议话筒，将发言者摄入画面，从而满足实况转播及同声传译的需求。这种视频跟踪系统采用的自动跟踪摄像机内置360°水平旋转，90°～180°垂直旋转的高速云台，可以在短时间内以较高的精度到达预先设置的位置上，通过中央处理器内置的软件设定麦克风ID地址，设置和保存麦克风—摄像机联动预置位。当与会代表开启话筒时，摄像机会自动调整到发言者所在的位置，并在视频显示设备显示摄像机所拍摄到的图像，当话筒关闭时，摄像机可拍摄任一预设目标（例如会场环境或主席台等）。视频跟踪系统主要应用于圆桌会议、大型论坛等场合。

6）会议照明控制系统

会议室采用智能照明控制系统，可预先在控制面板中设置多种灯光场景，使会议室在准备、报告、研讨、休息等不同的使用场合都能有不同的灯光效果。同时会议室的灯光控制系统还可以和投影仪等各种演示设备相连，当需要播放投影时，会议室的灯能自动缓慢地调暗；关掉投影仪，灯又会自动地调亮，而且有自动探测设备能感测如人体运动和周围环境照度等，自动控制灯的开关及调光，还可以与其他的自控系统集成，实现相互控制。

会议照明控制系统分为硬件和软件两大部分，其中硬件主要由输入单元（场景控制面板、遥控设备、红外及亮度传感器等）、输出单元（调光器模块等）、系统单元（电源供应单元、PC接口等）组成。系统硬件通过总线连接成网络，输入单元将外界控制信号转变为系统信号在总线上传播，输出单元接收总线上信号，控制相应回路输出，实现对灯具的开关及调光控制。系统单元实现网络化连接，为集中及远程控制创造条件。软件由编程软件、监控软件、时空软件组成，编程软件通过与网络中PC接口相连的计算机随时修改系统的控制要求，监控软件通过可视化界面，预先制定控制方案或临时对大楼内灯具进行开关、调光等控制，时空软件可实现灯光按规律点亮或熄灭，由此产生不同的灯光场景和灯光效果。

7）网络接入系统

网络接入子系统就是利用通信网或计算机网络为运行环境，连接主会场和分会场的中央控制设备，实现局部和广域范围里的多点数字会议功能，可以在开会期间支持电子白板对话，支持语音、数据和图像文件传送。

8）会议签到系统

会议签到系统采用IC卡技术，实现会议签到数据采集、数据统计和信息查询过程自动化和会议管理自动化。与会人员在会议签到器的感应区内出示会议卡，便可完成会议签到操作，不仅方便了与会人员的出席签到和会议管理人员的统计和查询，而且可有效地掌握、管理与会人员出入和出席情况。

会议签到系统由会前预备子系统、会议卡发卡子系统、签到子系统、签到管理子系统组成。

（1）会前预备模块

每次会议举行前，会议工作人员应提前将与会人员个人档案（姓名、身份证号、单位、职位等）输入管理计算机，以便为人员发卡。这些资料在第一次安装系统后一次性录入，再有人员增减时，可在系统维护时修改。

（2）会议卡发卡模块

发卡子系统进行发卡操作时可分为预先发卡和即时发卡。预发卡是在会前按照与会人员名单进行发卡，收到会议卡的与会人员到达会场后，直接在会议签到器前刷卡即可完成签到操作。由于特殊原因未收到卡片或计划外与会者可出示个人资料，会场工作人员依据资料进行补发卡或手工签到。经常与会的人员可保留会议签到卡，以后开会可以不用再发卡，也可由会议工作人员统一回收，供以后重复使用。

（3）签到模块

与会人员在签到器前出示签到卡，签到器将记录与会人员签到时间、姓名、职务等信息，会议签到器处于不联网状态也可直接签到。

（4）出席统计模块

会议结束后，签到管理计算机可准确提供与会人员出席情况的报表（内容包括应出席、实出席、迟到、请假、缺席人数以及姓名、编号、单位等信息）、迟到人员明细报表（内容包括姓名、单位、打卡时间、类别等）、请假人员明细报表（内容包括姓名、单位、编号、类别等）、缺席人员明细报表（内容包括姓名、单位、编号、类别等）。

（5）签到管理模块

会议期间，将各代表的与会签到的情况输入电脑，主席通过触摸屏工作站可以查询和统计发言代表姓名、年龄、届别、单位、出席情况、出席时间等信息，并可以按任意内容进行分类统计、查询、打印。

9）会议设备总控系统

会议设备总控系统是数字会议系统的核心，其控制方式根据产品的不同有不需操作人员的自动控制模式和由管理人员通过PC机或专用的触摸屏实施控制的模式。

采用自动控制模式的会议总控设备（图例见图4-80）可以预编制设计组合操作菜单，制定各种自动控制模式，以适应各种特定演示环境，如预先设定好会议演示过程中灯光及各演示设备的开关调节程序；通过预告的批处理组态软件编程，使用户在演示报告时，只需一个按键操作，可使各种设备按预选定义的顺序开启或关闭；在无人监管的条件下控制发言设备（包括代表机、主席机、译员台等）、控制分配设备（包括音频媒体接口器、数据分配卡、电子通道选择器）、为代表和主席的扬声器进行自动音频均衡处理、提供适应各种会议形式的基本话筒管理功能、提供表决功能和同声传译功能。

由管理人员通过PC机实施控制的会议总控系统把会议的准备、管理、控制都置于计算机环境之中，通过PC机享用功能丰富的数字会议软件模块，拓宽会议管理的范围，实现系统安装、话筒控制、会议表决、同声传译、资料产生和显示、出席登记、认证卡编码、创建代表数据库、信息分配、内部通话、显示和音频处理等诸多功能，满足各种特定的系统要求。另外,也可通过专用的彩色触摸屏(图例见图 4-81)将会议环境中各个系统和设备的操作集中到一个全图标控制界面上进行集中控制操作,对各种会议设备(投影设备、音响设备、演示播放设备)及会议室的环境(灯光、窗帘、空调等)进行控制。

图 4-80　中央控制器图例　　　　　图 4-81　彩色触摸屏图

4.9.2　会议电视系统

会议电视是一种交互式的多媒体信息业务,用于异地间进行音像会议,其特点是在同一传输媒介上传输图像、语音、数据等多种媒体信息,并在多个地点之间实现交互式的通信。会议电视系统(Video Conferencing System)利用摄像机和话筒将一个地点会场的发言人的声音、图像通过传输网络传送到另一地点会场,并通过图文摄像机出示实物、图纸、文件和实拍电视图像,实现与对方会场的与会人员面对面地进行研讨与磋商,拓展了会议的广泛性、真实性和便捷性,不仅节省时间,节省费用,减少交通压力及污染,而且对于紧急事件,可更快地决策,更快地处理危机。

1) 会议电视的发展

会议电视起源于 20 世纪 60 年代,最早开发出来并投入商用的是模拟会议电视系统,80 年代末期,在压缩编码技术推动下,会议电视由模拟系统转向数字系统。80 年代初期,2Mbit/s 彩色数字会议电视系统问世,日本和美国形成非标准的国内会议电视网。80 年代中期,大规模集成电路技术和图像编解码技术的发展,为会议电视走向实用提供了良好的发展条件。80 年代末至今,随着计算机技术、通信网络技术、以数字视频压缩技术为主导的多媒体信息技术的发展,会议电视在实用化方面发展势头强劲,会议电视业务开始在我国推广使用,国家会议电视骨干网已经建成,并逐渐发展到远程医疗、远程教学等领域。同时一些部委和公司也根据自己的不同业务需求,建设了自己专用的会议电视网络。随着 IP 网络及各种数字数据网、分组交换网、ISDN 以及 ATM 的逐步建设和投入使用,会议电视的应用与发展更加具有前景。1990 年 CCITT (International Telephone and Telegraph Consultative Committee,国际电话与电报顾问委员会)通过了电视会议、可视电话的 H.261 建议,为各种产品的国际互通提供了保证。此后,CCITT 又制订了 H.320 系列标准,对电视会议系统的性能指标、压缩算法、信息结构、控制命令、规程和组建电视会议网的原则作了完整的规定,促进了电视会议的健康发展。

2) 会议电视系统的分类

会议电视系统分为公用会议电视系统、专用会议电视系统和桌面会议电视系统三种。

公用会议电视系统是由电信部门以预约租用方式经营使用的会议电视系统,国家级的会议电视系统覆盖所有省会及主要地级城市，需要召开电视会议的单位事先进行预约，电视会议在电信部门的会场进行。公用会议电视系统可减少使用单位的初期投资、资金压力以及维护费用，但使用时，需提前预约，不能随时随地进行电视会议。

专用会议电视系统是由独立单位自己组建的会议电视系统，包括组建专用的传输网络，购买专用的会议电视系统设备。专用的会议电视系统主要在大型企事业单位中组建，目前已建成专用系统的行业有海关、公安、铁路、银行等。专用会议电视系统不必提前进行预约，可随时随地进行电视会议，但一次性投资比较大，且还需专人进行维护。

桌面型会议电视系统（Desktop Video Conferring System，DVCS）基于计算机通信手段，投资少，见效快，使用方便、快捷，可以满足办公自动化数据通信和视频多媒体通信的要求。桌面型会议电视系统是在计算机上安装多媒体接口卡、图像卡、多媒体应用软件及输入/输出设备，将文本图像显示在屏幕上，双方有关人员可以在屏幕上共同修改文本图表，辅以传真机、书写电话等通信手段，及时地把文件资料传送到对方。桌面型会议电视系统不仅具备一般计算机（网络）通信的功能特点，而且具有动态的彩色视频图像、声音文字、数据资料实时双工双向同步传输及交互式通信的能力，可用于点对点或多点之间的视频会议、实时在线档案传输、同步传送传真文件和传送带有视频图像及声音的电子邮件等。

3) 会议电视系统的应用

远程商务会议应用——适用于大型集团公司、外资企业利用会议电视方式组织商务谈判、业务管理和远程公司内部会议。

政府行政会议应用——我国幅员辽阔，各级政府会议频繁，会议电视系统是一种现代化召开会议的多快好省的方法，它可使上级文件内容即时下达，使与会者面对面地讨论和领会文件精神，使上级指示及时得到贯彻执行。

远程教育应用——利用会议电视开展教学活动，使更多、更大范围的学生能够聆听优秀教师的教学，在美国和欧洲许多大学建有其远程教育网络，数百万学生通过交互视频会议系统接受教育。另外，远程培训在各大企业也越来越受到关注。

远程医疗应用——利用会议电视系统实现国内大医院与基层医院就疑难病症进行会诊、指导治疗与护理、对基层医务人员的医学培训等，且使医护人员在不同地方同时协同工作成为可能。

项目协同工作应用——将地理上分开的工作组以更高的速率和灵活性组织起来，项目组成员能进行远程协作，是进行远程项目管理非常好的工具。国外许多的大公司与其分公司间通过数字链路，利用桌面视讯会议，实现整个公司的办公自动化，相关人员可以在屏幕上共同修改文本、图表等。

4) 会议电视系统组成

会议电视系统主要由会议电视终端设备、传输网络、多点控制单元 MCU（Multi-point Control Unit）和相应的网络管理软件组成。其中终端设备、MCU、管理软件是会议电视系统所特有的部分，而通信网络是业已存在的各类通信网，会议电视的设备应服从网络的各项要求。图 4-82 为典型的会议电视系统结构图。

(1) 会议电视终端设备

会议电视终端设备有三种类型：桌面型会议电视终端、会议室型会议电视终端和便携

第 4 章 信息设施系统

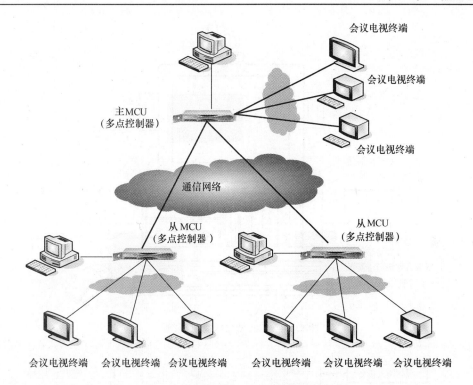

图 4-82 典型的会议电视系统结构图

式会议电视终端。

①桌面型会议电视终端

桌面型会议电视终端又分为桌面型和机顶盒型两种。

桌面型将桌面型或者膝上型电脑与高质量的摄像机（内置或外置）、ISDN 卡或网卡和视频会议软件组合，可使在办公室或者在外出差工作的人加入到会议中，与参会者进行面对面的交流。虽然桌面型会议电视终端支持多点会议（例如会议包含 2 个以上会议站点），但是它多数用于点对点会议（例如一人与另外一人的会议）。常见的桌面型会议电视系统如图 4-83。

机顶盒型终端的特点是简洁，在一个单元内包含了所有的硬件和软件，放置于电视机上，开通视频会议只需要通过一条 ISDN BRI（ISDN 基本速率接口）线或局域网连接，会议电视终端还可以加载一些外围设备例如文档投影仪和白板设备来增强功能。

②会议室型会议电视终端

设备主要包括视频输入/输出设备、音频输入/输出设备、视频编解码器、音频编解码器、信息处理设备及多路复用/信号分线设备等，其基本功能是将本地摄像机拍摄的图像信号、麦克风拾取的声音信号进行压缩、编码，合成为 64k bit/s 至 1920k bit/s 的数字信号，经过传输网络，传至远方会场，同时，接收远方会场传来的数字信号，经解码后，还原成模拟的图像和声音信号。图 4-84 为会议电视终端的组成结构。

A. 视频输入设备：包括主摄像机、辅助摄像机、图文摄像机及录像机。工作人员通过控制器控制主摄像机上下左右转动及焦距的调节，摄取发言人的特写镜头。辅助摄像机主要用来摄取会场全景图像，或不同角度的部分场面镜头及电子白板上的内容。图文摄像

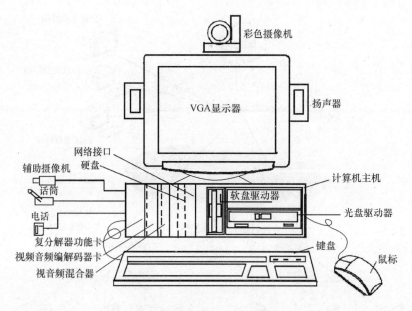

图 4-83 桌面型会议电视系统

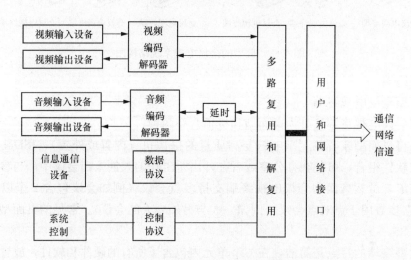

图 4-84 会议电视终端的组成结构

机一般固定在某一位置,用来摄取文件、图表等。录像机可播放事先已录制好的活动和静止的图像。

B. 视频输出设备:包括监视器、投影机、电视墙、分画面处理器。监视器用于显示接收的图像,通过画中画（PIP）的方式可在监视器上既显示接收的图像,同时又显示本会场的画面。会场人数较多时,采用投影机或电视墙。

C. 音频输入/输出设备:包括话筒、扬声器、调音设备和回声抑制器等。话筒和扬声器用于与会者的发言和收听远端会场的发言;调音设备用于调节本会场的话筒、扬声器的音色和音量;回声抑制器应用回波抑制原理将对远端的干扰信号抑制掉,保证发送的只有本端会场的发言。

D. 视频编解码器是会议电视终端设备的核心,它将模拟视频信号数字化后进行压缩

第4章 信息设施系统

编码处理,以适应窄带数字信道的传送,同时对不同电视制式的视频信号进行处理,以使不同电视制式的会议电视系统直接互通。在多点会议电视通信的环境下,它支持多点控制设备进行多点切换控制。

E. 音频编译码器是对模拟音频信号数字化后进行编码。在音频编译码器中必须对编码的音频信号增加适当的时延,以保证音频信号与译码器中的视频信号同步,否则会因为视频编译码器的时延,造成发言人的语言与口形动作不协调。

F. 信息处理设备包括白板、书写电话、传真机等。白板供本会场发言者与对方会场人员讨论问题时书写图文使用,通过辅助摄像机将书写的图文输入编码器传送到对方会场的监视器上显示。书写电话为书本大小的电子写字板,发言者写在此板上的发言信息变换成电信号后输入到视频编译码器,再传送到对方会场,并显示在监视器上。

G. 多路复用/信号分线设备:该设备将视频、音频、数据信号组合为传输速率为64—1920kbit/s的数据码流,成为用户/网络接口兼容的信号格式。

③便携式会议电视终端

便携式会议电视终端将全套的会议电视系统设计成一个紧凑的公文包,非常适合在野外、机动和应急场合召开会议。该终端支持ISDN和卫星网络,通过外接PC能够进行数据会议和登陆Internet,可以外接麦克风和大屏幕电视扩展成大型会议电视系统。图4-85为便携式会议电视终端实例。

(2) 多点控制单元(MCU)

多点控制单元MCU是实现多点会议电视系统不可或缺的设备,其功能是实现多点呼叫和连接,实现视频广播、视频选择、音频混合、数据广播等功能,完成各终端信号的汇接与切换。

在多点视频会议中,每个会场均应能看到其他会议场点的与会者,能听到他们的讲话,而各会场的声音广播及图像显示的内容是由多点视频会议的控制模式来决定。目前,常用的控制模式有语音控制模式、演讲人控制模式、主席控制模式、广播/自动扫描模式以及连续模式。

图4-85 便携式会议电视终端

语音控制模式的使用极为普遍,是全自动工作模式,按照"谁发言显示谁"的原则,由声音信号控制图像的自动切换。多点会议进行过程中,一方发言,其他会议场点显示发言者的会议图像。当同时有多个会议场点要求发言时,MCU从这些会议场点终端系统送来的数据流中抽取出音频信号,在语言处理器中进行电平比较,选出电平最高的音频信号,即与会者讲话声音最大的那个会议场点,将其图像与声音信号广播到其他的会议场点。为了防止由于咳嗽、噪声之类的短促干扰造成误切换,双方同时发言造成图像信息的重叠输出等问题,设置声音判决延迟电路,声音持续1~3s后,方能显示发言者的图像。无发言者时,输出主会场全景或其他图像。语音控制模式对项目组会议是十分理想的,与会者可以自由发言,但仅适于参加会议的会场数目不多的情况,一般控制在十几个会议场点之内,如果要比较的声音信号数目较多,则背景噪声大,MCU的语言处理器将很难选出最高电平的语言信号。

演讲人控制模式又称为强制显像控制模式,要发言的人(或称演讲人)通过编解码器向 MCU 请求发言（如按桌上的按钮，或触摸控制盘上相应的键），若 MCU 认可便将他的图像、语音信号播放到所有与 MCU 相连接的会场终端，同时 MCU 给发言人一个已"播放"的指示 MIV（多点显像指示），使发言人知道他的图像、语音信号已被其他参加会议的会场收到。该控制模式一般与语音控制模式混合使用，如果发言人讲话完毕，MCU 将自动恢复到语音控制模式。

主席控制模式将所有会议场点分为主会场（只有一个）和分会场两类，由主会场组织者（或称主席）行使会议的控制权，他根据会议进行情况和各分会场发言情况，决定在某个时刻人们会看到哪个会场，而不必考虑此刻是谁在发言。主席可点名某分会场发言，并与之对话，其他会场收听他们的发言，收看发言人图像。分会场发言需向主席申请，经主席认可后方可发言，此时申请发言的会议图像才被传送到其他各分会场。这种控制模式具有很大的主动性，控制效果比较好，避免了语音控制模式中频繁切换图像造成的混乱现象。

广播/自动扫描模式可以将画面设置为某个会场（这个会场被称为广播机构），而这个会场中的代表则可定时、轮流地看到其他各个分会场。这种模式按照事先设定好地扫描间隔自动地切换广播机构的画面，而不论此刻是谁在发言。

(3) 传输网络

视频会议的传输可以采用光纤、电缆、微波及卫星等各种信道，采用数字传输方式，将会议电视信号由模拟信号转换为数字信号，数字化后的信号经过压缩编码处理，去掉一些与视觉相关性不大的信息，压缩为低码率信号，经济实用，占用频带窄，应用普遍。目前采用的数字传输网络主要分为支持 H.320 协议的网络和支持 H.323 协议的网络两大类。提供电路交换形式的网络均可支持 H.320 协议，基于 H.323 协议的会议电视系统通过局域网络经 IP（路由器）网络进行通信，因此除上述支持 H.320 协议的网络可以使用外，还可以使用帧中继和 ATM 网络。

4.10 信息导引及发布系统

智能建筑中的信息导引及发布系统为公众或来访者提供告知、信息发布和查询等功能，满足人们对信息传播直观、迅速、生动、醒目的要求。信息导引及发布系统主要包括大屏幕信息发布系统与触摸屏信息导览系统。大屏幕信息发布系统和触摸屏信息导览系统通过管理网络连接到信息导引及发布系统服务器和控制器，对信息采集系统收集的信息进行编辑以及播放控制。信息导引及发布系统的组成见图4-86。

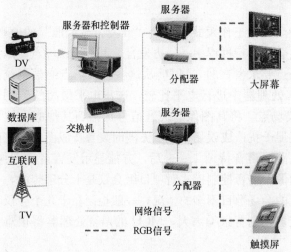

图 4-86 信息导引及发布系统的组成

4.10.1 大屏幕信息发布系统

大屏幕信息发布系统具有多媒体、多途径、可实时传送的高速通信数据接口和视频接口，主要用于发布各种公共事务信息，应用于会议中心、会展中心、金融机构、政府办公楼、汽车站、火车站、体育场馆、医院、机场、综合楼宇、办公大楼等场所，在其公共区域显要位置设置高清晰度显示屏用以显示各种新闻时事、通知、企业宣传等视频信息，以及二、三维动画和图文广告信息等，以满足现代人高速生活节奏对于信息社会资讯、新闻等信息方便获取的需求。大屏幕信息发布系统主要由通信卡、播出机、控制卡、视频卡、屏体等部分组成，其组成结构见图4-87。通信卡是VGA（Video Graphic Array，显示绘图阵列）显示卡到大屏幕之间的接口卡，用以实时地将VGA监视器的数据向大屏幕传送；视频卡的作用是在视频显示状态将视频信号源的模拟信号转换为数字信号，同时在VGA监视器上显示。播出机一般为包含通信卡、VGA显示卡、视频卡的PC机。播出机一方面负责收集播出内容信息，并按大屏幕显示的特定格式和一定的播出顺序在VGA监视器上显示；另一方面将VGA监视器的画面通过通信卡向控制卡发送，实时地将数据向大屏幕传送。

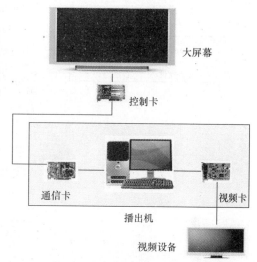

图4-87 大屏幕信息发布系统组成图

随着计算机、Internet及平板显示的飞速发展，催生了多媒体信息发布系统的兴起与发展。多媒体信息并不局限于简单的视频媒体播放，而是支持多种形式的媒体，支持目前各种文件格式，例如文档资料（word等）、动画（Flash等）、幻灯（PowerPoint）、图片（Jpg、Bmp、Gif等）、视频（MPEG-1、MPEG-2、MPEG-4等）、音频（mp3、wav、wma等）、电视直播或录播。

基于计算机网络IP数字传输的多媒体信息发布系统的组成结构如图4-88所示，可满足企业、大型机构、运营商或者连锁式机构基于网络构建多媒体信息发布系统的需求，多媒体信息发布系统在控制中心编辑好任务表、节目表后，通过网络将任务表和节目表分发到指定的显示终端设备上，显示终端将按编辑好的节目表进行播放。在有特殊的节目需要插播时，可以随时插播文字信息、图像信息、动态信息、视频信息等等。多媒体信息发布系统的显示终端设备可以是阴极射线管（CRT）显示屏、等离子体（PDP）显示屏、液晶（LCD）显示屏、发光二极管（LED）大型显示屏、电致发光或场致发光（ELD，FED）显示屏等。系统可实现远程对所有设备、信息的有效管理，对所有显示终端设备进行电源管理、IP管理、时间校对管理、显示终端分组管理，控制主机可对显示屏播放情况进行实时监控，并可根据需要向任意播出服务器插播紧急节目，或即时加插水平面或垂直滚动的字幕。播出服务器在播出紧急节目后继续播出原来节目。

4.10.2 触摸屏信息导览系统

随着多媒体信息查询应用的与日俱增，触摸屏以坚固耐用、反应速度快、节省空间、易于交流等优点广泛应用于多媒体信息查询，它赋予多媒体系统以崭新的面貌，是极富吸引力的全新多媒体交互设备。

智能建筑概论

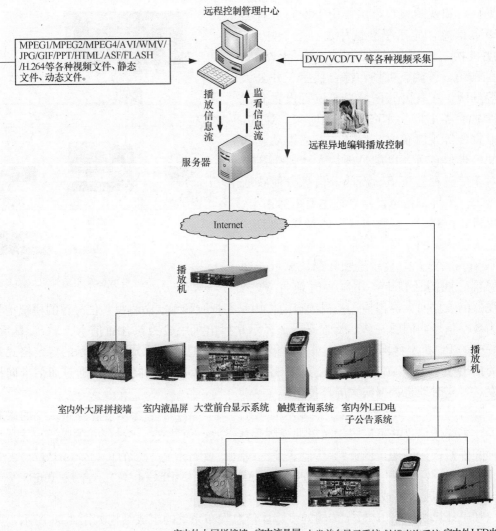

图 4-88 基于计算机网络 IP 数字传输的多媒体信息发布系统的组成结构

图 4-89 触控一体机

触摸屏信息导览系统对信息进行收集、加工、整合并双向式传播，具有友好的人机界面，操作简单方便，用触摸屏代替鼠标或键盘，根据手指触摸的图标或菜单位置来定位选择信息输入。触摸屏由触摸检测部件和触摸屏控制器组成。触摸检测部件安装在显示器屏幕前面，用于检测用户触摸位置，接受后送触摸屏控制器，然后把接受的信息送主机。使用者仅需用手指触摸显示器屏幕，即可查询信息，用以查询大楼的概况、物业管理、服务和其他公众信息。一般将触摸屏、多媒体组件、控制板与主机组装在一个结构化机柜里，构成触控一体机（如图 4-89 所示）。触摸屏信息导览系统通过已有的计算机网络系统硬件，配备适当的服务器和一定数量的触控一体机，并开发相应的信息导引系统软件实现。

4.11 时钟系统

时钟系统为有时基要求的系统提供同步校时信号,如对大楼内的计算机网络提供标准的 NTP(Network Time Protocol)时间服务。NTP 是用来使计算机时间同步化的一种协议,它可以使计算机对其服务器或时钟源做同步化,可以提供高精准度的时间校正。

4.11.1 时钟系统的组成

时钟系统由母钟、时间服务器、时钟网管系统、子钟等构成,时钟系统组成如图4-90所示。

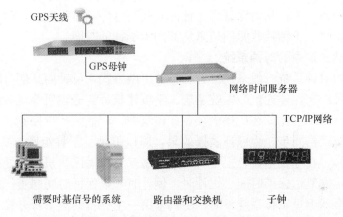

图 4-90 时钟系统组成图

GPS(Global Positioning System)是目前校时的最佳方案。GPS 是由美国国防部研制的导航卫星测距与授时、定位和导航系统,由 21 颗工作卫星和 3 颗在轨备用卫星组成,这 24 颗卫星等间隔分布在 6 个互成 60°的轨道面上,这样的卫星配置基本上保证了地球任何位置均能同时观测到至少 4 颗 GPS 卫星。GPS 向全球范围内提供定时和定位的功能,全球任何地点的 GPS 用户通过低成本的 GPS 接收机接受卫星发出的信号,获取准确的空间位置信息、同步时标及标准时间。GPS 校时的工作过程是由 GPS 网络校时母钟的 GPS 接收模块从 GPS 卫星接收精确的时间信息,经编码处理后向服务器提供时间信息和秒脉冲信号,该时间同步信号同步于世界时 UTC(Universal Time Coordinated),UTC 的来源可以是原子钟、天文台、卫星,也可以从 Internet 上获取,天文测时所依赖的是地球自转,而地球自转的不均匀性使得天文方法所得到的时间(世界时)精度只能达到 10^{-9},"原子钟"是一种更为精确和稳定的时间标准(铯原子 Cs^{133} 基态的两个超精细能级跃迁辐射振荡 9192631770 周所持续的时间为 1 秒),目前世界各国都采用原子钟来产生和保持标准时间。

对于大区域时钟系统,可以利用现有的计算机网络系统构建局域网时钟系统,需要时基信号的系统则从计算机网络中由二级母钟提取时钟信号与控制信号,即完全借助计算机网络系统传递时间。

时间服务器采用 broadcast/multicast、client/server、symmetric 三种方式与其他服务器对时。broadcast/multicast 方式主要适用于局域网的环境,时间服务器周期性地以广播的方式，将时间信息传送给其他网路中的时间服务器，其时间仅会有少许的延迟，而且配置非常的简单。但是此方式的精确度并不高，通常在对时间精确度要求不是很高的情况下可以采用。symmetric方式要求一台服务器可以从远端时间服务器获取时钟，如果需要也可提供时间信息给远端的时间服务器。此种方式适用于配置冗余的时间服务器，可以提供更高的精确度给主机。client/server方式与symmetric方式比较相似，只是不提供给其他时间服务器时间信息，此方式适用于一台时间服务器接收上层时间服务器时间信息，并提供时间信息给下层的用户。

使用子母钟的目的是让在此系统中的所有时钟的时间一致，为达到此目的使用母钟同步所有子钟的时间。母钟同步子钟的主要方式有脉冲同步方式和通信方式。前者母钟输出驱动脉冲直接驱动各子钟，从而保证各子钟的时间与母钟的时间同步；后者通过通信方式由母钟发布时间信息，子钟接收时间信息从而同步子钟的时间。

4.11.2 智能建筑中的时钟系统

智能建筑中的时钟系统一般采用母钟、子钟组网方式，母钟向其他有时基要求的系统提供同步校时信号。在媒体建筑、医院建筑、学校建筑、交通建筑等对时间有严格要求的建筑中应配置时钟系统。比如在广播电视业务建筑中，演播区、导控室、音控室、灯光控制及机房等时间应严格同步，为保证演播效果，应以母钟、子钟组网方式设置时钟系统，以母钟为基准信号，在导控室、音控室、灯光控制室、演播区、机房等处配置数字显示子钟，系统时钟显示器显示标准时间、正计时、倒计时，以保证时间同步。对于空港航站楼时钟系统可采用全球卫星定位系统校时，主机采用一主一备的热备份方式，组网方式采用母钟、二级母钟、子钟三级组网，母钟和二级母钟应向其他有时基要求的系统提供同步校时信号，航站楼内值机大厅、候机大厅、到达大厅、到达行李提取大厅应安装同步校时的子钟，航站楼内贵宾休息室、商场、餐厅和娱乐等处宜安装同步校时的子钟。

4.12 通信接入系统

通信接入系统是智能建筑信息设施系统中的重要内容，其作用是利用接入网，将建筑物外部的公用通信网或专用通信网的接入系统引入建筑物内，提供电话（一般电话、会议电话、可视电话）、数据、图形图像等业务，满足建筑物内用户各类信息通信业务的需求。

通信接入系统根据接入传输媒介的不同，分为有线接入和无线接入两种方式。有线接入方式根据采用的传输介质可以分为铜线接入、光纤接入和混合接入。无线接入利用卫星、微波等传输手段，在端局与用户之间建立连接，无线接入初投资少、系统规划简单、扩容方便、建设周期短、提供服务快，在发展业务上具备很大灵活性，是当前发展最快的接入网之一。

本 章 小 结

智能建筑信息设施系统是由对语音、数据、图像和多媒体等各类信息进行接收、交换、传输、存储、检索和显示等综合处理的多种类信息设备系统组成，其主要作用是支持建筑物内语音、数据、图像信息的传输，确保建筑物与外部信息通信网的互联及信息畅通，满足公众对各种信息日益增长的需求，其内容主要包括实现语音信息传输的电话交换系统、室内移动通信覆盖系统、广播系统，实现数据通信的综合布线系统、信息网络系统、卫星通信系统，实现图像通信的有线电视及卫星电视接收系统，实现多媒体通信的信息导引及发布系统、会议系统等，以及通信接入系统、时钟系统和其他相关的信息通信系统。

  通过本章学习应掌握智能建筑信息设施系统的概念，了解信息设施系统的组成和其实现的功能。

思 考 题

1. 信息设施系统的作用是什么？它包括哪些内容？
2. 什么是程控用户交换机，它具有什么功能？
3. 为建筑物内电话通信提供支持的电话交换系统有哪些可选的方式，各有什么特点？
4. 什么是综合布线系统，其结构特点是什么？
5. 综合布线系统由哪几部分组成？各部分的内容及作用？
6. 简述信息网络系统的概念和功能。
7. 网络的传输介质有哪些类型？
8. 什么是控制网络，它与信息网络有什么不同？
9. 有线电视系统由哪几部分组成？各部分的作用是什么？
10. HFC 传输网络有什么特点？为何得到广泛应用？
11. 什么是数字会议系统，它包括哪些内容？
12. 试说明会议电视系统的组成及功能。
13. 公共广播系统由哪几个部分组成，各部分具有什么功能？
14. 简述卫星通信系统的组成及特点。
15. 试说明室内移动通信覆盖系统的作用及工作原理。
16. 信息导引及发布系统在大楼及小区有哪些应用？
17. 什么是通信网接入系统，其作用是什么？

第 5 章 信息化应用系统

5.1 概 述

信息化应用系统是为满足建筑物各类业务和管理功能，在建筑物信息设施系统和建筑设备管理系统的基础之上，由多种类信息设备与应用软件而组合的系统，目的是提供快捷、有效的业务信息运行功能和完善的业务支持辅助功能。

信息化应用系统的内容主要包括工作业务应用系统、物业运营管理系统、公共服务管理系统、公众信息服务系统、智能卡应用系统和信息网络安全管理系统等其他业务功能所需要的应用系统。其中工作业务应用系统是针对建筑物所承担的具体工作职能与工作性质而设置的，根据建筑物类别的不同，可分为商业建筑信息化应用系统、文化建筑信息化应用系统、体育建筑信息化应用系统、医院建筑信息化应用系统和学校建筑信息化应用系统等，属于专用业务领域的信息化应用系统。而物业运营管理系统、公共服务管理系统、公众信息服务系统、智能卡应用系统和信息网络安全管理系统等属于通用型信息化应用系统，物业运营管理系统对建筑物内各类设施的资料、数据、运行和维护进行管理；公共服务管理系统对各类公共服务进行计费和人员管理；公众信息服务系统向建筑物内公众提供信息检索、查询、发布和导引等功能；智能卡应用系统实现识别身份、门钥、重要信息系统密钥、消费计费、票务管理、资料借阅、物品寄存、会议签到等管理功能；信息网络安全管理系统保障信息网络的运行和信息安全，通用型信息化应用系统适用于各种类型的建筑。

5.2 通用型信息化应用系统

5.2.1 物业运营管理系统

物业是指建成并投入使用的各类房产及其与之配套的设备、设施、场地等。其中"各类房产"包括办公建筑、商业建筑、住宅小区、工业厂房等。"与之配套的设备、设施、场地"包括房屋内外给水排水、电梯、空调等设备；上下水管、供变电、通信等公用管、线、路设施；开发待建、露天堆放货物或运动休憩的建筑地块、庭院、停车场、运动场、休憩绿地等场地。

物业管理是运用现代管理科学技术和先进的维护保养技术，以经济手段对物业实施多功能、全方位的统一管理，并为物业的所有人提供高效、周到的服务，使物业发挥最大的使用价值和经济价值。物业管理的基本任务就是对物业进行日常维护、保养和计划修理工作，保证物业功能的正常发挥，另外，还应该提供收费、保安、消防、环境绿化、车辆交通等方面的管理和服务。

物业运营管理系统采用计算机技术，通过计算机网络、数据库及专业软件对物业实施

第5章 信息化应用系统

即时、规范、高效的管理。物业运营管理系统界面如图 5-1 所示。物业运营管理系统根据物业管理的业务流程和部门情况，将物业管理业务分为空间管理、固定资产管理、设备管理、器材家具管理、能耗管理、文档管理、保安消防管理、服务监督管理、房屋租赁管理、物业收费管理、环境管理、工作项管理等不同的功能模块，实现物业管理信息化，提高工作效率和服务水平，使物业管理正规化、程序化和科学化。

空间管理模块对管理区、大楼、房屋、管理区附属设施、空间使用等信息进行管理，提供空间资源统计表、空房统计表、房产大修安排表、房产大修统计表等相关报表；

固定资产管理模块对空间存在的固定资产及各部门使用固定资产信息进行分类维护、查询、统计，提供资产信息查询、使用信息查询、资产信息统计等相关报表；

设备管理模块对设备（包括建筑智能化系统及设备）进行管理，其中包括设备档案管理、设备图纸资料管理、设备运行管理、设备保养管理、设备维修管理、备件备品管理、维修派工管理、设备基础数据管理和设备信息查询等，分别管理维护设备档案、设备图纸资料及借阅记录信息、设备运行时间、运行参数、故障记录、停用记录、设备保养计划、巡视安排、保养记录、保养检查记录、巡视记录、设备维修记录、零件更换记录、零件更换清单、设备报废记录、设备报废清单信息、备品备件的基本信息、入库、出库、采购信息、维修申请审批、派工单、房屋维修登记、维修工单查询、费用统计信息、设备供应商档案、设备保修档案、设备部件保修档案和基础数据等，提供设备档案、运行、维修和备品备件等的信息查询；

器材管理包括器材入库管理、器材库存管理、器材出库管理、器材租赁管理、器材归还管理、器材维修管理、登记基础数据管理和器材信息查询统计等八个模块，分别管理器材的库存、入库、出库、租赁、归还、维修等信息，同时管理器材基础数据信息；

家具管理包括家具入库管理、家具资产管理、家具使用管理、家具清查管理、家具基础数据管理和家具信息查询等六个模块，分别管理家具的入库、使用、清查信息，同时管理家具基础数据信息；

能耗管理主要实现对电表、水表、燃气表等能耗表数据的自动采集或手工录入，并提供查询、统计、分析，生成报表和柱状图等功能；

文档管理模块主要对物业管理公司的文档进行分类管理，实现上传、下载、查看等功能；

保安消防管理模块包括保安巡查管理（记录保安巡查排班及在巡查过程中所发生的事件及处理结果，登记重大违章事件，并记录违章的处理情况）、保安器械管理（对保安所配备的器械进行登记，以便于查询）、消防管理（对管理区内消防器材配备、消防事故情况、消防演习情况进行登记管理）；

房产租赁管理模块主要对租赁基础数据、客户档案、房间租赁、会议室租赁、租赁信息查询统计等进行管理，包括租金、租赁合同、租赁面积、租赁时间、租金缴纳等，并可对物业运行过程中租赁业务进行经济分析，向管理层提供决策依据；

物业收费管理模块主要对房产租赁、能耗表及其他的费用进行收取，并可对费用进行调整、查询、统计等；

环境管理模块对保洁区域的卫生检查及植被绿化等日常工作进行管理，记录、检查和管理所管辖区域的绿化、消杀、清运等工作；

工作项管理模块对于日常待完成的工作项给予提示。

物业运营管理系统的信息汇总查询功能减少重复劳动，完整的设施及维修保养档案提

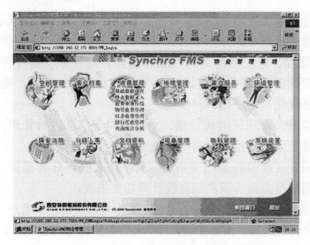

图 5-1　物业运营管理系统界面图例

高管理水平，全面的统计分析及时提供决策依据，规范了物业公司的各项业务管理，明晰了日常工作流程，提高了服务客户的质量，有效地提高了物业管理的效率。

5.2.2　公共服务管理系统

公共服务管理系统从广义上说，应包括应急管理与应急服务系统和常规管理与常规服务系统两部分。应急管理与应急服务系统主要为在紧急情况、突发事件与危机状态下的公共管理与公共服务提供信息化和高效化的技术支持。它包括对应急信息的监测、收集、处理，以及应急决策、应急举措、应急善后等应急处理信息的形成、传达与执行，还包括应急力量、应急资源、应急手段、应急条件等之间的联动协调等，形成一系列极为快速、高效而规范的应急机制，化解突发紧急事件和公共危机，使民众得到最佳的应急管理保障与应急服务。常规管理与常规服务系统为一切非应急状态下的公共管理与公共服务提供信息化、高效化的技术支持，覆盖了全部的日常公共运作，包括日常的政/事务信息收集、整理、归档与分发，也包括日常的政/事务信息发布、检查、监督、跟踪、反馈与调整，形成一系列极为快捷、方便、高效而规范的日常管理机制与日常服务机制。

智能建筑中的公共服务管理系统整合公共数字化资源、管理手段与服务设施，建设能同时进行常规管理与应急管理，同时提供常规服务与应急服务的电子平台，为大楼提供优质的常规管理与服务能力及应急管理与服务能力。

1）应急管理与服务系统

根据应急管理工作的职能和特点，应急系统应具备视频会议、视频监控、语音指挥调度和辅助决策等功能。在应急事件发生时，通过视频会议系统与上级应急管理机构和相关部门召开电视会议，通报现场情况，部署任务，贯彻落实上级精神。基于 IP 接入的政府应急指挥平台视频会议系统结构如图 5-2 所示。视频监控平时是预防和侦察手段，在处置突发事件时，现场的视频监控信号可为负责决策指挥的领导提供丰富、直观、可靠信息；语音指挥调度是了解现场情况和指挥调度各种应急救援队伍的必备手段，它能保证总指挥决策指令的快速实施；辅助决策功能是整个应急系统的精髓，该功能的实现不仅要有数据库的支持，还必须具备模型库和方法库，运用数学模型，进行综合分析，帮助决策者提出科学

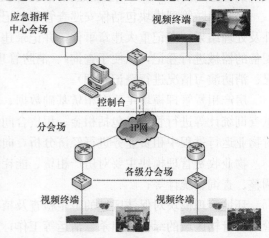

图 5-2　基于 IP 接入的政府应急指挥平台视频会议系统结构

的调动资源、应急指挥的决策意见或方案。

智能建筑中的应急系统建设是将视频会议系统、视频监控系统与语音指挥调度系统及各单位各部门特别是各专业应急部门的业务系统和数据库系统相整合，以实现资源共享、节约经费，提高效率。

2）常规管理与服务系统

在智能建筑中，常规的公共服务管理系统应具有对各类公共服务计费管理、电子账务和人员管理的功能。

公共服务计费包括电话、电视、计算机网络等的通信计费和水、电、空调等的能耗计费。公共服务计费可通过专业的计费管理软件实现，也可通过一卡通系统实现，例如利用智能卡对移动电话、可视电话、传真机等通信设备进行授权和加密处理，通过智能卡实现通信服务的自动计时、计费、记账和信息查询等功能。而水、电、空调等的能耗计费可通过能耗表（水、电、燃气）远程抄收系统和中央空调计量收费系统实现。电子账务是财务管理信息化的高级阶段，电子财务通过网络协同处理多会计主体间的重叠会计事项，实现网络模式下的协同财务。而人员管理可通过人员管理系统和一卡通系统实现。

5.2.3 公众信息服务系统

智能建筑中的公众信息服务系统基于信息设施系统之上，集合各类共用及业务信息的接入、采集、分类和汇总，并建立数据资源库，通过触摸屏查询、大屏幕信息发布、Internet 查询向建筑物内公众提供信息检索、查询、发布和导引等功能。

触摸屏是多媒体计算机发展的产物，作为一种多媒体交互设备，具有友好的人机界面，是目前最简单、方便、自然的一种人机交互方式，使用者仅需用手指触摸显示屏幕布，即可启动计算机查询信息。触摸屏查询系统是公众信息服务系统的重要组成部分，它应用计算机多媒体技术和网络技术，以文字、声音、图像、三维动画等丰富多彩的方式为用户提供方便快捷的信息检索查询服务。触摸屏查询系统结构如图 5-3 所示。

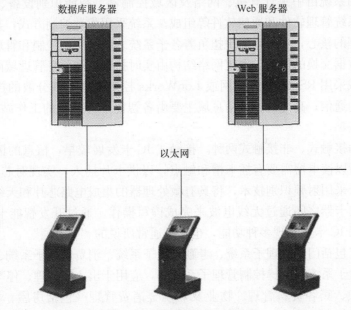

图 5-3 触摸屏查询系统结构图

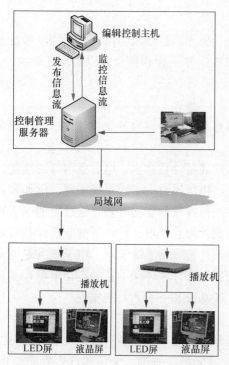

图 5-4 多媒体信息发布系统结构图

大屏幕信息发布系统是在大楼内的公共区域（比如大厅）设置高清晰度的显示屏装置，实时对计算机信号和视频图像信号进行显示，包括文本、图形、声音、视频等多种格式信息的显示，提供实时信息发布功能，满足资讯发布的需要。多媒体信息发布系统结构如图 5-4 所示。

Internet 是目前世界上最大的计算机互联网络，应用广泛，在智能建筑中利用大楼内的计算机网络系统向大楼内部用户提供 Internet 服务是信息化应用的重要内容，服务内容包括 Internet 访问、建立大厦内的 Web 服务，利用 Internet 从事日常业务交流、信息检索、商业广告发布等工作。

5.2.4 智能卡应用系统

智能卡应用系统利用计算机网络技术、通信技术、微电子技术和机电一体化技术为建筑或建筑群的出入通道及储值消费提供了全新高效的管理体系，目前已成为智能建筑信息化应用系统的重要组成部分，也是智能建筑实现现代化管理的重要标志。智能卡应用系统又称为"一卡通"，即将不同类型的 IC 卡管理系统连接到一个综合数据库，通过综合性的管理软件，实现统一的 IC 卡管理功能，从而使得同一张 IC 卡在各个子系统之间均能使用，真正实现一卡通。

1) 智能卡应用系统的组成结构

智能卡应用系统由中央计算机、网络及区域控制器、智能识别设备、智能卡、传感器、执行器及系统管理软件和通信软件等组成。系统采用集散控制方式，其中区域控制器是现场分散处理的核心，中央计算机担负着各子系统之间的协调控制和管理以及与其他计算机网络进行数据交换的任务。系统网络结构由实时控制域和信息管理域两部分组成，低速的实时控制域采用 RS-485 控制网或 LonWorks 控制网络实现分散的控制设备、数据采集设备之间的通信；高速的管理信息域主要由各智能卡分系统的工作站和上位机构成，系统结构见图 5-5。

智能卡分为接触式、非接触式两种。接触式 IC 卡发展较早，信息的读写需要通过直接电路接触，所以读卡器需要有插卡槽和触点，以供卡片插入，实现对芯片数据的读写。非接触式智能卡采用射频识别技术，将具有微处理器的集成电路芯片和天线封装于塑料基片之中，卡与读卡器之间通过无线电波来完成读写操作。通过开发智能卡的数据存储能力，可以在一张 IC 卡上实现多种功能，也就是通常所说的"一卡通"。

一卡通系统包括门禁管理子系统、考勤管理子系统、消费管理子系统、巡更管理子系统、停车场管理子系统、电梯控制管理子系统等，应用于出入口管理、停车场管理、电子巡更、电子门锁、宾客资料管理、物业及非现金消费管理（包括房屋、场地租金结算、水、电、气、通信费用结算、餐饮、娱乐、健身等非现金消费）、人事考勤和工资管理等。

第 5 章 信息化应用系统

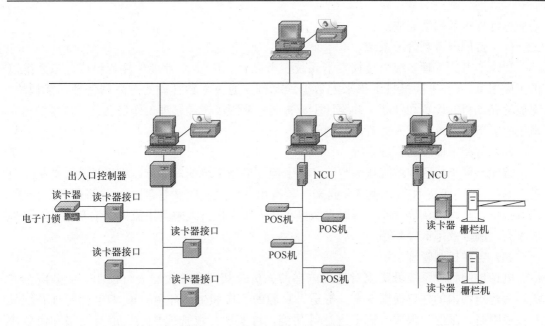

图 5-5 智能卡管理系统结构图

2）各应用系统的功能

（1）智能卡出入口管理系统

智能卡出入口管理系统是"一卡通"系统应用最普遍的一个部分，该系统通过各种卡、条码、智能卡读写器以及生物识别设备等对进出建筑物重要场所、重要部门、机房的人员进行分级别、分区域、分时段管理，具有识别人员身份，防止非法侵入，记录进出信息、保安报警等多种功能。智能卡出入口管理系统运行由发行管理与操作管理两部分组成。发行管理是指由系统管理员持系统管理卡授予不同对象以不同的权限（比如用于微型机操作管理的操作卡、用于高级授权的开门卡和一般开门的普通卡），并建立 IC 卡持有人的人事档案记录；操作管理具有监控、查询、报表处理等功能，经高级授权还可通过计算机开启指定门锁。

（2）智能卡电子巡更管理系统

智能卡电子巡更管理系统作为"一卡通"应用系统的一部分，其作用是在晚间和假日休息期间保证保安值班人员能够按照预先设定的路线，顺序地对该大厦内各个巡更点进行巡视。系统在确定的巡更路线上设置 IC 卡读写器作为巡更签到牌，巡更人员按规定时间及线路巡视，到达巡更检测点，通过 IC 卡在读写器上签到，读卡器自动记录巡更人员到达的时间、地点，管理员通过计算机可随时查询巡更情况，检索巡更人员所在位置，同时保护巡更人员的安全。

（3）IC 卡智能收费管理系统

IC 卡智能收费管理系统包括商场、餐厅及娱乐场所的电子消费、通信收费、水、电、气收费、员工食堂售饭管理等，系统包括授权发行系统、收费机、IC 卡和管理软件四部分。管理软件提供 IC 卡管理、联机通信、数据统计、报表汇总、输出打印、系统维护等多种功能，完成收费、统计、权限加密、卡片挂失、恢复使用已挂失的 IC 卡等管理任务。系统工作方式分为独立式和联网式两种，在联网状态下，发卡、操作、交易、统计等过程均通过计算机及网络完成。

（4）智能卡考勤管理系统

智能卡考勤管理系统由授权发卡系统、考勤机、IC卡、管理软件等组成。该系统以员工应用IC卡在考勤机打卡得来的数据为基础，通过考勤管理的一系列管理功能模块，完成考勤项目的设置和判断，并统计生成报表，实现了考勤管理工作自动化。该系统与人事系统、工资系统构成人力资源系列管理。

（5）智能卡停车场管理系统

智能卡停车场管理系统作为智能"一卡通"应用系统的一部分，将机械、计算机、自动控制以及IC卡技术有机地结合起来，具有出入管理、收费管理、自动储存进出记录、语音报价、车牌确认等功能，可以克服停车场人工管理方式中费用流失、泊车率低、管理成本高、服务效率低等弊端。

（6）电梯控制管理系统

电梯控制管理系统可实现对进出电梯的人员及其到达的楼层进行控制，屏蔽闲杂人员，为建筑物内的住户提供安全、舒适、宁静的工作和生活环境。IC卡电梯管理系统具有授权限时、限层、限次、刷卡直达等功能，可实现行政管理楼层、重要楼层和商务楼层、客房楼层有效分离，并可根据各个楼层的特点，设定各个楼层开放和受限的时间，限制无权人员随意进出，不仅增强保安功能，同时降低电梯运营成本，节约能源。

系统集成是建筑物和社区智能化的重要内容和发展标志，一卡通系统不仅实现了智能卡系统内部各子系统之间的信息交换、共享和统一管理，而且通过智能卡还可以实现一卡通系统与建筑物或社区内集成管理系统的物理连接和信息沟通，进而实现建筑物或社区内部各子系统之间的信息交换和统一管理，实施系统集成。比如，通过智能卡应用系统和电视系统集成，可实现视听服务的统一授权、持卡申请视频点播服务、持卡实现客房内电视订餐、电视购物、视听服务的自动计费入账、电视查询信息、查阅账单等；通过智能卡应用系统与信息网络系统的集成，实现个人计算机网络安全管理、个人登录、互联网访问、电子签名等。

5.2.5 信息网络安全管理系统

随着Internet的发展，众多的企业、单位、政府部门与机构都在组建和发展自己的网络，并连接到Internet上，网络丰富的信息资源给用户带来了极大的方便，但同时带来了信息网络安全问题。信息网络安全管理系统通过采用防火墙、加密、虚拟专用网、安全隔离和病毒防治等各种技术和管理措施，使网络系统正常运行，确保经过网络传输和交换的数据不会发生增加、修改、丢失和泄露等。

防火墙（Firewall）主要用于加强网络之间的访问控制，限制外界用户对内部网络的访问，管理内部用户访问外界网络的权限，防止外部攻击、保护内部网络，解决网络边界的安全问题，是提供安全服务、实现网络和信息安全的基础设施。

数据加密技术是通过对网络数据的加密来保障网络的安全可靠性，而不是依赖网络中数据通道的安全性来实现网络系统的安全。

虚拟专用网（Virtual Private Network，VPN）指的是在公用网络上建立虚拟专用网络，即整个VPN网络的任意两个节点之间的连接并没有传统专网所需的端到端的物理链路，而是架构在公用网络服务商所提供的网络平台，如Interne之上的逻辑网络，用户数据在逻辑链路中传输。

安全隔离技术的目标是把有害攻击隔离在可信网络之外，并保证可信网络内部信息不外泄，实现网间信息的安全交换。安全隔离技术有多种形式，其一是完全隔离，即采用完全独立的设备、存储和线路来访问不同的网络，做到完全的物理隔离，即双机双网，每位工作人员配备两台微机，分别连接内部局域网（"内网"）和 Internet 网（"外网"）两个网络，见图 5-6；其二是硬件卡隔离，即通过硬件卡控制独立存储和分时共享设备来实现对不同网络的访问，即单机双网，每位工作人员配备一台带安全隔离卡的微机，使用两个不同的硬盘或同一硬盘上两个不同的工作区访问内外两个网络，见图 5-7；其三是数据转播隔离，是利用转播系统分时复制文件的途径来实现隔离，切换时间较长，降低了访问速度，且不支持常见的网络应用，只能完成特定的基于文件的数据交换；其四是空气开关隔离，是通过使用单刀双掷开关，通过内外部网络分时访问临时缓存器来完成数据交换；其五是安全通道隔离，是通过专用通信硬件和专有交换协议等安全机制，来实现网络间的隔离和数据交换，不仅解决了以往隔离技术存在的问题，并且在网络隔离的同时实现高效的内外网数据的安全交换，成为当前隔离技术的发展方向。

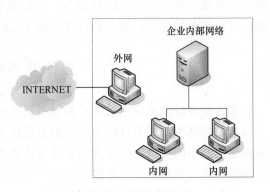

图 5-6 完全隔离

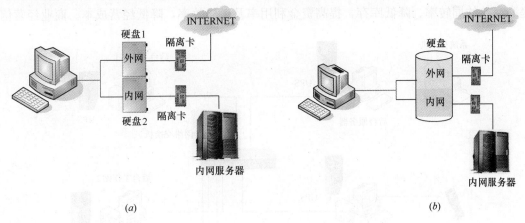

图 5-7 硬件卡隔离

（a）单机双硬盘隔离；（b）单硬盘分区隔离

网络分段是控制网络广播风暴的一种基本手段，也是保证网络安全的一项重要措施，其作用就是通过物理分段和逻辑分段方式将非法用户与敏感的网络资源相互隔离，从而防止可能的非法侦听，实现对局域网的安全控制。

另外还可采用交换技术解决局域网安全，比如用交换式集线器代替共享式集线器，使单播包（两台机器之间的数据包）仅在两个节点之间传送，从而防止非法侦听；或运用 VLAN（虚拟局域网）技术，将以太网通信变为点到点通信，防止基于网络侦听的入侵。在集中式网络环境下，可以将所有主机系统集中到一个 VLAN 里，从而较好地保护敏感的主机资源。在分布式网络环境下，可以按机构或部门的设置来划分VLAN，各部门内部的所有服务器和用户节点都在各自的VLAN内，互不侵扰。

5.3 工作业务信息化应用系统

工作业务信息化应用系统是根据不同的建筑种类，以满足其所承担的具体工作职能及工作性质的基本功能为目标而设立的信息化应用系统，也称为专用型信息化应用系统，比如按建筑的不同类别，可分为商业建筑信息化应用系统、文化建筑信息化应用系统、体育建筑信息化应用系统、医院建筑信息化应用系统、学校建筑信息化应用系统等。

5.3.1 商业建筑信息化应用系统

商业建筑信息化应用系统除了物业运营信息管理系统、公共服务管理系统、公共信息服务、智能卡应用系统等通用的信息化应用系统外，其专业的信息化系统主要有商业经营信息管理系统、宾馆经营信息管理系统等。

商业经营信息管理系统将计算机技术引入商业管理，取代繁琐的手工重复劳动，减少相关管理人员的劳动强度，弥补人工控制的商业管理流程中的弊端，并且提供科学的分析、预测工具和手段，辅助各级管理者和决策者客观、科学地分析市场和经营状况，提高经营管理和决策水平。商业经营信息管理系统分为商业前台、后台两大部分。前台POS销售实现卖场零售管理；后台进行进、销、调、存、盘等综合管理，通过对信息的加工处理来达到对物流、资金流、信息流有效地控制和管理，实行科学合理订货、缩短供销链，提高商品的周转率、降低库存，提高资金利用率及工作效率，降低经营成本。商业经营信

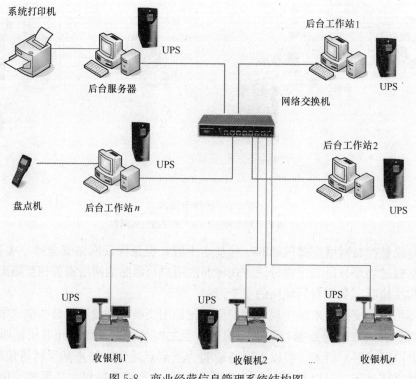

图 5-8 商业经营信息管理系统结构图

息管理系统结构如图 5-8 所示。

宾馆经营信息管理系统是一种比较典型和常用的专用信息化应用系统。它以提高酒店服务质量和经营效率为目标，通过计算机管理，实现信息与资源的共享，提供统计管理资料，辅助规划与决策，为酒店提供现代化的管理方式。酒店管理系统包括前台系统、后台系统、IC 卡电子门锁系统和一卡通消费管理系统等。前台系统提供完整的应用程序，用以规划、管理及监督酒店环境的各种数据资料，内容包括营销预订、总台登记、总台收银、客房管理、总台问询、餐饮管理、电话计费、商务中心、夜间审计查账、业务报表等，系统保留大量统计数据，用于分析与研究客房收入及住客率报告。酒店的财务系统通常称之为后台系统，该系统具有记录、核算和审计所有客房账目的功能，它自动运行完整的财务管理程序，包括日常分类账、应付账款、财务报表、支票填写、银行账目持平、预算以及管理所需的各类报告书。酒店电子门锁系统具有级别控制（客人卡开指定房间的门锁，楼层卡开指定楼层门锁，总控卡开所有房间门锁）、时间控制（客人卡只有在登记住房期间有效，过时后自动失效）、区域控制（清洁卡和维修卡只能开指定清洁区域及指定维修区域门锁）、更换密码（通过管理系统及有关卡，可随时更换密码）、开锁记录（每次开锁都记录开锁时间和卡号，并保持一段时间）、实时监控（通过联网，管理系统可实时监控门锁的状态）等功能。一卡通消费管理系统安装在酒店前台或物业管理部门，由前台电脑、IC 卡读写器及管理软件组成，实施对整个智能门锁系统的管理（包括宾客、员工卡的发行制卡，客房设置和查询，公共区域门锁管理、各种信息查询及工作报表生成与打印），并可通过 POS 系统由销售点将房客应付费用（包括餐饮、食品、饮料、小费与税等）转记到该客房帐上。

5.3.2 文化建筑信息化应用系统

文化建筑主要包括图书馆、博物馆、会展中心、档案馆等，文化建筑的信息化应用系统除了包括物业运营信息管理系统、公共服务管理系统、公共信息服务、智能卡应用系统等通用的信息化应用系统外，其专业的信息化应用系统即工作业务系统因建筑的类别而异。

图书馆信息化应用系统包括电子浏览、图书订购、库存管理、图书采编标引、声像影视制作、图书咨询服务、图书借阅注册、财务管理和系统管理员等功能。

博物馆信息化应用系统包括藏品管理系统、多媒体发布系统、多媒体导览系统等，其中藏品信息管理系统用于馆内藏品的信息收集、汇总和管理，将文字、图像、视频等多维角度的藏品信息，通过电脑输入到后台的服务器系统里面，全面实现藏品编目、研究、多媒体信息采集、保护修复等基本业务的信息化管理。多媒体发布系统和多媒体导览系统可将博物馆内所有的藏品信息方便、快捷地通过文字、语音、视频等多种信息化方式展现出来，让参观者能够更加形象地了解藏品的各方面信息，加深印象。

会展信息化应用系统结合传统会展行业的特点，利用现代计算机技术把传统的服务内容、能力和范围进行提升和扩展，实现会展管理与服务的数字化和网络化，提高管理效率和科学决策水平。会展信息化应用系统的内容包括会务管理（会议通知及邀请、与会者报名与确认、与会者报到、会场安排等）、招商管理（包括招商项目修改与发布、意向跟踪与服务、合同跟踪与服务等）、展位管理（包括场馆展位状态的设定与变更、场馆展位电子地图、场馆展位预定、场馆展位租用、场馆展位租用费用结算、租用期到达提醒等）、网上互动展览（利用虚拟现实技术以图、文、声等丰富的虚拟现实或三维动画形式全面展示各场馆、展厅、展品，参观者可以在虚拟展厅内进入展馆自由参观浏览）、资源管理（对展会相关的资源信息进行管理，实时掌握各类资源的占用、闲置情况及状态，方便快捷、准确地进行资源调配）。

5.3.3 体育建筑信息化应用系统

体育建筑信息化应用系统是服务体育赛事的专用系统，一般包括计时记分、现场成绩处理、现场影像采集及回放系统、电视转播和现场评论、售验票、主计时时钟、升旗控制和竞赛中央控制等系统。

计时记分与现场成绩处理系统作为采集、处理、显示比赛成绩及赛事中计时的系统，担负着所有比赛成绩的采集和基本处理的任务，是场馆进行体育比赛最基本的技术支持系统，也是体育赛事智能化应用系统中很重要的一部分。计时记分系统是成绩处理系统的前沿采集系统，现场成绩处理系统是在计时记分系统之后对相关比赛成绩做进一步的处理，系统主要完成对比赛现场成绩的采集、处理，并进行奖牌情况、破纪录情况等的统计，同时将成绩传送至赛事综合管理系统的成绩管理子系统、现场成绩显示牌或现场电视转播系统，同时向相关部门提供所需的竞赛信息。计时记分与现场成绩处理系统结构如图5-9所示。

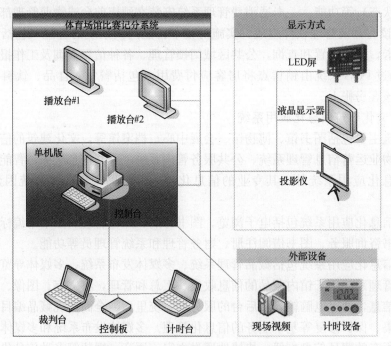

图5-9 计时记分与现场成绩处理系统结构图

现场录像采集及回放系统为裁判员、运动员和教练员提供即点即播的体育比赛录像与相关的视频信息，已经成为技术仲裁、训练和比赛技术分析等工作不可缺少的技术手段和工具，它既可用于当比赛发生争议时，为仲裁提供声像资料，又可为大屏显示提供影像信号，为场馆比赛资料的保存提供素材，同时把现场图像通过场馆CATV系统调制后，作为1路或多路电视节目进行播放。

电视转播和现场评论系统是将各摄像机位的摄像信号、现场评论员席的电视信号送至

第 5 章 信息化应用系统

停于室外的电视转播车,进行编辑后,送到转播机房向省级或中央电视台转发,也可直接在本地电视台中播出。现场评论席是广播电视媒体用于评论赛事的重要位置,通常位于场馆内最佳坐席区域,能够方便地全面观察比赛进程,并配有各种接口。

售验票系统通过 Internet 门户网站、定点售票窗口、场馆现场售票窗口实现电子售票,票务管理软件将售票信息即时提供给数据库,检票系统通过数据库完成门票的认证,并实施出入管理功能,图 5-10 为售验票系统应用示例。而对于安全系数相对较高的参赛运动员、训练人员和其他进出办公区的特殊人员,则通过体育场馆内部的门禁管理系统完成证件识别和出入管理功能,分类管理的门禁系统如图 5-11 所示。

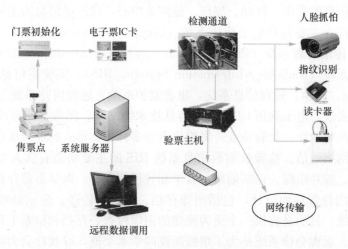

图 5-10 售验票系统应用示例

体育场馆主计时时钟系统给体育馆内重要区域提供一个统一的、标准的全场时间,保证系统母钟、子钟时间同步时钟显示,并具有世界标准时自动校正的功能。

国旗升降系统由电动升旗滑轮系统、现场同步控制器、后台控制系统组成。升旗控制系统应满足场馆升旗时,场地所奏国歌的时间和国旗上升到顶部的时间同步,并具有手自动转换功能,保证在自动控制系统出现故障时,可以通过手动控制升旗。

竞赛中央控制系统由用户界面、中央控制主机、各类控制接口、受控设备组成,具有对体育场馆内的声、光、电等各种设备进行集中控制的功能,管理人员只需要坐在触摸屏前,便可以直观地操作

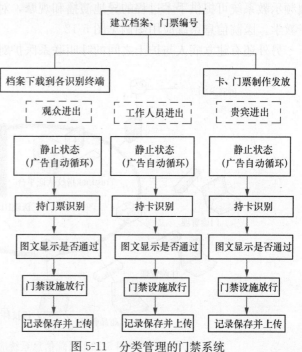

图 5-11 分类管理的门禁系统

153

整个系统，包括系统开关、各设备开关、灯光明暗度调节、信号切换、信号源的播放和停止、各种组合模式的进入和切换、音量调节等。

5.3.4 医院建筑信息化应用系统

医院信息系统（Hospital Information System，HIS）以支持各类医院建筑的医疗、服务、经营管理以及业务决策为目的，由医院管理系统（Hospital Management Information System，HMIS）和临床信息系统（Clinical Information System，CIS）组成。医院管理系统主要包括财务管理系统、行政办公系统、人事管理系统等非临床功能子系统，目的是提高管理工作效率和辅助财务核算。临床信息系统是医院信息系统中非常重要的一个部分，它以病人信息的采集、存储、展现、处理为中心，以医患信息为主要内容来处理整个医院的信息流程，主要包括电子病历系统（Computer-Based Patient Record，CPR）、医学影像存储与传输管理系统（Picture Archiving and Communication System，PACS）、检验放射科信息系统（Radiology Information System，RIS）、实验室信息系统（Lab Information System，LIS）、病理信息系统、患者监护系统、远程医疗系统等医院信息管理系统和临床信息系统。电子病历CPR采用信息技术将文本、图像、声音结合起来，含有医史记录、当前药物治疗、化验检查、影像检查等多种媒体形式的健康信息，能实现多媒体情报的处理和网络通信。检验放射科信息系统RIS的主要功能有病人登记、预约检查时间、病人跟踪、胶片跟踪、诊断编码、教学和管理信息等。医学影像存储与传输管理系统PACS专门为图像管理而设计，包括图像存档、检索、传送、显示处理和拷贝或打印的硬件和软件系统，目的是提供一个更为便捷的图像检查、存档和检索工具，目前已成为无胶片的同义词。远程会诊系统是为了增强医院间学术交流，寻找社会力量对疑难病例进行远程距离会诊，是一种新型的医疗手段。远程医疗通过医院会诊室（主会场）内设的一套远程医疗可视诊断系统，不仅可看到远程会诊的实况，并具有语言交流功能。另外还有视频示教系统可提供手术过程的异地演播和观摩，对手术实况进行编辑和制作资料，可用于教学。医院信息系统应用图例见图5-12。

另外还有建立病人与护士之间的呼叫联系医护对讲系统，为病人提供及时、有效的救

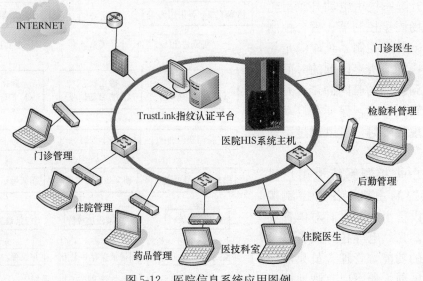

图5-12 医院信息系统应用图例

第 5 章　信息化应用系统

护和服务。为患者看病及医院工作人员管理带来方便的挂号排队系统、取药叫号系统、候诊排队系统，解决各种排队、拥挤和混乱等现象，同时也能对患者流量情况及每个医院职工的工作状况做出各种统计，为管理层进一步决策提供依据。门诊排队系统结构如图5-13所示。

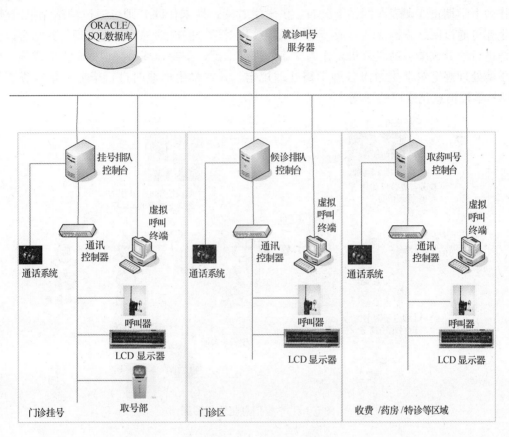

图 5-13　门诊排队系统结构图

5.3.5　学校建筑信息化应用系统

学校建筑信息化应用系统除了通用的建筑物业管理系统、校园智能卡应用系统、校园网安全管理系统外，还包括涵盖了学校管理主要方面的学校管理信息系统，使得绝大部分原先由手工来完成的烦琐操作成为轻松的现代化信息管理，使管理者可以及时掌握充足、准确的相关信息，从而实现科学、高效地决策，提高管理效率，增强对信息的反应速度，降低管理成本。学校管理信息系统包括教师管理、学籍管理、成绩管理、考试管理、教学管理、教材管理、资产管理（设备管理）、访客管理、寄存管理等（见图5-14），全面实现学校的网络化、信息化。教学管理系统包括教学计划管理、选课处理、教学调度、成绩管理、学籍管理、门户网站、综合教务等子系统。综合教务系统在各个

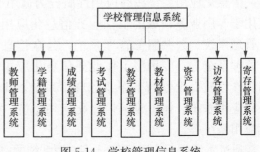

图 5-14　学校管理信息系统

子系统之间建立相互联系：教学计划系统首先维护课程信息，进而下发各个专业的培养计划和下学期的教学计划；教学调度系统根据下一学期的教学计划制定下学期的教学任务，作为学生选课的原始数据；学生根据自己的实际情况在网站上选课，选课的数据经选课处理系统处理，并作为教学调度的原始数据结合教室信息、教师信息进行调度，调度后的数据作为下学期正式课表在网站上公布，供学生查阅；期末任课教师可通过网站上报成绩，学生亦可通过网站查询成绩，成绩处理系统就可对学生的成绩进行分析处理，并结合以往成绩进行学分成绩、绩点分析，作为学籍处理的依据；学籍处理系统根据学生的成绩，依据学籍处理规定对学生做出各种学籍处理规定，并在学生毕业时进行毕业资格审查。图5-15是学校信息化应用的图例。

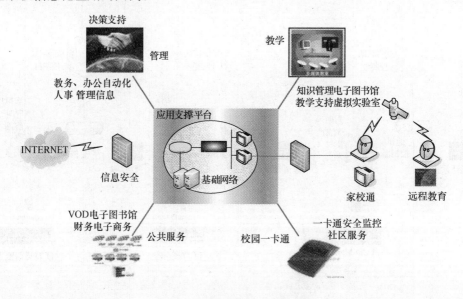

图 5-15　学校信息化应用图例

本 章 小 结

　　信息化应用系统是在建筑物信息设施系统和建筑设备管理系统的基础之上，由多种类信息设备与应用软件而组合的系统，目的是提供快捷、有效的业务信息运行功能和完善的业务支持辅助功能。

　　信息化应用系统按其应用性质分为适用于各种类型建筑的通用型信息化应用系统和适用于专用业务领域的工作业务信息化应用系统。通用型信息化应用系统包括物业运营管理系统、公共服务管理系统、公众信息服务系统、智能卡应用系统和信息网络安全管理系统等。专用型工作业务信息化应用系统是针对建筑物所承担的具体工作职能与工作性质而设置的工作业务应用系统，比如商业建筑信息化应用系统、文化建筑信息化应用系统、体育建筑信息化应用系统、医院建筑信息化应用系统和学校建筑信息化应用系统等。

　　通过本章学习应掌握信息化应用系统的概念和通用型信息化应用系统的内容、组成及实现的功能，了解典型的工作业务信息化应用系统的功能及应用。

思 考 题

1. 什么是信息化应用系统？并举例说明其作用。
2. 试说明通用型信息化应用系统与工作业务信息化应用系统的区别。
3. 通用型信息化应用系统都有哪些？其作用是什么。
4. 列举两例工作业务信息化应用系统，说明其作用及功能。

第6章 智能化集成系统

6.1 概　　述

随着计算机技术、控制技术、通信技术的发展和人们对工作、生活环境需求的提高，建筑物内控制的对象越来越多，建筑智能化系统内容日益丰富，各子系统运行的信息量大大增加，而且各个子系统间的相互关联和协同动作已成为提升建筑智能化程度的重要因素，因而要求采用一种技术手段对各个子系统进行统一监控管理，综合调度，协调各系统的运行与动作，建筑智能化系统集成正是在这种背景下产生。

6.1.1 系统集成与集成系统

系统集成（Systems Integration，SI）是指将智能建筑内不同功能的智能化子系统在物理上、逻辑上和功能上连接在一起，以实现信息综合、资源共享。系统集成并非诸多子系统的简单堆叠，而是一种总体优化设计，其目的是把原来相互独立的系统有机地集成至一个统一环境之中，将原来相对独立的资源、功能和信息等集合到一个相互关联、协调和统一的集成系统中，从更高的层次协调管理各子系统之间的关系，监视各子系统设备的运行状况和关系到大楼正常运行的重要的报警信息，提供基于各子系统间的相关联动和智能化系统整体行动的一系列联合响应能力，实现信息资源和任务的综合共享与全局一体化的综合管理，提高服务和管理的效率，提高对突发事件的响应能力。

智能化集成系统（Intelligented Integration System，IIS）是指将不同功能的建筑智能化系统，通过统一的信息平台实现集成而形成的具有信息汇集、资源共享及优化管理等综合功能的系统。

系统集成是一种技术方法，智能化集成系统是系统集成的结果。

6.1.2 智能化集成系统的功能

智能化集成系统的功能体现在两个方面，一方面以满足建筑物的使用功能为目标，确保对各类系统监控信息资源的共享和优化管理，在实现子系统自身自动化的基础上，优化各子系统的运行，实现子系统与子系统之间关联的自动化，即以各子系统的状态参数为基础，通过智能化集成系统的集中管理和综合调度，实现各子系统之间的相关联动。比如当大楼火警探测器探测到火警信号，可联动火情区域的安全技术防范系统摄像机转向报警区域进行确认，如若火情确认，视频监控系统将火警画面切换给主管人员和相关领导，同时楼宇自控系统关闭相关区域的照明、电源及空调，门禁系统打开通道门的电磁锁，保证人群疏散，停车场系统打开栅栏机，尽快疏散车辆。再比如当入侵探测器探测到有人非法闯入时，可联动该区域的照明系统打开灯光，同时联动该区域的视频监控系统将摄像机转向报警区域，并记录现场情况，联动门禁系统防止非法入侵者逃逸，见图6-1所示。另一方面是实现对各子系统集中监视和管理，将各子系统的信息统一存储、显示和管理在同一平台上，用相同的环境、相同的软件界面进行集中监视，见图6-2所示。相关部门主管、物业管理部门以及管理员可以通过计算机生动、方便的人机界面浏览各种信息，监视环境温度/湿度参数，空调、电梯等设备的运行状态，大楼的用电、用水、通风和照明情况，以及保安、巡更的布防状况，消防系统的烟感、温感的状态，停车场系统的车位数量等，并为其他信息系统提供数据访问接口，实现建筑中的信息资源

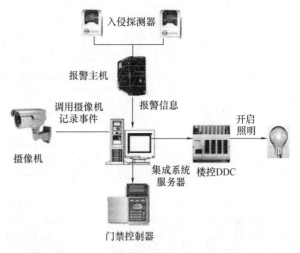

图6-1 智能化集成系统联动功能图例

和任务的综合共享与全局一体化的综合管理，使决策者便于把握全局，及时做出正确的判断和决策。

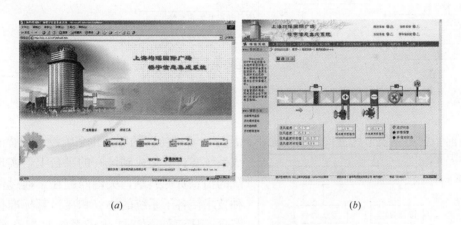

图6-2 集成系统集中监视与管理功能图例
(a) 集中监视与管理主界面；(b) 空调系统监控界面

　　智能化集成系统采用最优化的综合统筹设计，实现整个大厦内硬件设备和软件资源的充分共享，利用最低限度的设备和资源，最大限度地满足用户对功能上的要求，节约投资，而且加快服务的响应时间，特别是对于那些突发性事务，可以迅速及时响应并采取综合周密的措施进而做到妥善优化处理，增强大厦防灾和抗灾能力，更好保护业主及大厦用户人身及财产安全，避免不必要的损失，提高大厦智能化水平。另外智能化集成系统的集中监视与管理功能可以减少操作管理人员和设备维修人员数量，降低运行和维护费用，节省人工成本，提高管理和服务的效率，并有利于智能建筑的工程实施和施工管理，降低工程管理费用，为建筑的使用者与投资者带来经济效益和社会效益。

6.1.3 智能化集成系统的结构及内容

　　智能化集成系统通过统一的信息平台将不同功能的建筑智能化系统集成，实现集中监视和综合管理的功能，其系统结构如图6-3所示。

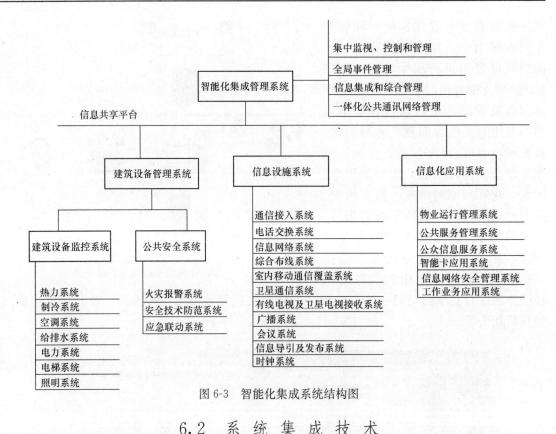

图 6-3 智能化集成系统结构图

6.2 系统集成技术

目前,智能建筑市场上广泛使用着不同厂家、不同协议的智能化系统设备,智能化集成系统要将其集成到统一的平台上,实现各系统的信息资源共享,关键问题在于通过使用多种技术使各子系统的协议和接口都标准化和规范化,从而使各智能化子系统具有开放式结构,解决子系统之间的互联互操作问题。目前系统集成的技术手段主要有采用协议转换、采用开放式标准协议、采用 ODBC 技术、采用 OPC 技术实现系统集成。

6.2.1 采用协议转换方式实现系统集成

具有不同通信协议的互联网络,可以采用协议转换器(网关)把需要集成的各智能化系统进行协议转换后集成。网关的功能是建立集成平台与被控设备的通信,一方面接收集成平台的命令,将控制命令进行格式转换后下达给被控设备,另一方面采集被控设备的数据,将数据进行数据格式转换后上传给集成平台。网关的工作过程如图 6-4 所示。

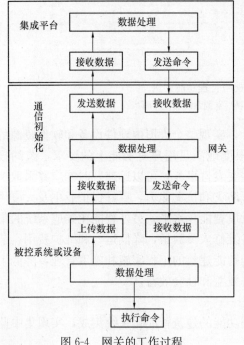

图 6-4 网关的工作过程

6.2.2 采用开放式标准协议实现系统集成

采用开放性的国际化标准协议，使不同厂家的系统设备都能够互联、互换和互操作，实现系统间的无缝集成是智能化系统集成的最佳解决方案。目前在智能建筑领域主要有两个开放式标准协议：BACnet 和 LonTalk。

BACnet（A Date Communication Protocol for Building Automation and Control Networks）是 1995 年美国暖通空调工程师协会（ASHRAE）推出的楼宇自动控制领域第一个开放式标准通信协议，各厂家按照这一协议标准开发的系统设备相互兼容，不同厂家生产的控制器都可以相互交换数据，实现互操作性。2003 年 ISO 正式批准其为国际标准（ISO16484-5）。

BACnet 协议以 ISO 的 OSI 模型为基础，定义了一个四层折叠式协议结构，结构中的四层对应于 OSI 模型的物理层、数据链路层、网络层和应用层，如图 6-5 所示。

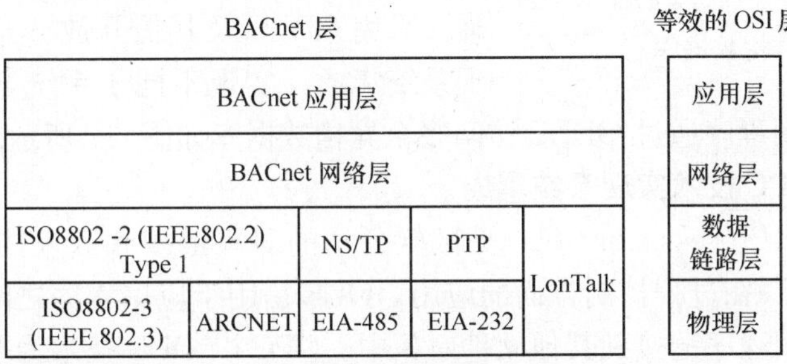

BACnet 层				等效的 OSI 层
BACnet 应用层				应用层
BACnet 网络层				网络层
ISO8802-2 (IEEE802.2) Type 1	NS/TP	PTP	LonTalk	数据链路层
ISO8802-3 (IEEE 802.3)	ARCNET	EIA-485	EIA-232	物理层

图 6-5 BACnet 折叠结构模型

LonTalk 是美国 Echelon 公司 1991 年推出的全分布式的实时控制域的开放式协议，该协议遵循 ISO 制定的 OSI 模型，提供了 OSI 全部七层服务，如图 6-6 所示，它支持以不同通信介质分段的网络，如双绞线、电力线、无线电、红外线、同轴电缆和光纤等。采用 LonTalk 协议的网络技术为 LonWorks 技术，后者的核心为 Neuron 芯片，芯片内部含有三个 CPU，分别管理网络、介质访问和应用。LonWorks 最大特点是挂接在 LON 总线上的设备控制节点都装配有神经元芯片，而在每只芯片内已固化有标准的网络通信协议，

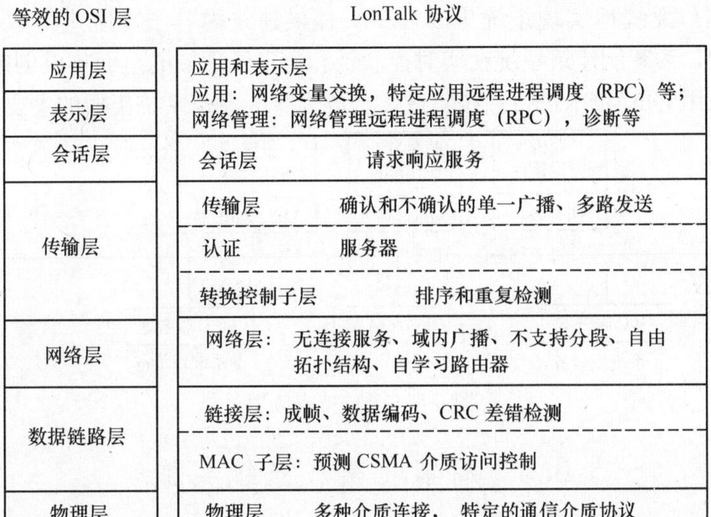

等效的 OSI 层	LonTalk 协议	
应用层	应用和表示层	应用：网络变量交换，特定应用远程进程调度（RPC）等；网络管理：网络管理远程进程调度（RPC），诊断等
表示层		
会话层	会话层	请求响应服务
传输层	传输层	确认和不确认的单一广播、多路发送
	认证	服务器
	转换控制子层	排序和重复检测
网络层	网络层	无连接服务、域内广播、不支持分段、自由拓扑结构、自学习路由器
数据链路层	链接层	成帧、数据编码、CRC 差错检测
	MAC 子层	预测 CSMA 介质访问控制
物理层	物理层	多种介质连接，特定的通信介质协议

图 6-6 LonTalk 协议的分层

这就使得接入 LON 总线的各类设备可互通信,可实现楼宇自动化系统集成。

6.2.3 采用 ODBC 技术实现系统集成

ODBC（Open Database Connectivity,开放数据库互联）是微软公司推出的一种应用程序访问数据库的标准接口,也是解决异种数据库之间互联的标准,用于实现异构数据库的互联,目前已被大多数数据库厂商所接受,大部分的数据库管理系统（DBMS）都提供了相应的 ODBC 驱动程序,使数据库系统具有良好的开放性,已成为客户端访问服务器数据库的 API（Application Programming Interface,应用程序编程接口）标准。采用 ODBC 及其他开放分布式数据库技术实现系统集成,实现不同子系统之间的综合数据共享、信息交互,应用程序通过 ODBC 访问多个异构数据库如图 6-7 所示。

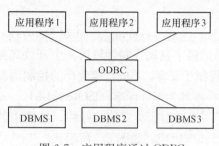

图 6-7 应用程序通过 ODBC 访问多个异构数据库

6.2.4 采用 OPC 技术实现系统集成

OPC（OLE for Process Control）是微软公司的对象链接和嵌入技术 OLE（Object Linking Embedding）在过程控制方面的应用,OLE 是用于应用程序之间的数据交换及通信的协议,允许应用程序链接到其他软件对象中。OPC 以 OLE 技术为基础,为实现自动化软硬件的互操作性提供一种规定,提供信息管理域应用软件与实时控制域进行数据传输的方法（应用软件访问过程控制设备数据的方法）,解决应用软件与过程控制设备之间通信的标准问题。

当控制设备通过 OPC 技术进行互联时,图形化应用软件、趋势分析应用软件、报警应用软件、现场设备的驱动程序均基于 OPC 标准,在统一的 OPC 环境下,各应用程序可以直接读取现场设备的数据,不需要逐个编制专用接口程序,各现场设备也可直接与不同应用程序互联,如图 6-8 所示。OPC 的作用使设备的软件标准化,从而实现不同网络平台、不同通信协议、不同厂家产品间方便地实现互联与互操作,进一步提升了系统整体的开放性。支持 OPC 的产品都可以无缝地实现系统集成,OPC 提供建筑内各子系统进行数据交换的通用、标准的通信接口,为智能建筑系统在实时控制域和信息管理域的全面集成创造了良好的软件环境。目前,采用 OPC 技术进行系统集成,已成为智能建筑系统集成的主要方式之一。

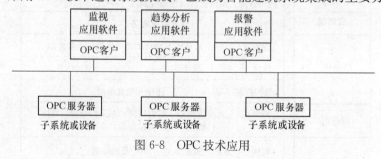

图 6-8 OPC 技术应用

6.3 智能化集成系统实施

智能化集成系统包括智能化系统信息共享平台建设和信息化应用功能实施。

第6章 智能化集成系统

6.3.1 智能化系统信息共享平台建设

智能化系统信息共享平台是以网络为基础的统一监控管理平台，通过完整的系统软件，采集并发布各智能化系统的相关实时数据，实现对系统信息、资源和管理服务的共享。

Internet 的普及和延伸使 TCP/IP 协议得到了广泛采用，其开放性可以把现行的各种局域网互联，已成为事实上的国际标准。Intranet 将 Internet 技术应用于集团企业网络，使用统一的 TCP/IP 协议，采用浏览器/服务器模式（B/S 模式），将传统的 C/S 模式中的服务器分解为一个 Web 服务器和一个或多个数据库服务器，客户端不是与服务器直接相连，而是通过 Web 服务器与数据库服务器相连。用户请求送到 Web 服务器，再由 Web 服务器送到数据库服务器，Web 服务器将结果模式化为 HTML 模式反馈给用户。这种三层结构的 Intranet 网络，使用统一的 TCP/IP 协议，用户端通过浏览器即可查看信息。

Internet/Intranet 技术和 Web 技术在智能建筑领域的广泛应用，促使系统集成以各子系统平等的方式，以整合信息应用为目标建设基于建筑物内部网 Intranet 的智能化信息共享平台，该平台以 TCP/IP 协议为基础，以 Web 浏览和 SQL 数据库为核心应用，通过 Web 服务器和浏览器技术来实现整个网络上的信息交互、综合和共享，

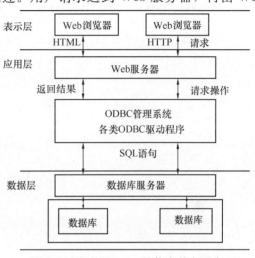

图 6-9 基于 Intranet 的信息共享平台

如图 6-9 所示，实现统一的人机界面和跨平台的数据库访问，实现局域和远程信息的实时监控，数据资源的综合共享，以及全局事件快速处理和一体化科学管理。

6.3.2 信息化应用功能实施

系统集成的目的是要实现资源共享和综合管理，也就是在智能化信息共享平台的基础上，建立实用、可靠和高效的信息化应用系统，通过工作业务应用系统、物业运营管理系统、公共服务管理系统、公众信息服务系统、智能卡应用系统和信息网络安全管理系统等信息化应用系统提供快捷、有效的业务信息运行的功能和完善的业务支持辅助的功能，实施对建筑物内各类设施的资料、数据、运行和维护进行管理、对各类公共服务进行计费管理和人员管理，对各类其他服务、消费等计费和票务管理、资料借阅、物品寄存、会议签到和访客管理等进行管理，并满足该建筑物所承担的具体工作职能及工作性质的基本功能。

本 章 小 结

本章主要介绍了系统集成和集成系统的概念、集成系统的功能、集成系统的结构和集成系统实现的方法。系统集成是一种技术方法，它将智能建筑内不同功能的智能化子系统从物理上、逻辑上和功能上集成在一起，实现信息综合、资源共享。智能化集成系统是系

统集成的结果，是将不同功能的建筑智能化系统，通过统一的信息平台集成形成具有信息汇集、资源共享及优化管理等综合功能的系统。

通过本章学习，应掌握系统集成和集成系统的概念，熟悉集成系统的功能，了解集成系统的集成方法。

思 考 题

1. 试比较系统集成与集成系统的概念，说明两者的关系。
2. 从分立系统和集成系统的比较说明系统集成带来的效益。
3. 实现系统集成的方法都有哪些？
4. 试说明智能化集成系统包括哪两部分。

第7章 居住小区智能化系统

7.1 居住小区智能化系统概述

随着我国国民经济的持续发展,人民生活质量的不断提高,居民生活逐渐从温饱型向小康型迈进,同时计算机技术、信息技术与现代控制技术等一系列先进技术的迅速发展,使人们的生活和工作方式发生了重大的改变,并强烈地冲击着建筑业。在这样的环境下,人们对居住环境也有了更高的要求,人们期望安全、舒适、高效、方便快捷的居住环境,智能化居住小区应运而生。

居住小区智能化系统以高科技为基础,采用现代信息传输技术、网络技术和信息集成技术,进行科学设计、优化集成、精心建设,提高住宅高新技术的含量和居住环境水平,以满足居民现代居住生活的需求。住宅小区物业管理、安全防范及信息服务等方面自动化程度的提高,为住户提供了一个安全、方便、舒适的生活空间,人们可以在家中享受网上购物、网上教育和多媒体娱乐等服务,实现家用电器的远程控制,智能化居住小区成为人居环境的发展趋势。

7.1.1 住宅小区智能化

随着信息技术的发展和人们对居住环境要求的提高,20世纪80年代中后期,国际社会把智能大厦的概念推向了住宅,形成了"智能住宅(Smart Home)"的概念,而我国则结合居民小区发展的实际情况,在20世纪90年代中期提出了"智能化住宅小区"的新理念。通过对小区建筑群四个基本要素,即结构、系统、服务、管理及它们之间内在关联进行综合优化,对居住小区进行智能化的综合统一管理,实现小区安全、舒适、方便、快捷的家居环境。

1999年建设部发布的《全国居住小区智能化系统示范工程建设要点与技术导则(试行)》中对住宅小区智能化做了如下描述:"所谓住宅小区智能化是指依靠先进的设备和科学的管理,利用计算机及相关的高新技术,将传统的土木建筑与计算机技术、自动控制技术以及信息技术相结合,将一定地域范围内的居民住宅分别对其使用功能进行智能化,从而达到节约能源,降低人工成本,提高住宅小区物业管理、安防以及信息服务等方面的自动化程度,为小区住户提供安全、舒适、方便、快捷的家居环境。"

2005年由建设部住宅产业化促进中心颁布的《居住小区智能化系统建设要点与技术导则》明确指出:"居住小区智能化系统总体目标是:通过采用现代信息传输技术、网络和信息集成技术,进行精密设计、优化集成、精心建设,提高住宅高新科技含量和居住环境水平,以满足居民现代居住生活的需求。"

7.1.2 小区智能化系统的组成

居住小区智能化系统是现代高科技领域中的产品与技术在居住小区的应用,其内容主要包括安全防范子系统、管理与监控子系统和通信网络子系统。图7-1为居住小区智能化系统的组成框图。

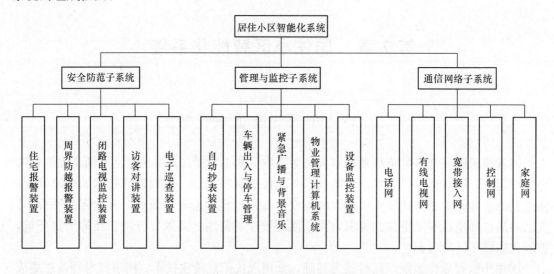

图7-1 居住小区智能化系统组成框图

由图可见，安全防范子系统包括住宅报警装置、访客对讲装置、周边防越报警装置、闭路电视监控装置、电子巡查装置；管理与监控子系统包括自动抄表装置、车辆出入与停车管理、紧急广播与背景音乐、物业管理计算机系统、设备监控装置；通信网络子系统包括电话网、有线电视网、宽带接入网、控制网、家庭网。

7.1.3 小区智能化系统等级划分

在《居住小区智能化系统建设要点与技术导则》中，为使不同类型、不同居住对象、不同建设标准的住宅小区合理配置智能化系统，小区按功能设定、技术含量、经济投入等因素综合考虑，划分为：一星级（符号★）、二星级（符号★★）、三星级（符号★★★）三种类型。

1) 一星级

智能化系统的建设按城镇建设行业产品标准"小区智能化系统配置与技术要求"（CJ/T 174—2003）进行，具体要求如下：

(1) 安全防范子系统

①住宅报警装置

②访客对讲装置

③视频监控装置

④电子巡查装置

(2) 管理与设备监控子系统

①车辆出入与停车管理装置

②物业管理计算机系统

(3) 信息网络子系统

为实现上述功能科学合理布线，安装家居综合布线箱，每户不少于两对电话线、两个电视插座和一个高速数据插座。

2）二星级

二星级除具备一星级的全部功能之外,要求在安全防范子系统、管理与设备监控子系统和信息网络子系统的建设方面,其功能及技术水平应有较大提升。并根据小区实际情况,科学合理地选用"居住小区智能系统技术分类"CJ/T 174—2003 中所列举的可选配置。采用了节省资源和环境保护的智能技术与产品。

3）三星级

三星级应具备二星级的全部功能,系统先进、实用和可靠。并具有开放性、可扩充性和可维护性。特别要重视智能化系统中管网、设备间(箱)、设备与电子产品安装以及防雷与接地等设计与施工。在节省资源和环境保护的智能技术与产品方面应用效果明显,并在采用先进技术与为物业管理和住户提供服务方面有突出技术优势。

7.1.4 小区智能化系统总体结构

小区智能化是以信息传输通道(可采用宽带接入网、现场总线、有线电视网与电话线等)为物理平台;联结各个智能化子系统,通过物业管理中心向住户提供多种功能的服务。小区内可以采用多种网络拓扑结构(如树型结构、星型结构或混合结构),图 7-2 为小区智能化系统总体结构图。

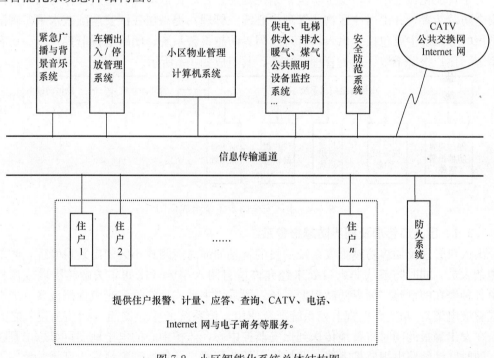

图 7-2 小区智能化系统总体结构图

7.2 安全防范子系统

随着国民经济的迅速发展和社会安全需求的全面增长,建设安全技术防范系统已成为安防业和建筑业的共同需求。安全防范系统是保护人身安全和国家、集体、个人财产安全的重要防范措施,已成为居住小区主要智能化系统之一。

安全防范包括人力防范、实体防范(也称物体防范)和技术防范。人力防范是指执行安全防范任务的具有相应素质人员的一种有组织的防范行为（包括人、组织和管理等）；物体防范主要是用于安全防范目的、能延迟风险事件发生的各种实体防护手段（包括建筑物、屏障、器具、设备、系统等）；技术防范则是利用各种电子设备和通信、控制网络，提高安全防范的探测能力、反应能力和防护能力。人力防范需要投入大量的人力，对人员的素质和管理要求都很高；物体防范尽管能起屏障作用，但是一种被动的防范措施，况且会留下安全隐患；技术防范依靠高科技的监控和侦测手段，能够对所实施的防范区域实现全天候的监控，当今智能化住宅小区所采用的防范措施主要以技术防范为主，技防与人防相结合。

一般安全防范系统通常由探测器、信道、控制器和报警中心组成，如图 7-3 所示。

图 7-3　安全防范系统基本组成

安全防范系统有三个防范基本要素：探测、延迟和反应。首先是探测，由探测器探测风险事件的发生并发出报警；然后是延迟，采取实体阻挡或物理防护推迟风险事件发生的进程；最后是反应，即在防范系统发出警报后采取快速的行动来制止风险事件的发生。

对于智能化住宅小区，安全防范子系统是通过在居住区周界、重点部位与住户室内安装安全防范装置，并由居住区物业管理中心统一管理，提高居住区安全防范水平。现阶段较常用的分系统主要包括：出入口管理及周界防越报警系统、闭路电视监控系统、访客对讲系统、住户报警系统、巡查管理系统等，其组成如 7-4 所示。

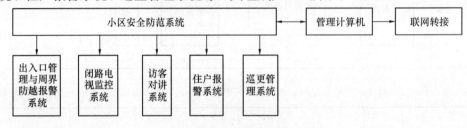

图 7-4　小区安全防范系统组成框图

7.2.1　出入口管理及周界防越报警系统

出入口管理及周界防越报警系统的目的就是加强对封闭式小区的出入口管理，防范外来闲杂人员，同时防范从非入口处未经允许擅自闯入小区（比如非法翻越围墙或栅栏），避免各种潜在的危险。周界防越报警系统一般采用主动式远红外多光束探测设备（或设置埋式感应电缆），与闭路电视监控系统配合使用。该系统的感应器能自动侦测侵入之人或物，在发出警报的同时将警情传送到保安监控中心，监控中心的电子地图可显示出翻越区域，同时联动闭路电视监控系统，监控中心的监视器自动切换到警情发生区域，保安人员将以此做出及时准确的处理，同时报警中心自动记录报警状态和报警时间。周界防越报警系统一般还应与周界探照灯联动，报警时，警情发生区域的探照灯自动开启。

出入口管理及周界防越报警系统功能要求如下：
①周界全面设防，无盲区和死角；
②探测器具有抗不良天气环境干扰的能力；
③具有防区划分，报警时能准确定位；
④报警中心具备语音/警笛/警灯提示；

第7章 居住小区智能化系统

⑤中心能通过显示屏或电子地图识别报警区域；
⑥翻越区域能现场报警，同时发出语音/警笛/警灯等警告信号；
⑦报警中心可控制前端设备状态的恢复；
⑧夜间与周界探照灯联动，报警时警情发生区域的探照灯自动开启；
⑨与闭路电视监控系统联动，报警时警情发生区域的图像自动在监控中心监视器中显示；
⑩报警中心具有报警状态、报警时间等信息记录。

1) 出入口管理

出入口管理是指对小区的主要进出通道进行封闭式管理，以限制外来闲杂人员的进出，一般通过门禁系统来实现。

(1) 门禁系统的功能

①通道管理功能：操作者可依据操作权限在控制主机上进行各种设定，如开/关门；
②通道进出口权限的管理：可对持卡人进行授权和权限的变更；
③实时监控功能：系统管理人员可以通过微机实时查看每个通道人员的进出情况、每个通道的状态（包括通道的开关、各种非正常状态报警等），也可以在紧急状态打开或关闭所有的通道；
④出入记录查询功能：系统可储存所有的进出记录、状态记录，便于事故发生后及时查询；
⑤异常报警功能：当门打开时间过长、非法闯入、门锁被破坏等情况出现时，可以实现计算机报警；
⑥联动控制功能：在接到防盗或消防报警信号时，门禁系统可以由报警系统传来的信号关门或开门；
⑦脱机运行功能：在管理中心计算机发生故障时，控制器能脱机正常工作并保存记录。

(2) 门禁系统的组成

门禁系统通常由计算机、门禁控制器、读卡器、电控门锁、报警探测器（如门磁开关）、出入按钮以及传输线路组成，如图7-5所示。

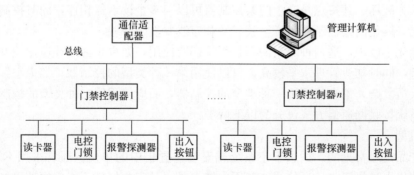

图7-5 门禁管理系统示意图

①门禁控制器

门禁控制器是门禁系统的核心部分，它负责整个门禁系统输入、输出信息的处理和储存。在智能化小区中，门禁控制器一般用来控制小区的出入口。

②读卡器

在智能化小区中所采用的读卡器主要有两类：接触式读卡器和感应式读卡器。接触式读卡器采用磁卡，感应式读卡器采用 ID 卡或 IC 卡，由于磁卡易消磁和卡面易受污染，在智能化小区的门禁系统中用得不多，目前在智能化小区门禁系统中普遍采用 ID 卡或 IC 卡。

③电控门锁

电控门锁有电磁锁、阳极锁、阴极锁，在智能化小区门禁系统中普遍采用电磁锁或阳极锁，这两种锁都是断电开门型锁，以满足小区消防的要求。

④报警探测器：用于检测门的开/关状态、异常报警等。

⑤出门按钮：用于控制出门的开关，适用于对出门无限制的情况。智能化小区主要防止外来闲杂人员进入小区，为了方便小区内住户出门，大多采用出门按钮。

⑥其他设备

门禁系统的其他设备主要包括：系统软件、卡片、电源等。

系统软件：安装在管理计算机上，对系统进行各种设置（控制器设置、权限设置、时间设置、卡片管理等），同时对进/出人员进行实时监控，对各突发事件进行查询及人员进出资料实时查询。

卡片：开门的"钥匙"（ID 卡或 IC 卡）。

电源：整个系统的供电设备，分为直供式和后备式（带蓄电池的）两种。

(3) 门禁系统的类型

门禁系统按设计原理可分为以下两类：

①控制器自带读卡器（一体化门禁控制器）

控制器和读卡器组合在一起，构成一体化门禁控制器，其特点是一个控制器只能控制一个出入口，使用安装比较方便。这种设计的缺陷是控制器安装在门外，一旦控制器遭到人为破坏，将影响门禁系统的正常使用。

②控制器与读卡器分离

控制器和读卡器是两个设备，控制器安装在室内，读卡器安装在室外，可有效避免控制器遭到人为破坏。其特点是一个门禁控制器可以与多个读卡器相连，同时控制多个出入口。但相比一体化门禁控制器来说，其安装和布线要复杂一些。

在智能化小区中，这两种类型的门禁系统都有使用。如果小区的环境比较好，进出人员不太复杂，同时物业管理水平较高，可以使用第一种类型的控制器；如果小区的环境较差，进出人员复杂，不宜使用第一种类型的控制器，而应使用第二种类型的控制器。

门禁系统按联网通信方式可分为以下两类：

①单机型

这类产品是最常见的，适用于小系统或安装位置集中的单位。通常采用 RS485 通信方式，它的优点是投资小，通信线路专用。缺点是一旦安装好就不能方便地更换管理中心的位置，不易实现网络控制和异地控制。

②网络型

这类产品的技术含量高，它的通信方式多采用 TCP/IP 协议。这类系统的优点是控制器与管理中心是通过局域网传递数据的，管理中心位置可以随时变更，不需重新布线，很容易实现网络控制或异地控制，适用于大系统或安装位置分散的小区使用。这类系统的缺点是系统通信部分的稳定需要依赖于局域网的稳定。

在智能化小区中用的比较多的是第一种，这种类型是基于总线型的网络结构，网络结构简单，设备安装方便。网络型门禁系统是近年才发展起来的，已在一些门禁系统容量较大、要求较高的智能化小区中使用。

2) 周界防越报警

周界防越报警系统是小区外围防护设施，为小区提供第一道技术防范屏障，它可以有效地防范对小区四周围墙的非法侵入。小区周界围墙是一种以实体屏障将保护区域与外界进行隔离的设施，周界防越报警系统是物理防范方法和电子防范技术的结合。当外来入侵者翻越围墙、栅栏时，探测器会立即将报警信号发送到管理中心，控制中心在电子地图上显示翻越区域，以利于保安人员及时准确地处理，同时启动联动装置和设备，与闭路电视监控系统配合使用，监控系统将自动显示报警区域画面。

周界防越报警系统由前端设备、信号传输、控制中心三部分组成，如图7-6 所示。

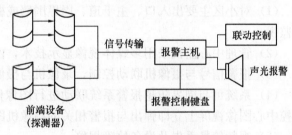

图7-6 周界防越报警系统组成

（1）前端设备

前端设备由周界报警探测器组成，按照不同的探测原理探测器主要有：感应式探测器、振动式探测器、埋地电缆泄漏式探测器、红外对射探测器等。小区周界防越报警系统主要采用主动红外对射探测器，它是利用红外线辐射和接受技术构成的探测器。

红外对射探测器由一个发射端和一个接收端组成，如图7-7所示，发射端发射经调制后的若干束红外线，这些红外线构成了探测器的保护区域，如果有人企图跨越被保护区域，由于人体体型较大，红外线会被遮挡，接收端接收不到红外线信号就会发出报警信号，触发报警主机报警。红外对射探测器安装在小区周界的围墙（或栅栏）上，可根据围墙（或栅栏）的具体情况分段安装，红外对射探头的发射端和接收端之间必须是一直线，中间不允许有任何遮挡。根据围墙

图7-7 红外线对射探测器

（或栅栏）的长短可选择一定探测距离的红外对射探测器，一般一对红外对射探测器的有效探测距离为20m、30m、50m、100m、200m。

（2）信号传输

从前端设备接收各种报警信息，利用通信总线传输到控制中心的报警主机，整个报警系统采用独立的通信编码格式，并进行适当的加密，从而保证整个系统在通信上的安全与可靠，防止恶意的复制与侦测。

（3）控制中心

控制中心主要由报警主机、控制键盘、联动控制、声光报警等设备组成。可以通过控制键盘对前端设备进行布防和撤防。在布防期间，若发生非法入侵，探测器将入侵信号发

送到控制中心,报警主机显示报警信息,同时发出声光报警,驱动联动设备。主机上可根据工程实际情况配置模块化的联动输出节点,用于触发开启探照灯和相应摄像机进行录像,同时报警中心记录报警状态和报警时间。

7.2.2 闭路电视监控系统

闭路电视监控系统是智能化小区中必不可少的系统之一。小区来往人员多,人员情况复杂,不仅要对来往人员进行监控防范,还要对内部人员加强管理。闭路电视监控系统除了能对来往人员进行监控防范外,同时能有效地实现对内部人员的管理。

闭路电视监控系统主要是对小区的进出通道、公共场所及周界进行监控,摄像机将监控的图像传送到管理中心,由管理中心进行实时监控和记录,便于管理人员及时了解小区的动态。

1) 闭路电视监控系统的功能

闭路电视监控系统主要功能如下:

(1) 对小区主要出入口、主干道、周界围墙或栅栏、停车场出入口及其他重要区域进行监视;

(2) 管理中心监视采用多媒体视像显示技术,由计算机控制、管理及进行图像记录;

(3) 报警信号与摄像机联动控制,录像机与摄像机联动控制;

(4) 系统可与周界防越报警系统联动进行图像监视及记录,当监控中心接到报警时,监控中心图像视屏上立即弹出与报警相关的摄像机图像信号并记录;

(5) 视频信号丢失及设备故障报警;

(6) 图像的自动/手动切换,云台及镜头的遥控;

(7) 报警类别、时间及相关信息的显示、存储、查询及打印。

2) 闭路电视监控系统要求

闭路电视监控系统无论系统规模大小或功能多少,一般由四个部分组成:摄像、传输、控制、图像显示与记录。根据小区闭路电视监控系统的不同要求,这四个部分的设备配置要求也不同。

(1) 摄像部分

摄像部分是闭路电视监控系统的最前端,是整个系统的眼睛,它把监视到的内容变为图像信号,经传输部分传送到控制中心的监视器上。摄像部分包括摄像机、镜头、防护罩、安装支架、云台等,需要时可包括麦克风。在住宅小区摄像机一般安装在公共区域及主要通道、楼梯间及电梯轿厢,用来监视人员的出入情况和公共区域人员的活动情况。在公共区域及主要通道多采用一体化摄像机,可根据要求选用黑白、彩色、彩色/黑白自动转换摄像机,这类摄像机安装简单,操作方便。楼梯间及电梯轿厢多采用半球摄像机,半球摄像机体积小,安装方便,如光线较暗宜采用黑白摄像机或带红外的摄像机。

(2) 传输部分

小区闭路电视监控系统通常采用同轴电缆、光缆或双绞线作为电视信号的传输介质。当摄像点与控制中心距离较近时(500m 以内)可以采用同轴电缆,当摄像点与控制中心距离较远时(超过 500m)可以采用光缆或双绞线。

传输部分是系统图像信号和控制信号的通道。传输部分除传输图像及声音信号外,还需传输控制中心对摄像机、镜头、云台等的控制信号。

第7章 居住小区智能化系统

（3）控制部分

控制部分是整个闭路电视监控系统的"心脏"和"大脑"，是实现整个系统功能的指挥中心，一般由总控制台组成，复杂的小区可设总控制台和副控制台，主、副控制台可以联网控制。总控制台包括矩阵主机、控制设备、视频分配器、视频切换器等，对前端摄像机、电动变焦镜头、云台等进行控制，具有视频信号分配、图像信号的校正与补偿、图像信号的切换等功能，以完成对被监视场所全面、详细的跟踪监视。

智能化小区要求闭路电视监控系统必须具有一定的联动控制功能。在控制台上，要设有出入口管理与周界防越及其他紧急情况的联动接口。图7-8是闭路电视监控系统与出入口管理、周界防越报警系统联动控制的示意图。在接到出入口管理与周界防越报警系统报警信号时，启动摄像机及相应的灯光，对有警情的被监视区域进行录像，同时值班人员根据警报情况进行必要操作和控制，并及时采取处理措施。

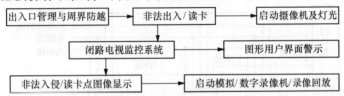

图7-8 闭路电视监控系统与出入口管理、周界防越报警系统联动控制示意图

（4）图像显示与记录

图像显示与记录部分包括监视器和图像记录装置。在住宅小区的闭路电视监控系统中图像记录多采用硬盘录像机，可以根据要求录像时间的长短来选装硬盘的容量，一般小区的录像时间要求保证在一周以上。监视器是控制中心的图像显示单元，可根据控制中心的空间大小设置合适的电视墙。监视器要求采用专业监视器，可按照电视墙的大小配备不同尺寸的监视器。一台监视器可对应多个摄像机，当某个监视场所发生情况时，可以通过切换器将这一信号切换至某一台监视器上显示，并通过控制台对摄像机遥控进行跟踪记录。另外，在摄像机台数较多，监视器台数相对较少时，可以通过画面分割器将几台摄像机传来的信号同时显示在一台监视器上，即在同一个屏幕上可以同时看到几个场景的画面。在小区的重要场所，摄像机数量与监视器数量比为(4～6)∶1，一般场所为(7～15)∶1。

7.2.3 访客对讲系统

访客对讲系统是在各单元入口安装访客对讲装置和可控防盗门，以实现访客与住户之间的对讲及可视，住户可遥控开启防盗门，有效地防止非法人员进入住宅楼内。访客对讲系统有可视和不可视，目前可视对讲与防盗门控系统已逐渐成为智能化小区的基本要求，可视访客对讲系统通过与来访者的对讲通话和图像显示来确认来访者的身份，决定是否开门，以达到安全管理的目的。

1) 访客对讲系统功能

访客对讲系统的功能如下：

(1) 可实现住户、访客语音（或语音和图像）传输；

(2) 通过室内分机可遥控开启防盗门电控锁；

(3) 门口主机可利用密码或感应卡开启防盗门锁；

(4) 高层住宅在火灾报警情况下可自动开启楼梯门锁；

(5) 高层住宅具有群呼功能，一旦灾情发生，可向所有住户发出报警信号。

访客对讲系统一般由管理员总机、总出入口主机、单元主机、住户对讲机和防盗门电控锁等组成。当访客进入小区总入口时，在总出入口主机上输入住户单元楼号及房号即可呼叫住户室内分机，住户在室内听到呼叫门铃，即可摘机与访客通话，在确认访客身份后，住户可打开总入口大门。访客进入小区后，来到被访者单元门前，在单元主机上需再次输入住户房号进行呼叫，住户与访客通话，决定是否开启单元门。

2）访客对讲系统分类

访客对讲系统按其构成可分为：多线制、总线多线制、总线制。

(1) 多线制：门口机和室内机共用通话线、门锁控制线、电源线，每户需再增加一条门铃线，如图 7-9 所示。这种系统由于在住户比较多时，布线复杂，主要在一些单独的楼栋作为普通的访客对讲使用，在智能化小区中已很少使用这种系统。

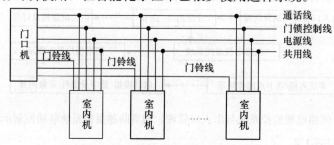

图 7-9　多线制访客对讲系统示意图

(2) 总线多线制：采用数字编码技术，一般每层需设一个解码器（二用户或四用户），解码器与解码器之间以总线连接，解码器与用户室内机为星形连接，这种系统功能多而强，是目前智能化小区使用较多的一种访客对讲系统。图 7-10 为总线多线制访客对讲系统示意图。

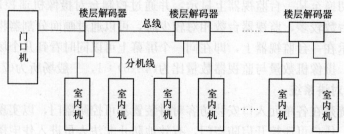

图 7-10　总线多线制访客对讲系统示意图

3）总线制：省去了解码器，将数字编码移至用户室内机中，构成完全总线连接。系统连接更灵活，适应性更强，但若其中一个用户发生短路，就会造成整个系统不正常。图 7-11 为总线制访客对讲系统示意图。

访客对讲系统按联网与否，可分为：单户型、单元型、联网型。

(1) 单户型

单户型仅能满足单户访客对讲的需要，具备对讲（或可视对讲）、遥控开锁、主动监控等简单功能。

(2) 单元型

单元型对讲可满足一个单元内所有住户访客对讲的需要,是将单户型对讲机连接至单元型对讲主机上构成的访客对讲系统。

(3) 联网型

单户型、单元型和联网型是从简单到复杂、分散到整体逐步发展,联网型访客

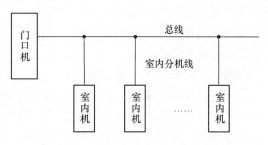

图 7-11　总线制访客对讲系统示意图

对讲系统采用区域集中化管理,可满足小区多住户访客对讲的需求,是目前智能化小区所采用的主要方式。该系统除了具有对讲、遥控开锁等基本功能外,还能接收和传送住户的各种报警探测器的报警信息及紧急求助信号,有的还与多表抄送、门禁系统和其他系统构成更加先进的小区智能化系统。小区联网型可视访客对讲系统的基本组成如图 7-12 所示。

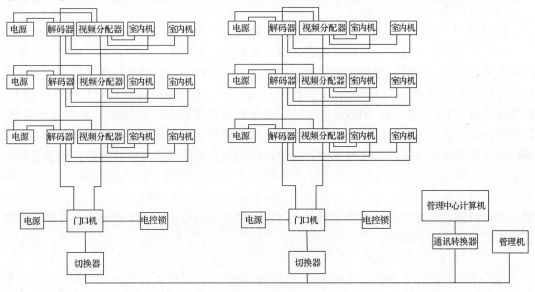

图 7-12　小区联网型可视访客对讲系统组成示意图

7.2.4　住户报警系统

住户报警系统是为了保证住户在住宅内的人身和财产安全。通过在住宅内门窗及室内其他部位安装各种探测器进行监控,当监测到警情时可现场声光报警,并通过住宅内的报警主机将报警信息传输至智能化管理中心的报警主机上。报警主机将准确显示警情发生的住户名称、地址和所遭受的入侵方式等,帮助保安人员迅速确认警情,及时赶赴现场,以确保住户人身和财产安全。同时住户也可通过固定式或便携式紧急呼救报警装置,在住宅内发生抢劫案件和病人突发疾病时,向智能化管理中心呼救报警,中心可根据情况迅速处警。

1) 住户报警系统的功能

住户报警系统主要由报警主机、住户报警器和探测器组成,其具有的功能如下:

(1) 报警主机

①监视和记录入网用户向报警中心发送的各种报警信息。如:报警事件类型、报警时

间、开关机报告、故障报告、测试报告等;

②在防范地区的电子地图上同步实时显示发生事件的用户区域位置;

③记录处警过程并录音;

④向上一级处警单位转发警情;

⑤录入、修改、打印用户信息,统计查询用户信息,建立用户档案;

⑥实时维护用户的撤布防信息、测试信息;

⑦按接警、处警方法、警情性质查找统计各种警情信息。

(2) 住户报警器

①布防和撤防功能:当住户外出时进行布防,回家时可以撤防;

②防破坏功能:一旦住户报警器遭到破坏或线路故障,将向管理中心发出故障报警信号;

③通信联网功能:管理中心可以进行远程的布防和撤防。

(3) 探测器

探测器用来及时、可靠地探测报警信息,并将报警信息发送到住户报警器。

住户报警系统一般是在住户室内安装探测器和家庭紧急求助报警装置。探测器主要有门磁开关、红外探测器、可燃气体探测器、感烟探测器等,可根据住户的需要,在适当的位置安装不同的探测器。门磁开关安装在住户的入户门上,用来探测入户门的开关情况;红外探测器安装在入户门、阳台及外窗,安装在外窗的探测器应选用幕帘式红外探测器,以防晚间室内住户主人活动引起误报;可燃气体探测器和感烟探测器一般安装在厨房,用来探测可燃气体的泄露和火灾的发生。探测器探测到报警信号后及时通过住户报警器向小区管理中心的报警主机发出报警信号,小区管理中心在接到报警后能及时做出应急处理,并记录报警警种和报警时间。家庭紧急求助报警装置主要用来供住户作医疗求助和应急报警,当住户需要医疗求助或应急报警时,可按动紧急求助按钮,小区管理中心在接到报警后就能及时做出应急响应。

2) 住户报警系统的组成

住户报警系统通常由住户报警单元、信号传输单元以及物业接警单元三部分组成。常用的住户报警系统组成如图 7-13 所示。

(1) 住户报警单元

住户报警单元由各类探测器和住户报警控制器组成。常用的探测器有:门磁开关、被

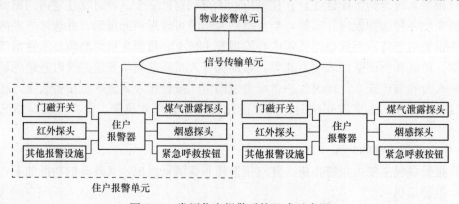

图 7-13 常用住户报警系统组成示意图

动红外探测器、幕帘式红外探头、微波探测器、烟感探测器、煤气泄露探测器及紧急按钮等。探测器用来探测各种安全防范报警信息，向报警控制器发出报警信号，报警控制器在收到报警信号后可根据需要产生声光报警，同时将报警信号传到报警中心。

（2）信号传输单元

信号传输单元主要由传输介质、信号传输适配器和传输单元控制器组成。当住户报警系统规模较大，可利用传输单元控制器进行系统扩展，也可以利用传输单元控制器来对住户报警系统进行分区管理。

（3）物业接警单元

物业接警单元一般包括接警主控机和物业监控主机两部分。

接警主控机主要功能是信息传递和控制，具有掉电识别功能，能实现自动掉电保护，同时发出掉电报警，并在掉电情况下维持连续可靠工作 24 小时，还具有报警复位功能。

物业监控主机的主要功能是接受现场报警、显示及打印报警信息，在电子地图（或模拟屏）上显示报警位置。

7.2.5 巡查管理系统

巡查管理系统是根据小区所需巡查的区域及重要部位的具体分布情况，制定保安人员巡查路线和巡查时间段，在巡查线路上设置若干巡查点，保安巡查人员携带巡查设备（巡查棒、巡查器等），按预先指定的路线和时间到达巡查点进行巡查，并记录巡查情况。巡查信息可以通过数据在线传输（在线式巡查系统）或数据采集器采集（离线式巡查系统）的方式传送到管理中心的计算机上，理人员可调阅打印各保安巡查人员的工作情况，加强对保安人员的管理，从而实现人防和技防的结合。巡查管理系统的功能要求如下：

（1）巡查路线和巡查时间段的设定和修改，生成巡查计划；

（2）对巡查点进行设置，可以增加或删去巡查站点；

（3）管理中心可查阅、打印各巡查人员的到位时间及巡查情况；

（4）巡查违规记录提示。

根据巡查管理系统数据采集和传输方式的不同，巡查管理系统一般分为离线巡查系统和在线巡查系统。

1）离线巡查系统

离线巡查系统是由采集器、数据传送器及巡查钮等组成。巡查钮安装在小区需要巡查的位置（巡查点），如各住宅楼的门口、地下车库出入口、车库主要部位、主要道路等处；采集器由巡查人员执勤时随身携带，到巡查点后用信息采集器去触碰巡查钮，采集巡查信息。回到管理中心后，通过数据传送器将采集器采集的巡查信息传送到计算机上，作为巡查人员的巡查记录。

离线巡查系统具有安装简单，扩容方便，修改巡查点容易，不需设专用计算机等特点，尤其适用于已建成的住宅小区，是目前智能化小区使用较多的一种巡查管理系统。

2）在线巡查系统

在线巡查系统的组成及工作原理在第 3 章中已经表述，这里就不再重复。在智能化小区中，可以单独设置在线巡查系统，也可以充分利用小区安全防范系统的功能，实现系统的资源共享。在线巡查系统一般可与门禁系统、访客对讲系统实现功能集成，主要是利用门禁系统和访客对讲系统在出入口、单元门口的读卡器和门口机来作为巡查系统的巡查点，巡查人员到了这些巡查点后，在读卡器或门口机进行读卡或输入其他巡查信号，巡查信号通过门禁系统和访客对讲系统本身的信号传输线路传到管理中心的计算机上，并利用门禁系统和访客对讲系统的管理软件，实现对巡查系统的管理。

在线巡查系统能实现巡查数据的实时传输，对巡查人员进行在线式的实时管理，准确了解巡查人员的巡查动态，是一种直观、可靠、实时的巡查系统。但相比离线巡查系统来说，在线巡查系统需要根据巡查的位置布点、布线，结构较复杂，线路或设备出现故障时系统维修困难。

安全防范系统是居住小区智能化系统重要的环节，在智能化小区中，既要有技术防范，也需要人工防范，做到人防、技防结合，这样才能为住户提供一个安全、舒适、方便的居住环境。

7.3 管理与监控子系统

在居住小区智能化系统中，管理与监控子系统是智能化住宅小区的重要组成部分，主要负责管理与日常生活紧密相关的事件，涉及住宅小区的许多方面。管理与监控子系统为小区建立开放式计算机管理局域网，将多元信息服务管理与物业管理相结合，以实现快捷高效的超值服务与管理，给住户提供一个舒适、方便的居住环境。

管理与监控子系统主要包括以下几个方面：
(1) 自动抄表系统；
(2) 车辆出入与停车管理；
(3) 设备监控管理（供电设备、公共照明、电梯、供水等）；
(4) 紧急广播与背景音乐系统；
(5) 物业管理计算机系统。

7.3.1 自动抄表系统

自动抄表系统是为了完善住宅小区的物业管理，使小区居民免受传统上门抄表、收费的打扰，也为物业管理人员省去了麻烦，同时避免了入室抄表引发的不安全因素。

1) 自动抄表系统的功能

水、电、气、热等表具远程抄收系统是将采集到的各表数据传送到物业管理中心，实现各户各表数据的录入、费用计算并打印收费账单，将相关数据传送到相应的职能部门，避免入户抄表扰民和人为读数误差。除此以外，水、电、气、热等表 IC 卡计量系统也得到了广泛的应用，IC 卡计量系统是通过使用 IC 卡表具，实现住户买卡后的水、电、气、热表具自动计量，自动扣除卡中金额，从而达到计量和收费的目的。

自动抄表系统功能要求如下：
(1) 水、电、气、热等表具远程自动抄收的各种数据，应可随时查询、统计、打印整个小区各表读数并计费。
(2) 远程自动抄表系统中心可实时检测系统运行状况，并进行故障报警。
(3) 如果采用 IC 卡电子计量时，必须计量准确，管理可靠。

2) 自动抄表系统的组成

远程自动抄表系统由管理计算机、集中器、中继器、采集器、控制器、数字式计量表

（水表、电表、燃气表等各种能量表）等部分组成，如图 7-14 所示。

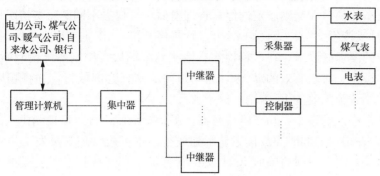

图 7-14　自动抄表系统示意图

（1）管理计算机

管理计算机对整个系统进行管理，利用软件通过服务器、中继器、数据总线把计量表采集器采集的数据进行汇总，并对数据进行处理，同时可以对系统内各设备发出各种指令，完成各种信号的记录、查询及控制，通过通信网络，将水、电、气、热等有关数据传送给相关部门，并在规定的时间内将用户应缴的水费、电费、煤气费以及暖气费等资料传送给相关部门。

（2）集中器

集中器位于管理计算机和采集器之间，一方面接收来自管理计算机的各种操作命令，将各操作命令下达给采集终端；另一方面，将采集器采集到的信息回传到管理计算机上。集中器可在没有管理计算机的情况下实现时间显示、实时监控等功能。

（3）中继器

中继器的主要功能是将收集到的信号进行优化，从而实现可靠的远距离信息传输。

（4）采集器

采集器主要是采集每家每户所用水、电、气、热的用量，并对水、电、气、热表的信号进行存贮和传输。采集器与中继器之间以总线的方式连接，各表的数据通过中继器优化后传给集中器。

（5）控制器

控制器是为了控制用户水、电、气、热的使用而设计的。当某些居民长期欠费或在其他需要停电、停水、停气的情况下，能够通过控制继电器或电磁阀来实现水、电、气的通断。

7.3.2　车辆出入与停车管理系统

车辆出入与停车管理系统通过对小区停车场出入口的控制，完成对车辆进出及收费的有效管理，方便车辆进出小区，便于管理人员统计车辆出入和收费情况，对物业管理部门有效地管理和掌握车辆流动情况和收费情况提供了极大的帮助，是一种方便、安全、高效的智能管理系统。

1）车辆出入与停车管理系统的功能

车辆出入与停车管理系统功能要求如下：

（1）小区内车辆出入及存放的管理；

（2）外来车辆出入及收费的管理；

(3) 车辆进出及存放时间的记录、查询。

小区里有车的住户在交纳一定的停车管理费后，可根据不同的交费情况持有月租或年租 IC 卡（按月或按年交费）或长期 IC 卡（购买停车位）。车主在出入小区时，将 IC 卡在出入口控制机的读卡区读卡，在车辆检测器检测到车辆后，控制系统会判断 IC 卡的有效性并进行写卡操作。对于有效的 IC 卡，自动道闸的闸杆升起放行，并将相应的数据存入电脑数据库中。若为无效的 IC 卡则不给予放行。

对临时进入小区的车主，在车辆检测器检测到车辆后，按入口控制机上的按键取出一张临时 IC 卡，在出卡的同时完成读卡显示和放行，也可由管理人员发卡进入。出口处设有收费系统，车主在出口时将临时 IC 卡交给管理员，管理员收卡后完成读卡、写卡、交费、放行工作。

2) 车辆出入与停车管理系统的组成

车辆出入与停车管理系统一般由入口控制设备、出口控制设备、挡车道闸、车辆检测器、车位显示屏、控制中心等设备组成。根据需要可以增加车辆出入监控系统，以确保小区内车辆的安全。车辆出入与停车管理系统结构原理可参见第三章图 3-18。

入口和出口控制设备主要包括读卡器和控制系统，读卡器读取进出车辆的信息，由控制系统完成车辆进出时挡车道闸的控制。在出口控制设备上一般装有电子显示屏，用于显示停车时间、收费金额、卡上余额、卡的有效期等信息。

出入口的挡车道闸主要起控制车辆进出的作用。

车辆检测器主要用于检测有无车辆通过，只有当车辆检测器检测到有车辆通过时出入口的控制设备才能起作用，在挡车道闸处的车辆检测器还具有防砸车的功能，在车辆没有驶过挡车道闸时，道闸栏杆不会落下。

车位显示屏用于显示总车位、已停车位及空余车位的数量，以提醒司机，方便停车。

控制中心是车辆出入与停车管理系统的计算机管理中心，主要负责对车辆出入与停车管理系统的设置和进出车辆信息的处理。如月租 IC 卡和长期 IC 卡的发放、收费标准的设定、进出车辆的查询等。图 7-15 为车辆出入与停车管理系统组成框图。

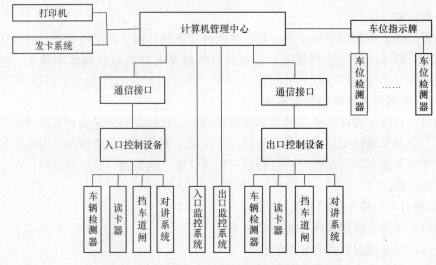

图 7-15 车辆出入与停车管理系统组成框图

7.3.3 设备监控管理系统

设备监控管理系统主要对小区内给水排水、变配电系统、公共照明以及电梯等工作状态进行实时监测和控制，实现公共设备的最优化管理，降低设备故障率，节约小区内的用水和用电，降低物业管理费用。

设备监控管理系统的主要功能如下：

(1) 给水排水设备（水泵、电控阀等相关设备）运行状态显示、控制、查询、故障报警；
(2) 蓄水池（含消防水池）、污水池的水位高低检测和报警；
(3) 饮用蓄水池过滤、杀菌设备控制监视；
(4) 变配电设备状态显示、检测、故障报警；
(5) 电梯运行状态显示、检测、故障报警及停电时的紧急状况处理；
(6) 公共照明开启、关闭时间的设定和控制；
(7) 灯光场景的设定及照度的调节。

智能化居住小区的设备监控管理系统主要包括：给水排水监控系统、电梯监视系统、供配电监视系统、公共照明监控系统等。

1) 给水排水监控系统

住宅小区给水排水系统是小区生活的重要部分，对给水排水系统进行科学的监控管理，可以保证住户的用水质量。给水排水监控系统主要是对给水排水系统中的各水泵的工作状态进行监控，以确保当住户的用水情况发生变化时，能及时地改变泵的运行台数以及运行方式，以达到供水量和需水量、来水量和排水量之间的平衡，降低能耗和设备故障。同时水泵工作状态信息传输到小区物业管理中心计算机上，可以随时了解小区水泵的工作情况和用水情况，及时解决小区居民用水问题，保证小区给水排水系统中各设备的良好状态，达到经济运行的目的。

为了有效节约水资源和提高饮用水质量，有些智能化小区具有中水和直饮水系统。中水是排放的生活污水经过处理后达到一般生活用水的标准，用于生活中的冲洗用水；直饮水是普通自来水经过进一步处理后变成高标准的生活用水，可以直接饮用。对中水和直饮水系统的监控主要是水处理过程的监控和水质的检测，以确保供给住户的中水和直饮水符合相关的标准。

2) 电梯监视系统

电梯是小区高层建筑必备的楼内交通工具，居民上下楼是否便利和安全与电梯是否正常运行有直接联系。电梯监控系统通过对小区内电梯运行情况的远程监视和集中管理，使小区的管理人员能够及时掌握电梯的运行情况，保障电梯的正常运行，出现故障时能及时采取措施。当发生火灾时，应将发生火灾所在楼栋的电梯降至首层，并切断供电电源，以保证居民的安全。

3) 供配电监视系统

供配电监视系统是对小区供电系统中的主要设备的状态进行实时监视，并将其状态信息传输到管理计算机上，以便随时了解供配电情况。当系统出现故障时，能快速了解故障原因并采取积极的措施，保证了小区的用电顺畅。

4) 公共照明监控系统

小区的公共照明系统主要包括生活照明（小区周界、道路、门厅等）和景观照明两个部分。公共照明监控系统是利用传感技术和网络通信控制技术对小区的公共照明系统进行集中控制和管理，根据自然光亮度和使用要求情况对照明系统进行智能地开关，优化小区的照明，延长灯具的寿命，同时起到节能和降低管理费用的目的。

7.3.4 紧急广播与背景音乐系统

在小区广场、中心绿地、道路交汇等处设置音箱、音柱等放音设备，由管理中心集中控制，可在节假日、每日早晚及特定时间播放音乐，缓解人们的精神压力，增加小区的文化气氛，也可通过遍布于小区内的音箱播放一些公共通知、科普知识、娱乐节目等。在发生紧急事件时可作为紧急广播使用，高效、快捷地通知小区人员，有效地保障小区住户的生命和财产安全。紧急广播与背景音乐系统功能如下：

（1）平时播放音乐节目，在特定分区可插入公共通知等；
（2）当火灾及其他紧急事件发生时，可切换至火灾报警广播或紧急广播。

7.3.5 物业管理计算机系统

物业管理计算机系统包括硬件和软件两部分。硬件部分由计算机和计算机局域网组成，软件部分主要是物业管理软件。高效、便捷的物业管理软件采用先进和科学的管理方法与手段，对小区建筑、附属配套设施、设备资产进行综合管理，同时对小区环境、清洁绿化、安全保卫、租赁业务、机电设备运行与维护实施一体化的专业管理，协调小区居民、物业管理人员、物业服务人员三者之间的关系，提高物业管理水平，最大限度地为小区的住户提供优质的服务。

物业管理计算机系统应具有如下功能：
（1）房产管理；
（2）住户信息管理与查询；
（3）设备管理；
（4）维修管理；
（5）住户投诉管理；
（6）保安管理；
（7）收费管理；
（8）物业公司内部管理。

居住小区物业管理计算机系统是以小区信息网络系统为平台，与安全防范系统、监控与管理系统结合形成的多功能、智能化、系统化的网络系统，在这一信息平台上对住宅小区的信息与数据进行统一的管理，提高小区物业的服务水平，同时使得小区的管理更加合理有效。

物业管理计算机系统采用模块化设计，便于变更、扩充。系统管理是主控模块，管理系统要求界面友好、操作简单。物业管理计算机系统各子模块如图 7-16 所示。

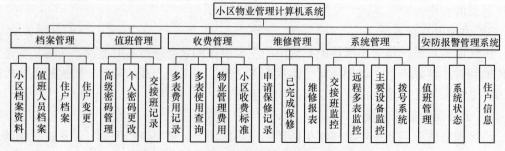

图 7-16 小区物业管理计算机系统子模块框图

7.4 信息网络子系统

智能化居住小区的信息网络子系统由住宅小区宽带接入网、控制网、有线电视网、电话网和家庭网所组成，为小区提供信息传输的通道，也是小区与外界沟通的重要桥梁，是目前居住小区智能化系统发展最为迅速的高科技领域之一。

7.4.1 宽带接入网

所谓接入网是指骨干网络到用户终端之间的所有设备。其长度一般为几百米到几公里，因而被形象地称为"最后一公里"。接入网的接入方式包括铜缆接入（普通电话线）、光纤接入、光纤同轴电缆接入（Hybrid Access Network of Optical Fiber/Coaxial Cable，HFC）、无线接入和以太网接入等几种方式。

1) 铜缆接入　可以采用 HDSL（High-speed Digital Subscriber Line，高速率数字用户线路）或 ADSL（Asymmetrical Digital Subscriber Line，非对称数字用户线路）接入方式，HDSL 和 ADSL 是采用现代数字信号处理技术和数字编码调制技术，利用双绞铜线的频带资源，实现话音和数字信号的双向点到点的高速传输方式。

2) 光纤同轴电缆接入（HFC）　这种接入方式是一种利用现有CATV网络的双向宽带接入网，馈线部分采用光纤，配线部分则使用现有 CATV 网中的树形分支结构的同轴电缆。HFC 提供的业务除了电话、模拟广播电视业务外，还可提供 N-ISDN 业务、高速数据通信业务、视频点播、数字电视和各种数据信息服务业务。现在居住小区都具有CATV 网络，充分利用小区现有 CATV 网络来开展多种业务，是智能化小区朝着信息化方向发展的一个途径，也是智能化小区一种理想的、全方位的宽带接入方式。

3) 光纤接入　作为接入网终极发展目标的光纤接入网，有着铜缆接入网无法比拟的优点，它具有传输容量大、传输质量好、损耗小、中继距离长、不受电磁干扰、保密性好等优点，能够承载现在与将来的所有业务。我们现在可以看到的光纤接入是光纤到路边（Fiber To The Curb，FTTC）、光纤到大楼（Fiber To The Building，FTTB），随着信息时代的不断发展，可以实现光纤到家（Fiber To The Home，FTTH）、光纤到桌面（Fiber To The Desktop，FTTD），这是我们期望的接入方式。

4) 无线接入网　对于距离局交换设备较远、用户密度较稀的一些郊区、农村、山区等用户，由于用户线太长，分布很分散，投资较大。采用无线接入方式比较方便，节省投资。尤其对于可能出现自然灾害（如水灾、地震等）的地区，为了提高通信的可靠性，也可以考虑采用无线接入方式。

5) 以太网接入　以太网是目前应用最为广泛的局域网络传输方式，它采用基带传输，通过双绞线和传输设备，实现 10M/100M 的网络传输，应用非常广泛，技术也相当成熟。以太网以其成本低、网管简单、易于升级而作为宽带接入的方案得到了普遍认可。

7.4.2 控制网

居住小区智能化系统由安全防范子系统、管理与监控子系统与信息网络子系统组成，系统中有许多设备需要进行自动控制，而这些系统功能的实现都需要基于控制网络。在基于现场总线的控制系统中，把具有通信能力的测控仪表作为网络节点，实现设备控制自动化，通过现场总线系统把具有数字计算和通信能力的测控仪表连接成控制网络，以实现实时的信息交互、管理和控制等功能。

7.4.3 有线电视网

有线电视网就是从电视台将电视信号以闭路传输方式送至电视机的网络系统,也称为闭路电视系统。与传统电视系统比较,具有电视图像质量好、抗干扰能力强、节目套数多、覆盖面大、传输距离远等优点。广播电视新技术的不断更新和发展,加速了我国有线电视系统网络的建设,HFC光纤电缆混合网的传输技术目前已成为世界各国的主流,可以把HFC建成高速宽带多媒体双向传输网络,以满足数据、语音及多媒体信息传输的需要。

随着社会的进步,人们不再满足于仅仅收看电视台的节目,基于有线电视网的数字电视为人们提供了更加丰富的服务。数字电视不再像传统电视那样,用户只能被动地收看电视台播放的节目,它提供了更大的自由度,更多的选择权,更强的交互能力,传用户之所需,看用户之所点,有效地提高了节目的参与性、互动性、针对性。数字电视还可提供其他服务,包括数据传送、图文广播、上网服务等。用户能够使用电视实现股票交易、信息查询、网上冲浪等,为电视赋予了新的用途,扩展了电视的功能,把电视从封闭的窗户变成了交流的窗口。

7.4.4 家庭网

家庭网是连接家庭内部的安全防范系统、通信网络系统及家用电气设备等所构成的网络系统,也称为家居布线系统,它是实现家居智能化的重要部分。

1) 家居布线标准

家居布线系统是一个小型的综合布线系统,是智能家居系统的传输通道,它可以作为智能小区综合布线的一部分,也可以是一套独立的综合布线系统。家居布线系统主要参考标准为家居布线标准(TIA/EIA 570-A),其内容主要包括室内布线及室内主干布线,主要提供话音、数据、影像、视频、多媒体、家居自动化系统、环境管理、保安、音频、电视、探头、警报及对讲机等服务。

家居布线标准建立了等级系统,这有助于选择适合家居单元不同服务的布线基础结构。其中,等级一提供可满足电信服务最低要求的通用布线系统,该等级可提供电话、CATV和数据服务。主要采用双绞线及使用星形拓扑方法连接,布线的最低要求为一根四对非屏蔽双绞线(UTP)和一根75Ω同轴电缆,非屏蔽双绞线必须满足或超出ANSI/TIA/EIA-568A规定的三类电缆传输特性要求,同轴电缆必须满足或超出SCTEIPS-SP-001的要求,建议安装五类非屏蔽双绞线(UTP),以方便升级至等级二。等级二提供可满足基础、高级和多媒体电信服务的通用布线系统,该等级可支持当前和正在发展的电信服务。最低要求为1~2根四对非屏蔽双绞线(UTP)及1~2根75Ω同轴电缆,非屏蔽双绞线必须满足或超出ANSI/TIA/EIA-568-A规定的五类电缆传输特性要求,同轴电缆必须满足或超出SCTEZPS-SP-001的要求。也可选择使用光缆,必须满足或超出ANSI/ICEA S-87-640的传输特性要求。

2) 家居布线系统的组成

家居布线系统主要由智能家居布线箱、线缆、面板、跳线、模块等组成。图7-17为家居布线系统示意图。

(1) 智能家居布线箱 智能家居布线箱是家居布线的设备管理中心,连接各功能模块，其主要功能是统一分配和管理家居各个房间的传输介质。

（2）线缆　家居布线使用的线缆一般有双绞线、光纤和同轴电缆。双绞线主要用于干线电缆、跳线和连接信息插座；同轴电缆主要用于有线电视网，也可作为住户光纤同轴电缆接入网（HFC）的一部分；光纤是数据传输中最有效的一种传输介质，目前家居布线中主要用于室外主干网使用。

（3）面板　面板是家居布线中信息点的标识，常见的布线面板上主要安装电脑、电话和电视的信息出口，而多媒体信息面板集成了电脑、电话、CATV、音频等接口。布线时面板用于在信息出口位置安装各种信息模块，国内常配的 86 型标准底盒面板有单口和双口两种。

（4）跳线　跳线是连接各种信息模块与终端设备以及配线架配线的连接线，家居布线中主要有电脑、电话、电视以及其他多媒体设备的跳线。跳线的两端要有与接插模块相配的连接头，如电脑的跳线使用双绞线，两端压接 RJ-45 的水晶头，我们通常称为"网线"。

（5）模块　模块是家居布线中信息的连接桥梁，主要用来接插各连接跳线。常见的基本插座和插头模块有：连接双绞线跳线的 RJ-45 模块和连接电话线跳线的 RJ-11 模块，另外还有视频模块和语音模块。

普通的家居布线箱至少能控制有线电视信号、电话语音信号和网络数字信号这三种电子信号；而较高级的布线箱则能控制视频、音频信号，如果住宅所在的社区提供相应的服务，还可以实现电子监控、自动报警、远程抄水电煤气表等一系列功能。各种信号在家居布线箱里都有相应的功能接口模块来管理各自线路的连接。

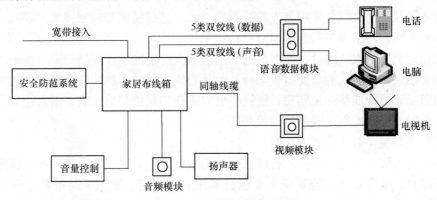

图 7-17　家居布线系统示意图

3）家居布线系统的分区

家居布线系统通常包括三个部分：工作区、水平区和管理区。工作区主要由面板和插座模块组成，在家庭各房间内安装的插座可根据需要选用不同类型的面板和模块。水平区主要由各种线缆构成。用于语音系统的线缆选用符合 AKSI TIA/EIA 标准的 3 类或 5 类非屏蔽双绞线，建议使用 5 类线缆。用于传输数据的线缆使用符合 ANSI TIA/EIA-586 标准的 5 类非屏蔽双绞线，对于通信带宽或抗干扰要求较高的情况，可采用光缆作为传输介质。视频信号的传输采用符合 SCTE EPS-SP-001 的 75Ω 同轴缆线。管理区是由不同系列的安装模块组成，它是系统的配线中心，其核心是智能家居布线箱。智能家居布线箱与室内所有智能化设备相连，是连接智能化终端设备和控制器、外部接入的桥梁，通过智能家居布线箱对各种信号的合理分配，满足室内语音、数据、图像信号的传输以及对室内各种智能化设备控制信号的传输。智能家居布线箱连接如图 7-18 所示。

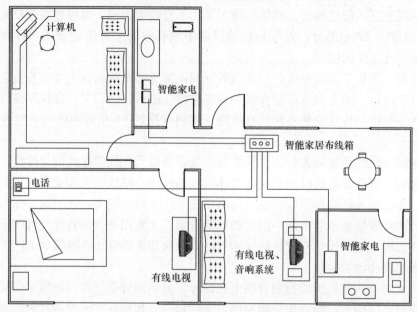

图 7-18　智能家居布线箱连接示意图

4）家居智能终端

智能家居就是通过综合采用先进的计算机技术、通信技术和控制技术，建立一个由家庭安全防范系统、网络服务系统和家庭自动化系统组成的家庭综合服务与管理集成系统，从而实现具有全面的安全防范、便利的通信网络以及舒适的居住环境的家庭住宅。家居智能终端是实现家居智能化的重要组成部分，也是智能家居的心脏，智能家居中的所有智能化功能均通过家居智能终端来实现，通过它可以实现系统信息的采集、信息输入、信息输出、集中控制、远程控制、联动控制等功能。

家居智能终端一般具有如下功能：

（1）家庭安防　安全是住户对智能家居的基本要求，家庭安全防范系统是智能家居的重要组成部分。家庭安全防范系统主要包括非法入侵报警、紧急求助报警、燃气泄漏报警、火灾报警等。当家庭安全防范系统接收到报警信号后会自动报警，同时将报警信息发送到物业管理中心，由物业管理人员帮助处理报警事件。

（2）可视对讲　通过集成与显示技术，家庭智能终端可集成可视对讲功能，无需另外设置室内分机即可实现可视对讲的功能。

（3）远程抄表　通过家居智能终端实现水、电、气、热等表的远程自动抄收，解决了入户抄表的低效率、干扰性和不安全因素。

（4）家电控制　家电控制是智能家居集成系统的重要组成部分，代表着家庭智能化的发展方向。通过有线或无线的联网接口，将家电、灯光与家庭智能终端相连，组成网络家电系统，实现家用电器的远程控制。

（5）家庭信息服务　物业管理中心与家庭智能终端联网，对住户发布信息，住户可通过家庭智能终端的交互界面选择物业管理公司提供的各种服务

（6）增值服务　通过家庭智能终端可以实现网上购物、视频点播等增值服务。

居住小区智能化系统随着先进的计算机技术、通信技术和控制技术的进步以及用户需求的增长而不断发展，并与信息产业相互促进，共同发展。随着科技的发展，智能住宅小区将为人们提供更加健康、舒适、便利、安全的生活环境。

本 章 小 结

居住小区智能化系统能够为小区住户提供安全、舒适、高效、方便快捷的居住环境，其智能化系统由安全防范子系统、管理与监控子系统和通信网络子系统组成，安全防范系统是保护人身安全和国家、集体、个人财产安全的重要防范措施；管理与监控子系统为小区实现快捷高效的超值服务与管理，给住户提供一个舒适、方便的居住环境；通信网络系统为小区提供信息传输的通道，是小区与外界沟通的重要桥梁。通过本章的学习，在掌握居住小区智能化系统的组成、功能的同时，了解居住小区智能化系统的解决方案和实施办法。

思 考 题

1. 居住小区智能化系统由哪几部分组成，各部分又包括哪些内容？
2. 居住小区智能化系统分为三个星级，它们之间有何区别？
3. 居住小区安全防范系统包括哪几个子系统？并说明各子系统的关联。
4. 居住小区管理与监控子系统包括哪些内容？试说明其功能。
5. 智能化居住小区的信息网络子系统由哪几部分组成？并叙述各部分的功能。
6. 简述智能家居布线与传统家居布线的区别。
7. 目前智能家居布线系统主要分为几个不同的等级？它们之间有什么区别？
8. 根据你居住的实际情况，分析你家的网络功能要求，为你的住宅设计一个智能家居布线方案，要求写出解决方案，选择合适的产品并且做出预算。

主 要 参 考 文 献

[1] 智能建筑设计标准 GB/T 50314—2006. 北京：中国计划出版社，2006.
[2] 综合布线系统工程设计规范 GB 50311—2007. 北京：中国计划出版社，2007.
[3] 综合布线系统工程验收规范 GB 50312—2007. 北京：中国计划出版社，2007.
[4] 安全防范工程技术规范 GB 50348—2004. 北京：中国标准出版社，2004.
[5] 建设部住宅产业化促进中心. 居住小区智能化系统建设要点与技术导则. 北京：中国建筑工业出版社，2003.
[6] 会议电视系统工程设计规范 YD/T 5032—2005. 北京：北京邮电大学出版社，2005.
[7] 会议电视系统工程验收规范 YD/T 5033—2005. 北京：北京邮电大学出版社，2005.
[8] 王娜，王俭，段晨东. 智能建筑概论. 北京：人民交通出版社，2002.
[9] 王娜. 智能建筑信息设施系统. 北京：人民交通出版社，2008.
[10] 张子慧. 建筑设备管理系统. 北京：人民交通出版社，2009.
[11] 黄民德，郭福雁. 建筑供配电与照明. 北京：人民交通出版社，2008.
[12] 巩学梅. 建筑设备控制系统. 北京：中国电力出版社，2007.
[13] 芮静康. 建筑设备自动化. 北京：中国建筑工业出版社，2006.
[14] 曲丽萍，王修岩. 楼宇自动化系统. 北京：中国电力出版社，2004.
[15] 夏云，夏葵. 生态建筑与建筑的持续发展. 建筑学报，1995(6).
[16] 王可崇. 建筑设备自动化系统. 北京：人民交通出版社，2003.
[17] 张卫钢. 通信原理与通信技术. 西安：西安电子科技大学出版社，2003.
[18] 李正吉. 交换技术与设备. 北京：机械工业出版社，2005.
[19] 李小平，刘玉树. 多媒体通信技术. 北京：北京航空航天大学出版社，2004.
[20] 潘瑜青. 智能建筑计算机网络. 北京：中国电力出版社，2005.
[21] 林晓焕，徐进. 现代通信技术. 西安：西安交通大学出版社，2007.
[22] 付宝川，班建民. 智能建筑计算机网络. 北京：人民邮电出版社，2004.
[23] 相万让. 计算机网络应用基础. 北京：人民邮电出版社，2006.
[24] 黄永峰，李星. 计算机网络教程. 北京：清华大学出版社，2006.
[25] 梁华. 实用建筑弱电工程设计资料集. 北京：中国建筑工业出版社，1999.
[26] 陈龙. 智能建筑楼宇控制与系统集成技术. 北京：中国建筑工业出版社，2004.
[27] BACnet 楼宇自动控制网络数据通信协议. 广东经济出版社，2000.
[28] http：//www.bacnet.org/. BACnet 协会网站.
[29] http：//www.echelon.com/. 美国埃施朗网站.
[30] http：//www.nortel.com/corporate/global/asia/china/index_ch.html.
[31] 叶选，丁玉林，刘玮. 有线电视及广播. 北京：人民交通出版社，2001.
[32] 王秉钧，王少勇，田宝玉. 现代卫星通信系统. 北京：电子工业出版社，2004.
[33] 阳宪惠. 现场总线技术及其应用. 北京：清华大学出版社，1999.
[34] 孙强，周虚. 光纤通信系统及其应用. 北京：清华大学出版社，北方交通大学出版社，2004.
[35] 易培林. 有线电视技术. 北京：机械工业出版社，2002.
[36] 储钟圻. 数字卫星通信. 北京：机械工业出版社，2005.
[37] 朱秀昌，刘峰. 会议电视系统及应用技术. 北京：人民邮电出版社，1999.

[38] 陶智勇，廖云霞. 视频会议系统及其应用. 北京：北京邮电学院出版社，2001.
[39] 杨绍胤. 智能建筑实用技术. 北京：机械工业出版社，2002.
[40] 王文杰. 现代电子技术. 中国学术期刊全文数据库，2003.

尊敬的读者：

感谢您选购我社图书！建工版图书按图书销售分类在卖场上架，共设22个一级分类及43个二级分类，根据图书销售分类选购建筑类图书会节省您的大量时间。现将建工版图书销售分类及与我社联系方式介绍给您，欢迎随时与我们联系。

★ 建工版图书销售分类表（见下表）。

★ 欢迎登陆中国建筑工业出版社网站www.cabp.com.cn，本网站为您提供建工版图书信息查询、网上留言、购书服务，并邀请您加入网上读者俱乐部。

★ 中国建筑工业出版社总编室　　电　话：010—58337016　　传　真：010—68321361

★ 中国建筑工业出版社发行部　　电　话：010—58337346　　传　真：010—68325420
　　　　　　　　　　　　　　　　E－mail：hbw@cabp.com.cn

建工版图书销售分类表

一级分类名称（代码）	二级分类名称（代码）	一级分类名称（代码）	二级分类名称（代码）
建筑学（A）	建筑历史与理论（A10）	园林景观（G）	园林史与园林景观理论（G10）
	建筑设计（A20）		园林景观规划与设计（G20）
	建筑技术（A30）		环境艺术设计（G30）
	建筑表现·建筑制图（A40）		园林景观施工（G40）
	建筑艺术（A50）		园林植物与应用（G50）
建筑设备·建筑材料（F）	暖通空调（F10）	城乡建设·市政工程·环境工程（B）	城镇与乡（村）建设（B10）
	建筑给水排水（F20）		道路桥梁工程（B20）
	建筑电气与建筑智能化技术（F30）		市政给水排水工程（B30）
	建筑节能·建筑防火（F40）		市政供热、供燃气工程（B40）
	建筑材料（F50）		环境工程（B50）
城市规划·城市设计（P）	城市史与城市规划理论（P10）	建筑结构与岩土工程（S）	建筑结构（S10）
	城市规划与城市设计（P20）		岩土工程（S20）
室内设计·装饰装修（D）	室内设计与表现（D10）	建筑施工·设备安装技术（C）	施工技术（C10）
	家具与装饰（D20）		设备安装技术（C20）
	装修材料与施工（D30）		工程质量与安全（C30）
建筑工程经济与管理（M）	施工管理（M10）	房地产开发管理（E）	房地产开发与经营（E10）
	工程管理（M20）		物业管理（E20）
	工程监理（M30）	辞典·连续出版物（Z）	辞典（Z10）
	工程经济与造价（M40）		连续出版物（Z20）
艺术·设计（K）	艺术（K10）	旅游·其他（Q）	旅游（Q10）
	工业设计（K20）		其他（Q20）
	平面设计（K30）	土木建筑计算机应用系列（J）	
执业资格考试用书（R）		法律法规与标准规范单行本（T）	
高校教材（V）		法律法规与标准规范汇编/大全（U）	
高职高专教材（X）		培训教材（Y）	
中职中专教材（W）		电子出版物（H）	

注：建工版图书销售分类已标注于图书封底。